普通高等教育"十二五"电子信息类规划教材

AT89S51 单片机原理及应用技术

主 编 王 全
副主编 霍艳忠 王 安 史庆武
参 编 周 杨 王 萍
主 审 姜重然

机械工业出版社

本书围绕 AT89S51 单片机，概要介绍了单片机的基础知识和特性、AT89S51 单片机的结构和工作原理、高级语言程序设计、汇编语言程序设计、Keil C51 集成开发环境、Proteus 仿真软件等，重点介绍了 AT89S51 单片机的应用特性、内部模块原理及应用、常用外围电路的扩展，以及单片机应用系统设计的方法、步骤及实例等知识。

全书共分 10 章，以实用性为宗旨，全面、重点、系统地介绍了当前单片机应用领域使用最广的在系统编程技术、C51 高级语言程序设计、Keil C51 集成开发环境、Proteus 仿真软件、应用系统设计及一些典型应用扩展电路等实用知识和技术，是一本以实际应用需要为目标的实用教程。本书阐述清楚，简明易学，实用性强，全书所有应用电路和程序实例均经过实际应用调试，读者可以直接使用。

本书可作为工科院校本科生和高职高专院校学生单片机课程的教材及毕业设计的参考书，也可作为从事测控、机电一体化等领域的工程技术人员的参考书。

本书配有免费电子课件及相关实例程序，欢迎选用本书作教材的老师发邮件到 jinacmp@163.com 索取，或登录 www.cmpedu.com 下载。

图书在版编目（CIP）数据

AT89S51 单片机原理及应用技术/王全主编.—北京：机械工业出版社，2015.6（2025.7 重印）

普通高等教育"十二五"电子信息类规划教材

ISBN 978-7-111-50124-4

Ⅰ.①A… Ⅱ.①王… Ⅲ.①单片微型计算机—高等学校—教材 Ⅳ.①TP368.1

中国版本图书馆 CIP 数据核字（2015）第 090375 号

机械工业出版社（北京市百万庄大街 22 号　邮政编码 100037）
策划编辑：吉　玲　责任编辑：吉　玲　刘丽敏
版式设计：霍永明　责任校对：刘怡丹
封面设计：张　静　责任印制：常天培
河北虎彩印刷有限公司印刷
2025 年 7 月第 1 版第 9 次印刷
184mm×260mm·17.5 印张·429 千字
标准书号：ISBN 978-7-111-50124-4
定价：37.00 元

凡购本书，如有缺页、倒页、脱页，由本社发行部调换

电话服务　　　　　　　　　　网络服务
服务咨询热线：010-88379833　机 工 官 网：www.cmpbook.com
读者购书热线：010-88379649　机 工 官 博：weibo.com/cmp1952
　　　　　　　　　　　　　　教育服务网：www.cmpedu.com
封底无防伪标均为盗版　　　　金　书　网：www.golden-book.com

前　言

　　经过40年的发展，单片机以其成本低、体积小、可靠性高、系统结构简单、性能价格比高的特点，在工业测控、仪器仪表、航天航空、武器装备、家用电器等领域中得到了广泛应用。在单片机家族的众多成员中，MCS-51系列单片机及其兼容机以其优越的性能、成熟的技术、高可靠性、高性能价格比，成为单片机应用领域中的主流机型。近些年，尽管16位和32位等高档单片机在不断推出和推广应用，但在目前的单片机应用中，因单片机的性能和应用场合的需要，8位单片机仍占主导地位。其中，美国Atmel公司推出的AT89S5x系列单片机在8位单片机市场中占有较大份额，其AT89S51单片机最具有典型性、代表性，所以本书以AT89S51单片机为例介绍单片机的原理及应用技术。

　　本书编者结合多年来在单片机教学、教材编写及项目开发等方面的实践经验和科研成果编写而成，以期编写成为一部具有很强实用性的教材，力求使读者能够系统、完整、快速地掌握单片机应用知识和技术，培养学生进行单片机应用系统设计的专业技术能力，为其今后的科研开发和实际工作打下坚实的技术基础。

　　本书在编写方面力求突出以下几点：

　　1. 实用性。单片机技术是一门理论与实践相结合的应用技术，重点在应用，即运用单片机技术解决生产生活中的实际问题，设计单片机应用系统。本书以单片机应用技术为中心，以实际应用需要为目标编写教材内容，实际应用中不用的内容一般不编写，或者简略介绍；对实际应用必需的内容，对其理论知识介绍得简明扼要，满足实际应用要求即可，而对应用知识的介绍要尽可能系统、详尽；而单片机扩展应用电路和应用实例的内容更是选择了实际应用中使用很广的、很典型的部分，并且全书所有实际电路和实例都经过实践检验。

　　2. 先进性。把当前单片机技术最先进、最实用的知识纳入到教材内容里，特别是把在系统编程技术、单片机高级语言编程技术、低功耗设计等先进应用技术直接传授给学生，使学生直接学习和应用当前最先进的单片机应用技术。

　　3. 系统性。以单片机应用技术为中心，以实际应用需要为目标，系统地介绍了单片机实际应用所需要的基础知识和技术，包括单片机硬件应用特性、内部模块的用法、最小系统构建、外部应用的扩展、在系统编程技术及其接口电路、高级语言编程技术、Keil C51集成开发环境、Proteus仿真软件、可靠性设计等，围绕实际应用需要，知识系统、完整。

　　4. 简明易学。对于单片机技术的相关知识，舍弃深奥的理论、内部构造及硬件工作原理和不实用的知识，对实际应用需要的内部模块用法、外部应用特性、单片机高级语言编程、外部扩展应用等内容努力达到简明易懂、易掌握，以期达到简明易学、快速掌握的目的。

全书共分 10 章，主要内容包括：单片机概述、AT89S51 单片机的硬件结构及特性、高级语言程序设计、汇编语言程序设计、Keil C51 集成开发环境的使用、内部模块原理及应用、外围电路的扩展、应用系统设计、Proteus 仿真软件的使用等。

全书参考学时为 40~60 学时，教师可根据实际情况，对各章节的内容进行取舍和调整讲授顺序。

本书由佳木斯大学信息电子技术学院王全担任主编，并承担了第 2、7 章及附录的编写以及全书的统稿工作，霍艳忠编写了第 1、8 章，王安编写了第 3~5 章，史庆武编写了第 6 章，周杨编写了第 9 章，佳木斯大学机械工程学院王萍编写了第 10 章。

佳木斯大学信息电子技术学院姜重然教授担任主审，审阅了全书并提出了很多很好的修改意见和建议。同时本书参考了大量的文献，在此对主审及参考文献的作者表示衷心的感谢。

"纸上得来终觉浅，绝知此事要躬行"。全体编者特别注重理论与实践相结合，力求为读者呈现一本简明实用的教材。由于编者学识水平有限，书中疏漏和不足之处在所难免，敬请读者批评指正。

编　者

目 录

前言
第1章 单片机概述 …………………… 1
1.1 单片机概况 ………………………… 1
1.1.1 单片机的内涵及分类 …………… 1
1.1.2 单片机的发展概况 ……………… 2
1.1.3 单片机的特点及发展趋势 ……… 4
1.1.4 单片机的应用领域 ……………… 5
1.2 MCS-51 系列单片机 ………………… 6
1.3 其他常用的单片机 …………………… 7
1.3.1 AT89C5x/AT89S5x 系列单片机 … 7
1.3.2 STC 系列单片机 ………………… 9
1.3.3 AVR 系列单片机 ……………… 10
1.3.4 PIC 系列单片机 ………………… 11
思考与练习题 1 ………………………… 11
第2章 AT89S51 单片机的硬件结构及特性 ………………………… 13
2.1 AT89S51 的内部结构及外部引脚特性 … 13
2.1.1 AT89S51 单片机的内部功能部件 … 14
2.1.2 AT89S51 单片机的外部引脚特性 … 15
2.2 AT89S51 的中央处理器 ……………… 18
2.2.1 运算器 …………………………… 18
2.2.2 控制器 …………………………… 19
2.3 AT89S51 存储器的结构 ……………… 20
2.3.1 程序存储器 ……………………… 20
2.3.2 数据存储器 ……………………… 21
2.3.3 特殊功能寄存器 ………………… 21
2.3.4 位寻址区 ………………………… 24
2.4 AT89S51 的时钟电路与时序 ………… 26
2.4.1 时钟电路 ………………………… 26
2.4.2 时钟周期、机器周期、指令周期与指令时序 ………………………… 27
2.5 AT89S51 的工作方式 ………………… 28
2.5.1 复位工作方式 …………………… 28
2.5.2 程序执行工作方式 ……………… 29
2.5.3 空闲工作方式 …………………… 30
2.5.4 掉电工作方式 …………………… 31
2.5.5 编程和校验工作方式 …………… 31

2.6 AT89S51 单片机的最小系统 ………… 34
思考与练习题 2 ………………………… 35
第3章 AT89S51 单片机的高级语言程序设计 ………………………… 37
3.1 Keil C51 单片机程序开发 …………… 37
3.1.1 Keil C51 程序开发综述 ………… 37
3.1.2 Keil C51 程序开发流程 ………… 38
3.1.3 Keil C51 与标准 C 的区别 ……… 38
3.2 C51 常用的编程元素 ………………… 40
3.2.1 数据类型与运算 ………………… 40
3.2.2 C51 语言的构造数据类型及预处理指令 ……………………………… 46
3.2.3 C51 程序控制结构 ……………… 49
3.2.4 C51 语言中的基本运算 ………… 53
3.2.5 C51 语言中的函数 ……………… 55
3.3 Keil C51 程序设计实例 ……………… 59
思考与练习题 3 ………………………… 61
第4章 AT89S51 单片机的汇编语言程序设计 ………………………… 62
4.1 AT89S51 的汇编语言简介 …………… 62
4.1.1 单片机的汇编语言 ……………… 62
4.1.2 汇编语言语句及格式 …………… 62
4.1.3 汇编语言常用的伪指令 ………… 63
4.2 AT89S51 的指令系统 ………………… 65
4.2.1 AT89S51 的指令系统概述 ……… 65
4.2.2 指令的寻址方式 ………………… 66
4.2.3 指令系统简介 …………………… 68
4.3 汇编语言程序设计实例 ……………… 73
思考与练习题 4 ………………………… 75
第5章 Keil C51 集成开发环境的使用 …………………………………… 76
5.1 Keil μVision5 软件简介及安装 ……… 76
5.1.1 Keil μVision5 软件的安装 ……… 76
5.1.2 Keil μVision5 软件功能环境 …… 77
5.2 Keil μVision5 工程的创建步骤 ……… 78
5.3 Keil μVision5 程序调试 ……………… 83

思考与练习题 5 ……………………… 87

第 6 章　AT89S51 单片机的内部模块原理及应用 …………………… 88

6.1　AT89S51 单片机的中断系统及应用 …… 88
  6.1.1　单片机的中断系统 …………… 88
  6.1.2　单片机的中断请求寄存器 …… 89
  6.1.3　单片机的中断允许及优先级控制 … 90
  6.1.4　中断响应的条件及过程 ……… 92
  6.1.5　外部中断的响应时间 ………… 93
  6.1.6　外部中断的触发方式 ………… 93
  6.1.7　中断请求的撤销 ……………… 94
  6.1.8　中断函数 ……………………… 95
  6.1.9　C51 在中断应用中的编程实例 … 96
  6.1.10　多外部中断源系统设计 …… 98
6.2　AT89S51 单片机的定时器/计数器 …… 99
  6.2.1　定时器/计数器的结构 ……… 99
  6.2.2　定时器/计数器的工作模式、工作方式及控制 …………………… 100
  6.2.3　定时器/计数器的 4 种工作方式 … 101
  6.2.4　定时器/计数器对外部计数输入信号的要求 ……………………… 104
  6.2.5　定时器/计数器的编程和应用 … 104
  6.2.6　门控位 GATE 的应用——测量脉冲宽度 ……………………… 107
6.3　AT89S51 的串行口及应用 …………… 108
  6.3.1　串行口的结构及工作原理 …… 108
  6.3.2　串行口的 4 种工作方式 ……… 110
  6.3.3　串行通信波特率的制定 ……… 113
  6.3.4　串行口的应用举例 …………… 114
6.4　看门狗定时器的应用 ………………… 120
思考与练习题 6 ……………………… 122

第 7 章　AT89S51 单片机的通用外围电路的扩展 …………………… 123

7.1　键盘的扩展 …………………………… 123
  7.1.1　键盘的基本原理 ……………… 123
  7.1.2　键盘的工作方式 ……………… 125
  7.1.3　独立式键盘 …………………… 126
  7.1.4　矩阵式键盘 …………………… 128
  7.1.5　双功能键的设计 ……………… 130
7.2　显示器的扩展 ………………………… 130
  7.2.1　LED 显示器的扩展 …………… 131
  7.2.2　液晶显示器的扩展 …………… 136

7.3　串/并行和并/串行转换芯片的扩展 … 144
  7.3.1　串/并行转换芯片的扩展 …… 144
  7.3.2　并/串行转换芯片的扩展 …… 145
7.4　单片机外部 I/O 端口的扩展 ………… 146
  7.4.1　简单 I/O 端口的扩展 ………… 146
  7.4.2　可编程接口电路的扩展——用 8155 扩展 …………………………… 148
7.5　BCD 拨码盘的扩展 …………………… 151
  7.5.1　BCD 拨码盘的构造 …………… 151
  7.5.2　BCD 拨码盘的接口方法 …… 152
7.6　AT89S51 单片机的典型键盘/显示器接口电路 ……………………………… 154
  7.6.1　利用单片机并行口的键盘/显示器接口电路 ……………………… 154
  7.6.2　利用单片机串行口的键盘/显示器接口电路 ……………………… 156
  7.6.3　矩阵式键盘/LCM 接口电路 … 159
7.7　AT89S51 单片机的编程接口 ………… 159
  7.7.1　在系统编程技术 ……………… 159
  7.7.2　AT89S51 单片机的编程接口电路 ……………………………… 160
思考与练习题 7 ……………………… 161

第 8 章　AT89S51 单片机的专用外围电路的扩展 …………………… 162

8.1　DAC 的扩展 …………………………… 162
  8.1.1　DAC 芯片简介 ………………… 162
  8.1.2　DAC0832 扩展电路 …………… 164
8.2　ADC 的扩展 …………………………… 167
  8.2.1　ADC 芯片简介 ………………… 167
  8.2.2　ADC 的扩展应用 ……………… 168
8.3　V/f 转换器的扩展 …………………… 169
  8.3.1　V/f 转换器芯片简介 ………… 169
  8.3.2　V/f 转换器的扩展电路 ……… 171
8.4　开关型功率接口的扩展 ……………… 172
  8.4.1　常用的开关型功率接口简介 … 173
  8.4.2　开关型功率接口的注意事项 … 176
8.5　时钟日历芯片接口的扩展 …………… 176
  8.5.1　DS1302 时钟日历芯片简介 …… 176
  8.5.2　DS1302 时钟日历芯片的接口电路 ……………………………… 178
8.6　数字温度传感器接口的扩展 ………… 186
  8.6.1　数字温度传感器芯片简介 …… 186

目 录

8.6.2 数字温度传感器接口的扩展电路 …………………………… 188
8.7 电动机控制驱动接口的扩展 ………… 195
    8.7.1 电动机控制驱动芯片简介 … 195
    8.7.2 电动机控制驱动接口的扩展电路 …………………………… 196
8.8 I^2C 总线的应用扩展 ………………… 197
    8.8.1 I^2C 总线的应用 ……………… 197
    8.8.2 AT24C02 芯片的扩展应用 … 199
思考与练习题 8 ………………………… 206

第 9 章 AT89S51 单片机的应用系统设计 ……………………………… 208

9.1 单片机应用系统的概述 ……………… 208
    9.1.1 单片机应用系统的设计步骤 … 208
    9.1.2 单片机应用系统设计应考虑的问题 …………………………… 209
9.2 单片机应用系统的抗干扰技术 ……… 209
    9.2.1 过程通道干扰的抑制措施 … 210
    9.2.2 电磁干扰的抑制措施 ……… 213
    9.2.3 印制电路板的抗干扰措施 … 215
    9.2.4 硬件看门狗的设计 ………… 216
    9.2.5 软件抗干扰技术 …………… 216
9.3 AT89S51 单片机的应用系统设计实例 ……………………………… 217
    9.3.1 亮度可调的循环跑马灯设计 … 217
    9.3.2 多功能电子时钟设计 ……… 228
    9.3.3 步进电动机驱动的移动小车设计 …………………………… 235
思考与练习题 9 ………………………… 240

第 10 章 Proteus 仿真软件的使用 …… 242

10.1 Proteus 软件概述 …………………… 242
    10.1.1 Proteus 软件的功能特点 … 242
    10.1.2 Proteus 8.0 的系统环境 … 243
    10.1.3 Proteus 8.0 的安装过程 … 244
    10.1.4 Proteus 8.0 的运行 ……… 246
10.2 ISIS 原理图设计环境 ……………… 247
    10.2.1 ISIS 设计界面 …………… 247
    10.2.2 常用的元器件库及元器件 … 249
10.3 单片机应用系统设计与仿真 ……… 252
    10.3.1 Proteus 工程创建 ………… 252
    10.3.2 Proteus 原理图设计 ……… 255
    10.3.3 仿真运行 ………………… 260
思考与练习题 10 ……………………… 262

附录 …………………………………………… 263

参考文献 ……………………………………… 270

第1章 单片机概述

内容提要：本章介绍单片机的基础知识、发展历程、特点、分类以及应用领域，并对常用的单片机主流机型 MCS-51 系列及其兼容的 51 系列进行介绍，同时还简要介绍几种目前较为广泛使用的其他类型的单片机产品及其主要特性。

1.1 单片机概况

单片机是微型计算机的一个重要分支，具有其自己的特点和应用领域，在工业领域以及日常生活中正在发挥着也将继续发挥着重要作用。

1.1.1 单片机的内涵及分类

1. 什么是单片机

从 1946 年世界上诞生了第一台电子计算机 ENIAC（Electronic Numerical Integrator And Computer，也称"埃尼阿克"）后，经过 60 多年的发展，已经历了电子管计算机、晶体管计算机、集成电路计算机、大规模集成电路计算机和超大规模集成电路计算机五代的发展历程。电子计算机主要由运算器、控制器、存储器、输入/输出接口电路等组成，按其性能特点可分为巨型计算机、大型计算机、小型计算机、微型计算机，简称巨型机、大型机、小型机、微型机（微机）。微型计算机是第四代计算机的重要代表，它将运算器、控制器和寄存器集成在一块芯片上，构成中央处理器（Central Processing Unit，CPU，也称微处理器），然后配以存储器、输入/输出（Input/Output，I/O）接口电路、外设等。

单片机是单片微型计算机（Single Chip Microcomputer）的简称，就是把 CPU、存储器、定时器和 I/O 接口电路等一些计算机的主要功能部件集成在一块集成电路芯片上，从而形成一块完整的微型计算机芯片，这样一个芯片具有微型计算机的主要组成部分和属性。换言之，单片机就是将微型计算机的主要功能部件都集成并封装在一块半导体芯片内，从而构成了一部超微型计算机，是一种特殊的微型计算机芯片。在国际上单片机统称为微控制器（Micro Controller Unit，MCU），如果说单片机是该类芯片的一个俗名，那么微控制器则是国际上公认的一个学名。

单片机主要应用于测控领域，能够完成系统的控制和数据处理。在构成的应用系统中，由于单片机本身的功能和用法的原因，经常处于测控系统的控制核心，广泛地嵌入到工业控制单元、机器人、智能仪器仪表、家用电器、办公自动化设备、玩具、通信设备、个人信息终端、武器控制系统、航空航天等设备中，因此通常又把单片机称为嵌入式微控制器（Embedded Micro Controller Unit，EMCU）。

2. 单片机的分类

单片机按照其总线位数与 CPU 一次处理的数据位数分为 1 位单片机、4 位单片机、8 位单片机、16 位单片机、32 位单片机；按照其内部总线结构分为冯·诺依曼结构（又称作普林斯顿体系结构，Princeton Architecture）和哈佛（Harvard）结构单片机；按照其指令系统分为复杂指令集单片机（Complex Instruction Set Computer，CISC）和精简指令集单片机（Reduced Instruction Set Computer，RISC）；按照其用途可分为通用型和专用型两大类。

通用型单片机就是其内部可开发的资源（如存储器、定时器、I/O接口等各种内部功能部件）可以全部提供给用户开发使用，用户根据系统设计的需要，设计一个以通用单片机芯片为核心，再配以外围接口电路或特殊功能电路及其他外围设备，并编写相应的软件来满足各种不同实际需要的应用系统。通常所说的和本书所介绍的单片机都是指通用型单片机。通用型单片机可根据实际需要自主开发，灵活运用，因此在工业测控、仪器仪表等各个领域里都有广泛的应用。

专用型单片机是专门针对某一方面的特定用途而设计的单片机。例如，在各种家用电器、通信设备中的单片机。由于其用途的方向性，专用型单片机在设计时就已经结合应用场合的需要对单片机的系统结构最简化、可靠性等方面进行了全面的综合考虑，因此专用型单片机在其所针对的应用场合具有明显的综合优势，而对其他应用场合则存在明显劣势。

3. 单片机与通用的微型机的异同

与通用的微型机相比，单片机片内各功能部件通过片内总线连接而成，基本结构依旧是CPU加上外围芯片的传统微机结构，即冯·诺依曼结构，但工作原理和特性上有所不同，主要表现如下。

1）在存储器结构上，单片机的存储器采用哈佛结构。程序存储器和数据存储器是严格分开的。程序存储器只存放程序、固定常数和数据表格，数据存储器用作工作区及存放数据。两者的访问方式也不同，即使用不同的寻址方式、通过不同的地址指针访问。程序存储器的存储空间较大，数据存储器的存储空间小，这样主要是考虑单片机用于控制系统中的特点。程序存储器和数据存储器又有片内和片外之分，而且访问方式也不相同。所以，单片机的存储器在操作时可分为片内程序存储器、片外程序存储器、片内数据存储器和片外数据存储器。

2）在芯片引脚上，大部分采用分时复用技术。单片机芯片内集成了较多的功能部件，需要的引脚信号较多。但由于工艺和应用场合的限制，芯片上引脚数目又不能太多。为解决实际的引脚数和需要的引脚数之间的矛盾，一个引脚往往设计了两个或多个功能，采用分时复用技术，每个引脚在当前起什么作用，由指令和当前机器的状态来决定。

3）在内部资源的管理和访问上，采用特殊功能寄存器（SFR）的形式。单片机中集成了微型计算机的微处理器、存储器、I/O接口、定时器/计数器、串行接口、中断系统等电路，用户对这些资源的访问是通过对对应的特殊功能寄存器（SFR）进行访问来实现的。

4）在指令系统上，采用面向控制的指令系统。为了满足控制系统的要求，单片机有很强的逻辑控制能力。在单片机内部一般都设置有一个独立的位处理器，又称为布尔处理器，设计了专门的位操作指令，专门用于位运算。

5）有很强的外部扩展能力。在内部的各功能部件不能满足应用系统要求时，单片机可以很方便地在外部扩展各种应用电路，能与许多通用的微机接口芯片兼容。

1.1.2 单片机的发展概况

自1971年Intel公司制造出世界上第一块微处理器芯片Intel4004不久，就出现了单片微型计算机，在这之后的 40 年，单片机得到了飞速发展，先后经过了 4 位机、8 位机、16 位机、32 位机几个有代表性的发展阶段。

1. 4 位单片机

1973 年，美国德克萨斯仪器公司（TI）注册了世界上第一个单片机专利，1974 年首次推出 4 位单片机 TMS1000 后，各个计算机生产公司相继推出 4 位单片机，如美国国家半导体公司（NS）的 COP402 系列、日本电气公司（NEC）的 μPD75XX 系列、美国洛克威尔公司（Rockwell）的 PPS/1 系列、日本松下公司（Panasonic）的 MN1400 系列、富士通公司（Fujitsu）的 MB88 系列、夏普公司（SHARP）的 SM 系列、东芝公司（Toshiba）的 TLCS 系列等。4 位单片机的主要生产国是日本。

4 位单片机的特点是结构和功能简单，价格便宜，主要用于洗衣机、微波炉、计算器等家用电器及高档电子玩具。

2. 8 位单片机

1974 年 12 月，仙童公司推出了 8 位的 F8 单片机，因技术和工艺限制，结构和功能比较简单，只包括了 8 位 CPU、64B RAM 和 2 个并行口。1976 年 9 月，美国 Intel 公司推出了 MCS-48 系列 8 位单片机，使 8 位单片机的发展进入了一个新的阶段。MCS-48 系列单片机内部集成了 8 位 CPU、多个并行 I/O 口、8 位定时器/计数器、小容量的 RAM 和 ROM 等，没有串行通信接口。

1978 年以前，各厂家生产的 8 位单片机，由于集成度的限制，一般都没有串行接口，只提供小范围的寻址空间（小于 8KB），性能相对较低，称为低性能的 8 位单片机。

1978 年以后，集成电路水平有所提高，出现了一些高性能的 8 位单片机，它们的寻址能力达到了 64KB，片内集成了 4~8KB 的 ROM，片内除了带有并行 I/O 接口外，还有串行 I/O 接口，甚至有些还集成了 A-D 转换器（ADC）。这类 8 位单片机称为高性能的 8 位单片机，如 Intel 公司的 MCS-51 系列、摩托罗拉（Motorola）公司的 6801 系列、仙童公司（Fairchild）的 F8 系列、Zilog 公司的 Z8 系列、NEC 公司的 μPD78XX 系列等。

8 位单片机由于功能强、性能可靠、价格低廉、品种齐全，被广泛应用于工业控制、仪器仪表、家用电器、航空航天等各个领域，特别是高性能的 8 位单片机，是现在应用的主要机型。

3. 16 位单片机

1983 年以后，随着集成电路技术的发展，出现了 16 位单片机，16 位单片机把单片机的性能又推向了一个新的阶段。它内部集成了多个 CPU、8KB 以上的存储器、多个并行 I/O 接口、多个串行 I/O 接口等，有的还集成高速输入/输出（HSIO）接口、脉冲宽度调制（PWM）输出、特殊用途的监视定时器（Watchdog Timer）等电路，如 Intel 公司的 MCS-96 系列、美国国家半导体公司的 HPC16040 系列和 NEC 公司的 783XX 系列等。

16 位单片机因其性能特点应用于高速复杂的控制系统以及早期的嵌入式系统。

4. 32 位单片机

近年来，各个厂家已经推出更高性能的 32 位单片机，如 TI 公司的 LM 系列、意法半导体公司（ST）的 STM32 系列、Microchip 公司的 PIC32 系列、Atmel 公司的 AVR32 系列等。32 位单片机的数据处理能力更强，但在测控领域对 32 位单片机的应用很少。

单片机的发展虽然按先后顺序经历了 4 位、8 位、16 位、32 位的发展历程，但从实际应用情况看，并没有出现以新代旧的局面。4位、8位、16位、32位单片机仍各有应用领域，如4位单片机在一些家用电器、高档玩具中仍有应用，8位单片机在中、小规模应用场合仍占主流地位，16位单片机在比较复杂的控制系统和通信领域中应用，32位单片机在大量的高速的数据传输和处理中应用。

1.1.3 单片机的特点及发展趋势

单片机的基本组成和基本工作原理与一般的微型计算机相同，但在具体结构、性能和应用上又有自己的特点，单片机主要是用来嵌入到具体设备中的微型计算机，其主要特点如下。

1) 集成度高，体积小，可靠性高。单片机将各种功能部件集成在一块半导体芯片上，集成度很高，体积自然也是最小的。芯片本身是按工业测控环境要求设计的，采取了多种抗干扰措施，内部布线很短，软件程序、常数等固化在 ROM 中不易破坏；许多信号通道均在一个芯片内，其抗工业噪声性能优于一般通用的 CPU，故可靠性高。

2) 功能齐全，价格低，性能价格比高。单片机本身是一个芯片级的微型计算机，各种功能部件齐全，用途广泛，体积小，成本低，性价比高，这一点，一般的微型计算机根本做不到。

3) 嵌入容易，应用灵活，简单方便。单片机可很容易地嵌入到各种应用系统中，只要在单片机的外部适当增加一些必要的外围扩展电路，就可以灵活地构成各种应用系统，以实现各种方式的检测或控制，如工业自动检测系统、数据采集系统、自动控制系统、智能仪器仪表等。

4) 低电压，低功耗，便于生产便携式产品。为了满足便携式系统的需要，许多单片机内的工作电压仅为 1.8～3.6V，而工作电流仅为数百微安乃至更低；同时设计了空闲方式、掉电保持等低功耗工作方式，便于应用于手持式设备、便携式产品和航空航天设备中。

5) 控制功能强，便于构成分布式控制系统。单片机主要是针对工业测控系统设计的，内部往往有专用的布尔处理器、指令和 I/O 口，通过指令可以进行丰富的逻辑操作和位处理，非常适用于专门的控制功能。单片机还集成了各种接口，这样使其可以方便与各种设备通信，构成多机分布式测控系统，达到控制的目的。

单片机最初是针对测控领域的应用进行设计的，因此特别适合构成各种测控系统，但近些年发展的 16 位、32 位高性能单片机具有了高速数据处理能力，在信息处理和通信领域也得到了应用。为适应测控领域、信息处理和通信领域的要求，单片机具有以下几方面的发展趋势。

1) 低电压、低功耗化。适于电池供电的便携式、手持式的仪器仪表以及其他电子产品的需要，体积小，功耗低，配置有等待状态、睡眠状态等节电工作方式，消耗电流仅在微安或纳安量级，工作在低电压、低功耗状态。

2) 系统集成化。众多的单片机外围电路全部装入一个芯片内，即系统的集成化是当前单片机发展趋势之一。例如，美国 Cygnal 公司生产的 8 位单片机 C8051F020，芯片内集成有 8 通道 ADC、两路 DAC、两路电压比较器、电压基准、温度传感器、定时器、可编程数字交叉开关和 64 个通用 I/O 口、电源监测器、看门狗定时器、多种类型的串行接口（两个 UART、SPI 串行外设接口）等，一片芯片就是一个"测控"系统。

3）高性能化。为提高信息处理和数据传输的速度，单片机朝着提高主频速度、采用双CPU结构、扩大内部存储器容量和总线宽度的高性能方向发展。

综上所述，单片机正在向低电压、低功耗、高性能、系统单片化的方向发展。

1.1.4　单片机的应用领域

单片机应用系统是以单片机为核心，配以输入、输出、显示、控制等外围电路和软件，能实现一种或多种功能的实用系统。所以说，单片机应用系统是由硬件和软件组成的，硬件是应用系统的基础，软件则在硬件的基础上对其资源进行合理调配和使用，从而完成应用系统所要求的任务，二者相互依赖，缺一不可。

单片机根据自身的性能特点，在以下领域里得到了广泛的应用。

1. 工业测控系统

在工业自动化领域中的过程检测、过程控制、智能控制、机电一体化设备控制、数据采集和传输等，如汽车生产、石油加工、数控机床、机器人等，在这种集机械、电子和计算机技术为一体的综合系统中，单片机发挥着核心控制作用。

2. 智能仪器仪表

目前对仪器仪表的自动化和智能化要求越来越高。单片机具有体积小、功耗低、控制功能强、扩展灵活、微型化和使用方便等优点，广泛应用于仪器仪表中，结合不同类型的传感器，可实现对电压、功率、频率、湿度、温度、流量、速度、厚度、角度、长度、硬度、压力等物理量的测量。采用单片机控制有助于提高仪器仪表的自动化程度、精度和准确度，加速仪器仪表向数字化、智能化、多功能化方向发展。

3. 家用电器领域

家用电器产品正在向数字化、智能化、网络化方向发展，如电视机、影碟机、电冰箱、洗衣机、空调机、电风扇、微波炉、加湿机、消毒柜、监控器等，嵌入了单片机后，功能和性能大大提高，并实现智能化、网络化和最优化控制。

4. 通信及办公自动化领域

在调制解调器、交换机、传真机、计算机、键盘、显示器、硬盘驱动器、打印机、绘图仪、各类手机、电话机、智能天线等各种设备和终端中，单片机也已经得到了广泛应用。

5. 武器装备方面

在现代化的武器装备中，如军用飞机、军舰、坦克、火炮、导弹、雷达、鱼雷等的运动控制、导航制导、火控系统中，都有单片机嵌入其中，提高了武器装备的自动化、智能化水平。

6. 汽车电子设备

电子技术、通信技术、计算机技术已经广泛地应用在各种汽车电子设备中，如汽车安全系统、汽车信息系统、自动驾驶系统、汽车导航系统、汽车自动诊断系统以及汽车黑匣子等，单片机技术都发挥了重要作用。

7. 航空航天领域

飞行器飞行、导航定位、火箭发射、卫星通信、遥感遥测等各种先进的电子系统中都有单片机在发挥着重要作用。

8. 医疗仪器领域

在现代医学的各种先进的电子检验、诊断、治疗设备中大量使用了单片机技术，完成各种信息的采集、数据的处理、复杂的自动控制等任务，提高了医疗仪器的自动化、智能化水平，对医务工作者准确地诊断和治疗病人提供了强有力的支持。

总之，从工农业生产的自动化到家用电器的智能化，从日常工作生活的电子化到国防军事的信息化，从小的电子玩具、计算器到大的通信卫星、运载火箭，方方面面的各种电子系统中，单片机技术都发挥着十分重要的作用。

1.2 MCS-51 系列单片机

MCS 是 Intel 公司单片机的系列符号，如 MCS-48、MCS-51、MCS-96 系列单片机。MCS-51 系列是在 MCS-48 系列基础上于 20 世纪 80 年代初发展起来的高性能单片机，并得到了广泛的推广应用。MCS-51 系列单片机设计上的成功和性能上的优越，获得了较高的市场占有率，成为许多厂家、科研机构、专业人士竞相选用的对象，也是最早进入我国并在我国得到广泛应用的单片机主流机型。

MCS-51 系列单片机主要包括基本型（8031/8051/8751）、增强型（8032/8052/8752）、低功耗型（80C31/80C51/87C51）。其典型产品为 8051（80C51），封装为 40 个引脚，芯片内部集成有：

- 1 个 8 位微处理器（CPU）和 1 个 1 位微处理器（布尔处理器）。
- 4KB 的程序存储器。
- 128B 的数据存储器。
- 64KB 的片外程序存储器寻址能力。
- 64KB 的片外数据存储器寻址能力。
- 21 个特殊功能寄存器（SFR）。
- 4 个 8 位并行输入/输出接口（I/O 口）。
- 1 个全双工异步串行口（UART）。
- 2 个 16 位定时器/计数器。
- 5 个中断源。

MCS-51 系列品种丰富，内部硬件资源不尽相同。

1. 基本型（8031/8051/8751）

8031 内部包括 1 个 8 位 CPU 和 1 个 1 位 CPU、128B 数据存储器、21 个特殊功能寄存器（SFR）、4 个 8 位并行 I/O 口、1 个全双工串行口、2 个 16 位定时器/计数器、5 个中断源，但片内无程序存储器，需外扩程序存储器芯片。

8051 是在 8031 的基础上，片内又集成了 4KB ROM 作为程序存储器。ROM 中的内容是半导体公司制作芯片时，代为用户烧制的。

8751 与 8051 相比，片内集成的 4KB EPROM 取代了 8051 的 4KB ROM 来作为程序存储器，EPROM 中的内容可反复擦除修改多次。

2. 增强型（8032/8052/8752）

Intel 公司在基本型基础上，推出增强型系列产品，典型产品为 8032/8052/8752，内部的 RAM 增到 256B，8052、8752 的片内程序存储器扩展到 8KB，16 位定时器/计数器增至 3 个，具有 6 个中断源，串行口通信速率提高 5 倍。

3. 低功耗型（80C31/80C51/87C51）

低功耗型是对基本型的改进，采用 C-HMOS 工艺，功耗很低，适合于电池供电或其他要求低功耗的场合，主要用于低功耗的便携式产品和航天设备中，是市场上使用的主要机型。

在以后的发展中又有了很多改进，如采用 Flash 程序存储器（Flash ROM）、在系统编程技术（ISP）、低功耗节电方式，增加看门狗电路、A-D 转换器（ADC）、D-A 转换器（DAC）、脉宽调制器（PWM）等。表 1-1 列出了 MCS-51 系列单片机典型产品的特性。

表 1-1 MCS-51 系列单片机典型产品的特性一览表

类型	型号	片内程序存储器	片内数据存储器/B	片外存储器寻址能力/KB	并行 I/O 线/位	串行口/个	16 位定时器/计数器/个	中断源/个	特殊功能寄存器/个
基本型	8031	无	128	64	32	1	2	5	21
	8051	4KB ROM	128	64	32	1	2	5	21
	8751	4KB EPROM	128	64	32	1	2	5	21
增强型	8032	无	256	64	32	1	3	6	21
	8052	8KB ROM	256	64	32	1	3	6	21
	8752	8KB EPROM	256	64	32	1	3	6	21
低功耗型	80C31	无	128	64	32	1	2	5	21
	80C51	4KB ROM	128	64	32	1	2	5	21
	87C51	4KB EPROM	128	64	32	1	2	5	21

1.3 其他常用的单片机

1.3.1 AT89C5x/AT89S5x 系列单片机

20 世纪 80 年代中期以后，Intel 公司以专利形式把 8051 内核技术转让给许多半导体芯片生产厂家，如 Atmel、Philips、Cygnal、LG、ADI、Maxim、DALLAS 等公司，这些公司生产的单片机与 8051 内核结构、指令系统相同，采用 CMOS 工艺，因而常用 51 系列单片机来称呼所有这些具有 8051 指令系统的单片机，有时简称为 51 单片机，或者 8051（80C51）单片机；同时这些公司又结合自身的技术和市场需求对 8051 进行了改进，在 8051 的基础上增加了一些新技术和功能模块，使产品功能更强大，性能更优越，市场竞争力更强。

在众多的 51 系列单片机中，美国 Atmel 公司推出的 AT89C5x/AT89S5x 系列单片机在 8 位单片机市场中占有较大的市场份额，成为当前 8 位单片机市场的主流机型，取代了 MCS-51 系列单片机的主导地位。

Atmel 公司是美国 20 世纪 80 年代中期成立并发展起来的半导体公司，该公司于 1994 年以 EEPROM 技术与 Intel 公司的 80C51 内核技术的使用权进行交换。Atmel 公司的技术优势是闪烁（Flash）存储器技术，将Flash存储器技术与80C51内核技术相结合，形成了片内带有Flash存储器的AT89C5x/AT89S5x系列单片机。

AT89C5x/AT89S5x系列与MCS-51系列单片机完全兼容，并采用了一些新技术，某些品种又增加了一些新的功能，如Flash存储器技术、看门狗定时器（WDT）、在系统编程（ISP，也称在线编程）、串行外设接口（SPI）、低功耗节电方式等。AT89C5x/AT89S5x单片机支持由软件选择的两种节电工作方式，适用于低功耗要求的场合，AT89S51单片机片内Flash存储器允许在线（+5V）电擦除、电写入（在系统编程ISP）或使用编程器对其重复编程。

AT89S5x的"S"系列是在AT89C5x的"C"系列之后推出的新机型，代表性产品为AT89S51和AT89S52。基本型的AT89C51与AT89S51以及增强型的AT89C52与AT89S52的硬件结构和指令系统完全相同，使用AT89C51的系统，在保留原来软硬件的条件下，完全可以用AT89S51直接代换。与AT89C5x系列相比，AT89S5x系列单片机的时钟频率以及运算速度有了较大的提高，如AT89C51工作频率的上限为24MHz，而AT89S51则为33MHz。AT89S51单片机片内集成有双数据指针（DPTR）、看门狗定时器（WDT），具有低功耗空闲工作方式、掉电工作方式和在系统编程（ISP）能力。目前，AT89S5x系列单片机已逐渐取代了AT89C5x系列单片机。

表1-2为Atmel公司的AT89C5x/S5x/LS5x/LV5x系列单片机主要产品特性一览表。

表1-2 AT89C5x/S5x/LS5x/LV5x系列单片机主要产品特性一览表

型号	片内Flash存储器/KB	片内数据存储器/B	工作频率/MHz	I/O口线/位	UART/个	定时器/计数器/个	中断源/个	WDT	SPI	ISP	工作电压/V	引脚数/个
AT89C1051	1	64	24	15	1	2	3	无	无	无	2.7~6.0	20
AT89C2051	2	128	24	15	1	2	5	无	无	无	2.7~6.0	20
AT89C4051	4	128	24	15	1	2	5	无	无	无	2.7~6.0	20
AT89C51	4	128	24	32	1	2	5	无	无	无	4.0~6.0	40
AT89C52	8	256	24	32	1	3	6	无	无	无	4.0~6.0	40
AT89C55	20	256	33	32	1	3	6	1	无	无	4.0~6.0	40
AT89S2051	2	256	24	15	1	2	5	无	无	有	2.7~6.0	20
AT89S4051	4	256	24	15	1	2	5	无	无	有	2.7~6.0	20
AT89S51	4	128	33	32	1	2	5	1	无	有	4.0~6.0	40
AT89S52	8	256	33	32	1	3	6	1	无	有	4.0~6.0	40
AT89S53	12	256	24	32	1	3	7	1	1	无	4.0~6.0	40
AT89LS51	4	128	16	32	1	2	5	1	无	有	2.7~4.0	40
AT89LS52	8	256	16	32	1	3	6	1	无	有	2.7~4.0	40
AT89LS53	12	256	12	32	1	3	7	1	1	无	2.7~6.0	40
AT89LV51	4	128	12	32	1	2	5	无	无	无	2.7~6.0	40
AT89LV52	8	256	12	32	1	3	6	无	无	无	2.7~6.0	40
AT89LV55	20	256	12	32	1	3	6	无	无	无	2.7~6.0	40

表 1-2 中，AT89C1051、AT89C2051、AT89C4051、AT89S2051、AT89S4051 为精简机型，均为 20 个引脚，内部硬件资源少，体积小，价格低。当低档机型满足设计需求时，就不要采用较高档次的机型。"L"、"LV" 代表低电压，工作电压为 2.7~6V，低电压电源工作条件可使其在便携式、袖珍式、无交流电源供电的环境中应用，特别适于电池供电的仪器仪表和各种野外操作的设备中。

1.3.2 STC 系列单片机

STC 是深圳宏晶科技有限公司生产的单片机系列符号。宏晶公司是中国单片机技术的领航者，致力于高性能单片机的设计和制造，具有自主的知识产权，处于国际领先地位，其生产的 STC 系列单片机具有自己的特点和优势，受到广大单片机应用者的喜爱，在国内有很高的市场占有率。

STC 系列单片机是以 8051 内核为主的、可选 12 时钟/机器周期或 6 时钟/机器周期的高速度、低功耗、宽工作电压、高抗静电功能、超强抗干扰、超级加密性能、超低价格的新一代 51 系列单片机，其指令代码完全兼容传统的 8051 单片机，但速度快 8~12 倍，根据工业标准设计，内部集成了多路 PWM、高速 10 位 ADC 等，可以不需要外接晶振和外部复位电路，特别适合强干扰工业场合的电动机控制。STC 系列单片机主要有 STC10/11/12/15/89/90 系列，主要性能特点如下。

1) 大容量：最大 2048B 片内数据存储器。
2) 高速度：1 时钟/机器周期指令，增强型 8051 内核，速度比传统 8051 快 8~12 倍。
3) 宽工作电压：2.4~3.8V，3.8~5.5V。
4) 宽温度范围：-40~+85℃。
5) 低功耗设计：低速模式，空闲方式，掉电方式。
6) 内部高精度 RC 时钟振荡电路，±1% 温漂（-40~+85℃），常温下温漂±5‰，可彻底省掉外部的晶体时钟，内部时钟从 5~35MHz 可选。
7) 内部集成了 MAX810 专用复位电路，高可靠复位，ISP 编程时 8 级复位门槛电压可选，可以省掉外部复位电路。
8) 掉电唤醒功能：掉电方式时可由外部中断或内部掉电唤醒专用定时器唤醒。
9) 工作频率：5~35MHz，相当于普通 8051 的 60~420MHz。
10) 8/16/24/32/40/48/56/60/61KB 片内 Flash 程序存储器，擦写次数 10 万次以上。
11) ISP/IAP（在系统编程/在应用编程）无需编程器/仿真器，可远程升级。
12) 高速 ADC：8 通道 10 位，速度可达 30 万次/秒。
13) 多通道捕获/比较单元（CCP/PCA/PWM）：也可用来实现多路 DAC、定时器或外部中断；多路 PWM 还可当多路 DAC 使用。
14) 最多 6 个 16 位定时器：3 个 16 位可重装载定时器 T0、T1、T2，并可实现时钟输出；3 路 CCP/PCA 可再实现 3 个定时器。
15) 可编程时钟输出功能：对内部系统时钟或外部引脚的时钟输入进行时钟分频输出。
16) 硬件看门狗（WDT）。
17) SPI 高速同步串行通信接口。
18) 双串口（UART）：两个完全独立的高速异步串行通信接口，分时切换可当 5 组串口使用。

19）4种模式通用I/O口：准双向口/弱上拉、强推挽/强上拉、仅为输入/高阻和漏极开路。每个I/O口驱动能力均可达到20mA，但整个芯片最大不要超过120mA。

1.3.3 AVR系列单片机

AVR系列单片机是1997年Atmel公司挪威设计中心的A先生与V先生利用Atmel公司的Flash新技术共同研发出的RISC精简指令集的高速单片机，简称AVR，它是增强型的RISC、内载Flash存储器的单片机，具有高速处理能力，可随时编程。8位的AVR系列单片机分3个系列：Tiny系列包括ATtiny4/5/9/10/11/12/13/15/22/23/24/25/26/28/44/45/46/84/85/86；AT90系列包括AT90S1/2/4/8、AT90LS2/4/8、AT90PWM1/2/3、AT90CAN128，其中AT90S系列被ATmega系列取代，已停产；ATmega系列包括ATmega4/8/16/32/64/128/256。16位ATxmega系列单片机包括ATxmega8/16/32/64/128/192/256，32位AVR32（UC3）系列单片机包括AT32UC3A/B/C/D/L等。AVR系列单片机的主要性能特点如下。

1）高速度、高性能。AVR系列单片机采用精简指令集（RISC）和哈佛结构的流水线技术，以字作为指令长度单位，将操作数与操作码安排在一字之中，指令长度固定，指令格式与种类相对较少，寻址方式也相对较少，一个时钟周期执行一条指令，绝大部分指令都为单周期指令，可实现1MIPS/MHz的处理能力，取指周期短，又可预取指令，实现流水作业，故可高速执行指令。

2）高可靠性，抗干扰能力强。工业级产品设计，具有系统电源低电压检测功能，电源抗干扰性能强；具有复位后延时启动的特性，提高了系统工作的可靠性；具有看门狗定时器（WDT）安全保护，可防止程序跑飞，提高产品的抗干扰能力。

3）工作电压范围宽：1.8~6.0V。

4）低功耗。具有省电功能（Power Down）及休眠功能（Idle）的低功耗工作方式。一般耗电在1~2.5mA；典型功耗，WDT关闭时为100nA，更适用于电池供电；有的器件最低1.8V即可工作。

5）采用片内Flash存储器技术，具有在系统编程（ISP）特性，只需要一条ISP下载线，就可以把程序写入AVR单片机，其中ATmega系列还支持在线应用编程（IAP），可实现远程升级，给用户的开发带来方便，同时也支持使用高级语言开发系统程序，并可扩展外部RAM。

6）程序保密性好，不可破解的位加密锁技术，且具有多重密码保护锁死（Lock）功能，使得用户编写的应用程序不被读出破解。

7）丰富的片内外设。定时器/计数器、电压检测电路BOD、通用的异步串行口（UART）、高速硬件串行接口TWI（与I^2C兼容）、SPI、ADC、PWM、WDT、实时时钟（Real-Time Clock，RTC）、ISP、IAP、片内高精度RC振荡器、多个复位源（自动上下电复位、外部复位、看门狗复位、BOD复位）、可设置的延时启动运行程序，增强了单片机应用系统的可靠性。

8）I/O口功能强，驱动能力大。AVR的工业级产品，具有大电流（灌电流，最大可达40mA）驱动能力，可省去功率驱动器件，直接驱动晶闸管或继电器。I/O口的输入可设定为三态高阻抗输入或带上拉电阻输入，以便于满足各种多功能I/O口应用的需要。

1.3.4　PIC 系列单片机

PIC 系列单片机是美国 Microchip 公司的产品，CPU 采用哈佛双总线结构和 RISC 结构，运行速度快，低工作电压，低功耗，较大的输入/输出直接驱动能力，价格低，一次性编程，体积小，适用于用量大、档次低、价格敏感的产品，在办公自动化设备、消费电子产品、电讯通信、智能仪器仪表、汽车电子、金融电子和工业控制等不同领域都有广泛的应用。8 位 PIC 系列单片机主要有 PIC10/12/16/18 系列，16 位 PIC 系列单片机主要有 PIC24 系列、dsPIC30/33 系列，32 位 PIC 系列单片机主要有 PIC32 系列。PIC 系列单片机的主要性能特点如下。

1）最大的特点是从实际出发，重视性能价格比，不搞单纯的功能堆积，开发出多个系列产品型号来满足不同层次用户各种应用场合的需求。PIC 单片机的引脚从 6 个到 100 个，内部集成丰富的外设和接口，包括定时器、比较器、CCP（Capture/Compare/PWM）模块、WDT、ADC、UART、I^{2}C、SPI、USB、CAN、LIN（Local Interconnect Network，本地互联网络）、Ethernet、并行口等，适合各种场合各种层次的需求。例如，一个摩托车的点火器需要一个 I/O 较少、RAM 及程序存储空间不大、可靠性较高的小型单片机，若用 40 脚功能强的单片机，投资大，使用也不方便。PIC10C200 单片机仅有 6 个引脚，是世界上最小的单片机，375B ROM、16B RAM、1 个 8 位定时器、4 根 I/O 线，价格非常便宜，用在摩托车点火器非常适合。PIC32MX795F512L 单片机有 100 个引脚，其内部资源为 ROM 512KB、RAM 128KB、8 通道 DMA 控制器、6 个 UART、4 个 SPI、5 个 I^{2}C、1 个 USB、2 个 CAN、1 个 Ethernet、1 个 16 位并行口、5 个 CCP 模块、16 路 ADC、5 个 16 位定时器、2 个比较器、96 个中断源、85 个 I/O 脚。

2）高速度。PIC 系列单片机采用 RISC 和哈佛总线结构，单周期单字长指令，指令执行流水线机制，执行速度快。

3）内部集成丰富的外设和接口，满足各种各样场合的需要。例如，定时器、比较器、CCP、WDT、ADC、UART、I^{2}C、SPI、USB、CAN、LIN、Ethernet、并行口等。

4）工业级产品设计，其引脚具有防瞬态电流能力，通过限流电阻可以接至 220V 交流电源，可直接与继电器控制电路相连，无须光耦合器隔离，给应用带来极大方便。

5）保密性好。PIC 以保密熔丝来保护代码，用户在烧入代码后熔断熔丝，别人再也无法读出，除非恢复熔丝。目前，PIC 采用熔丝深埋工艺，恢复熔丝的可能性极小。

6）低电压、低功耗设计，设有休眠和省电工作方式，可大大降低系统功耗并可采用电池供电。

在众多厂家生产的各种不同的单片机中，目前与 MCS-51 系列单片机兼容的各种 51 系列单片机仍然是单片机应用的主流品种，8 位单片机的性能已能够满足大部分的实际应用需求，且性能价格比也较好，若干年内仍是自动化、机电一体化、仪器仪表、工业检测控制等应用的主角。因此，本书以 AT89S51 作为 51 系列单片机的代表性机型来介绍 51 单片机的原理及应用技术。

思考与练习题 1

1. 什么是微型计算机？它有哪几种？
2. 什么是单片机？

3. 微处理器、微型机、单片机三者之间有何异同？
4. 单片机从用途上可分成哪几类？分别有什么用途？
5. 单片机与一般的微型计算机相比，具有哪些特点？
6. 简述单片机的发展概况。今后一个时期内，单片机的发展方向是什么？
7. 单片机的主要应用领域有哪些？
8. MCS-51 系列 8 位单片机的主要配置有哪些？主要型号及特性是什么？
9. MCS-51 系列单片机最多有几个中断源？
10. 与 8051 比较，80C51 的最大特点是什么？
11. 51 系列与 52 系列单片机有什么区别？
12. 8051、8751、8031 单片机配置的主要区别是什么？
13. AT89 系列单片机的主要产品型号、特性和突出优点是什么？
14. STC 系列单片机的主要特性和突出优点是什么？
15. AVR 系列单片机的主要特性和突出优点是什么？
16. PIC 系列单片机的主要特性和突出优点是什么？
17. 列举常见的 5 个单片机生产厂家和 5 种常见的单片机型号，并说明其特点。
18. 为什么说单片机系统是典型的嵌入式应用系统？列举几个单片机嵌入式系统的产品和应用。
19. 为什么 8 位单片机的应用至今仍然非常广泛？
20. 下列英文缩写的名称和内涵：CPU、MCU、EMCU、RAM、ROM、RISC、CISC、ADC、DAC、UART、PWM、SPI、WDT、SFR、ISP、EEPROM、Flash ROM、I^2C、USB、CAN、LIN、Ethernet。

第 2 章　AT89S51 单片机的硬件结构及特性

内容提要：本章介绍 AT89S51 单片机的片内硬件基本结构、外部引脚特性、存储器结构、特殊功能寄存器等，同时介绍单片机应用时所处的几种工作方式以及复位电路、时钟电路及单片机最小应用系统等，为单片机应用系统的设计打下必要的基础。

单片机应用技术是在以单片机为核心构成的硬件系统基础上，硬件系统与软件系统相结合的一种计算机应用技术。因此，为达到能够设计单片机应用系统的目的，必须首先熟练掌握单片机硬件系统的结构、特性和用法。本章主要介绍 AT89S51 单片机的硬件结构、特性和用法。

AT89S51 单片机是一种低功耗、高性能的 CMOS 8 位单片机，片内集成有 4KB 的在系统编程（ISP）特性的 Flash 只读程序存储器和 128B 的随机数据存储器（RAM），器件采用 Atmel 公司的高密度、非易失性存储技术生产，兼容标准的 80C51 指令集和引脚，片内的 Flash 程序存储器可在线编程（ISP），也可用传统方式的编程器进行编程。对于嵌入式控制应用，AT89S51 单片机具有很强的灵活性和很高的性价比，是一款功能强大的单片机。

AT89S51 单片机的主要特性参数如下。
- 与 MCS-51 系列产品完全兼容。
- 4KB 在系统编程（ISP）Flash 存储器，承受 10000 次擦写周期。
- 4.0~6.0V 的工作电压范围。
- 全静态工作方式：0~33MHz。
- 3 级程序加密位。
- 128×8 位内部 RAM。
- 32 个可编程 I/O 端口线。
- 2 个 16 位定时器/计数器。
- 5 个中断源。
- 全双工 UART 串行口。
- 低功耗空闲和掉电方式。
- 掉电方式的中断唤醒功能。
- 看门狗定时器（WDT）。
- 双数据指针。
- 断电标志（POF）。
- 快速编程特性。
- 灵活的在系统编程特性（字节或页编程模式）。
- 绿色环保（不含铅/卤化物）的封装选择。

2.1　AT89S51 的内部结构及外部引脚特性

本节在简单介绍 AT89S51 内部结构的基础上，重点讲解 AT89S51 外部引脚的功能、用法及电气特性，这部分内容是使用单片机的基础，必须掌握好。

2.1.1 AT89S51 单片机的内部功能部件

单片机是采用集成电路技术将计算机作为控制应用所需要的功能部件都集成在一个尺寸有限的集成电路芯片内,以此作为核心控制器来构成一个单片机应用系统的。

1. AT89S51 的片内功能部件及特性

AT89S51 单片机的片内硬件结构如图 2-1 所示,包含的功能部件和特性如下。

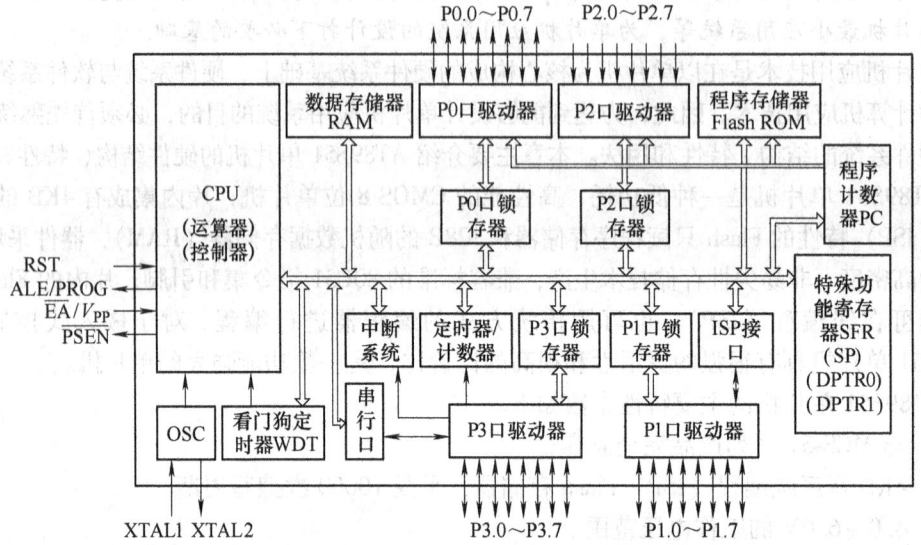

图 2-1 AT89S51 单片机的片内硬件结构

1)1 个 8 位微处理器(CPU)和 1 个 1 位微处理器(CPU,又称布尔处理器),包括了运算器和控制器两大部分,还有面向控制的位处理功能。

2)128B 数据存储器(RAM)。

3)4KB Flash 程序存储器(Flash ROM),是具有在系统编程(ISP)特性的 Flash 存储器。

4)4 个 8 位可编程并行 I/O 端口(P0 口、P1 口、P2 口、P3 口)。

5)1 个全双工的异步串行口。

6)2 个可编程的 16 位定时器/计数器。

7)1 个看门狗定时器。

8)中断系统具有 5 个中断源、5 个中断向量、2 级中断优先权。

9)26 个特殊功能寄存器(SFR),是片内各个功能部件的控制寄存器、状态寄存器、锁存器等。

10)低功耗空闲方式和掉电方式,且具有掉电方式下的中断恢复功能。

11)3 级程序加密位。

2. AT89S51 增加的功能部件及特性

与 AT89C51 相比,AT89S51 增加的功能部件及特性如下。

1)增加了在系统编程(ISP)特性,可以字节和页编程,使程序开发、调试和修改更加方便。

2）增加了5个特殊功能寄存器（SFR）。

3）增加了看门狗定时器。当程序进入"跑飞"或"死循环"状态时可使程序恢复正常运行，提高了系统的抗干扰能力。

4）增加了断电标志（POF）。

5）增加了掉电方式下的中断恢复功能。

AT89S51完全兼容AT89C51，在充分保留原来软、硬件条件下，完全可以用AT89S51直接代换。

2.1.2　AT89S51单片机的外部引脚特性

欲掌握AT89S51单片机，需要熟悉和牢记各引脚的功能、用法和电气特性。AT89S51与51系列中各种型号芯片的引脚互相兼容，目前多采用40个引脚的双列直插式（DIP）封装形式，如图2-2所示。此外，还有44个引脚的PLCC和TQFP封装形式的芯片，其中有4个引脚是空闲的。

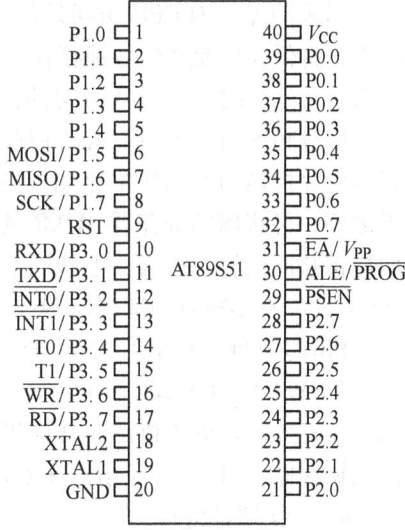

图2-2　AT89S51单片机的引脚（DIP封装）

40个引脚按其功能可分为以下4类。

1）电源引脚：2个，V_{CC}、GND。

2）时钟引脚：2个，XTAL1、XTAL2。

3）控制引脚：4个，RST、$\overline{EA}/V_{PP}$、$\overline{ALE/PROG}$、$\overline{PSEN}$。

4）I/O端口引脚：32个，4个8位I/O端口P0、P1、P2、P3的外部引脚。

下面分类介绍各引脚的功能、用法和电气特性。

1. 电源引脚

1）V_{CC}（40引脚）：芯片电源正极性端，接+5V。

2）GND（20引脚）：芯片电源负极性端，接数字地。

2. 时钟引脚

1）XTAL1（19引脚）：片内振荡器反相放大器的输入端和外部时钟发生电路的输入端。当使用片内振荡器时，该引脚接外部石英晶体和微调电容；当使用外部时钟源时，该引脚接外部时钟振荡器的信号。

2）XTAL2（18引脚）：片内振荡器反相放大器的输出端。当使用片内振荡器时，该引脚连接外部石英晶体和微调电容；当使用外部时钟源时，该引脚悬空。

3. 控制引脚

（1）RST（9引脚）：复位信号输入端，高电平有效。在该引脚加上持续时间大于2个机器周期（1个机器周期包含12个时钟周期）的高电平，可以使单片机复位。当单片机正常工作时，该引脚电平应为低于0.5V的低电平。

在辅助寄存器AUXR中DISRTO位为0情况下，当WDT溢出时，将送给RST引脚一个长达98个时钟周期的高电平脉冲，同时可以通过该引脚向单片机外部电路输出一个长达98个时钟周期的高电平脉冲信号，用来实现单片机内部和外部电路的复位；在DISRTO位为1

情况下，RST 引脚只做复位信号输入端使用，复位后，DISRTO 位的值为 0。

2) $\overline{EA}/V_{PP}$ （Enable Address/Voltage Pulse of Programming，31 引脚）：外部程序存储器访问允许控制端/编程电压端，双功能输入引脚。

$\overline{EA}$ 功能：如果 $\overline{EA}$ 引脚接低电平，在系统进入正常工作状态时，只读取外部程序存储器中的程序执行，读取的地址范围为 0000H ~ FFFFH，片内的 4KB Flash 程序存储器不使用。如果 $\overline{EA}$ 引脚接高电平，单片机从片内程序存储器（4KB）中的程序执行，当 PC 值超出 0FFFH（超出片内 4KB Flash 存储器地址范围）时，将自动转向读取片外 60KB（1000H ~ FFFFH）程序存储器空间中的程序执行。

V_{PP} 功能：对片内 Flash 存储器并行编程时，接编程电压。

3) ALE/$\overline{PROG}$（Address Latch Enable/Program Pulse，30 引脚）：低 8 位地址锁存信号/编程脉冲，双功能引脚，ALE 功能是输出端，$\overline{PROG}$ 功能是输入端。

ALE 功能：为 CPU 访问外部程序存储器或外部数据存储器时提供低 8 位地址锁存信号输出，将低 8 位地址信号锁存在外部的低 8 位地址锁存器中。ALE 信号是下降沿有效。当单片机正常运行时，不包括访问外部数据存储器操作，ALE 引脚一直有周期性正脉冲信号输出，信号频率固定为单片机时钟振荡器频率 f_{osc} 的 1/6，此信号可用作外部定时或触发信号；每当单片机访问外部数据存储器时，ALE 引脚输出的正脉冲信号就要少输出一个脉冲。如果需要，可将辅助寄存器 AUXR 的 DISALE 位（ALE 禁止位）置 1，来禁止 ALE 引脚输出周期性正脉冲信号的行为，但执行访问外部存储器或 I/O 口指令时，ALE 信号仍然有效，即 DISALE 位不影响对外部存储器或 I/O 口的访问。

$\overline{PROG}$ 功能：当对片内 Flash 存储器并行编程时，此引脚为编程脉冲输入端。

4) $\overline{PSEN}$（Program Strobe Enable，29 引脚）：片外程序存储器的读选通信号，输出端，低电平有效。当单片机访问外部程序存储器时，每个机器周期输出 2 次有效信号；当访问外部数据存储器时，$\overline{PSEN}$ 信号无效。

4. I/O 端口引脚

1) P0 口（39 ~ 32 引脚）：8 位漏极开路的三态双向 I/O 端口，各位引脚名称是 P0.0、P0.1、P0.2、P0.3、P0.4、P0.5、P0.6、P0.7。

低 8 位地址总线/数据总线的分时复用端口：当外扩存储器及 I/O 接口芯片时，P0 口作为低 8 位地址总线/数据总线的分时复用端口，此时为三态双向 I/O 端口。

通用的 I/O 端口：P0 口也可作为通用的 I/O 端口使用，需外接上拉电阻，没有第三态，此时为准双向 I/O 端口。如果作为通用 I/O 端口输入时，应先向端口锁存器写入 1（FFH），然后再输入（读引脚）；作为通用 I/O 端口输出时，可驱动 8 个 LS 型 TTL 负载。

编程代码输入口/校验代码输出口：P0 口在对 Flash 存储器并行编程过程中作为代码的输入口，在校验过程中作为代码的输出口。

2) P1 口（1 ~ 8 引脚）：8 位的准双向 I/O 端口，各位引脚名称是 P1.0、P1.1、P1.2、P1.3、P1.4、P1.5、P1.6、P1.7，具有内部上拉电阻。

通用的 I/O 端口：没有第三态，为准双向 I/O 端口。P1 口作为通用 I/O 端口输入时，应先向端口锁存器写入 1（FFH），然后再输入（读引脚）；作为通用 I/O 端口输出时，可驱动 4 个 LS 型 TTL 负载。

串行编程接口：引脚 P1.5/MOSI、P1.6/MISO 和 P1.7/SCK（Serial Clock）可用于对片

第 2 章 AT89S51 单片机的硬件结构及特性

内 Flash 存储器串行编程和校验，分别是串行数据输入、串行数据输出和串行移位脉冲（串行时钟）引脚。

3) P2 口（21~28 引脚）：8 位的准双向 I/O 端口，各位引脚名称是 P2.0、P2.1、P2.2、P2.3、P2.4、P2.5、P2.6、P2.7，具有内部上拉电阻。

高 8 位地址总线输出端口：当 AT89S51 扩展外部存储器及 I/O 接口芯片时，P2 口作为高 8 位地址总线使用，输出高 8 位地址。

通用的 I/O 端口：P2 口也可作为通用的 I/O 端口使用，为准双向 I/O 端口。当作为输入口时，应先向端口输出锁存器写入 1（FFH），然后再输入（读引脚）；当作为输出口时，可驱动 4 个 LS 型 TTL 负载。

4) P3 口（10~17 引脚）：8 位的准双向 I/O 端口，各位引脚名称是 P3.0、P3.1、P3.2、P3.3、P3.4、P3.5、P3.6、P3.7，具有内部上拉电阻。

通用的 I/O 端口：P3 口可作为通用的 I/O 端口使用，为准双向 I/O 端口。当作为输入口时，应先向端口输出锁存器写入 1（FFH），然后再输入（读引脚）；当作为输出口时，可驱动 4 个 LS 型 TTL 负载。

P3 口的第二功能：P3 口具有第二功能，其第二功能定义见表 2-1。

表 2-1 P3 口的第二功能定义

引 脚	第二功能名称	第 二 功 能	引 脚	第二功能名称	第 二 功 能
P3.0	RXD	串行数据输入口	P3.4	T0	定时器 0 外部计数输入
P3.1	TXD	串行数据输出口	P3.5	T1	定时器 1 外部计数输入
P3.2	$\overline{INT0}$	外部中断 0 输入	P3.6	$\overline{WR}$	外部数据存储器写选通输出
P3.3	$\overline{INT1}$	外部中断 1 输入	P3.7	$\overline{RD}$	外部数据存储器读选通输出

综上所述，I/O 端口引脚小结如下。

1) 4 个并行 I/O 端口引脚共 32 个。

2) P0 口作为低 8 位地址总线/数据总线分时复用口时为三态双向 I/O 端口；作为通用的 I/O 端口时为准双向 I/O 端口，这时需外接上拉电阻。P1 口、P2 口、P3 口均为准双向端口，内部有上拉电阻。P2 口可作为高 8 位地址总线输出端口，P3 口和 P1 口部分引脚有第二功能。

3) 并行 I/O 端口作为通用 I/O 端口输入时，一定要先向该端口锁存器写入 1（FFH），再读入输入数据（读引脚）；否则，读取的是 I/O 端口锁存器的输出值，即读锁存器，而非外部输入数据。

4) P0 口可驱动 8 个 LS 型 TTL 负载，P1 口、P2 口、P3 口可驱动 4 个 LS 型 TTL 负载。并行 I/O 端口的高电平驱动能力小，低电平驱动能力大，即灌电流大。当 P0 口某位为高电平时，可提供 400 μA 的电流；当 P0 口某位为低电平（0.45V）时，可提供 3.2mA 的灌电流，因此，常在低电平输出时驱动一些器件，如发光二极管、数码管等。

5) 单片机通过 P0 口和 P2 口向外提供 16 位地址，实现对外部 64KB 存储器空间的寻址能力。

6) 单片机通过 P0 口和 P1 口实现对片内 Flash 存储器的并行或串行编程、校验、擦除和加密。

至此，AT89S51 单片机的 40 个引脚都已介绍完，读者应熟记每个引脚的名称、功能、用法和电气特性。根据以上介绍可以知道，单片机通过外围引脚提供了片外使用的地址总线、数据总线和控制总线，如图 2-3 所示。

1）地址总线：宽度为 16 位，寻址范围都为 64KB，由 P0 口分时输出经外接地址锁存器锁存提供低 8 位（A7～A0）地址、P2 口提供高 8 位（A15～A8）地址而形成的 16 位地址总线，可对片外程序存储器和片外数据存储器寻址。

2）数据总线：宽度为 8 位，由 P0 口分时直接提供。

3）控制总线：由第二功能状态下的 P3 口和 4 根独立的控制信号线 RST、$\overline{EA}/V_{PP}$、ALE/$\overline{PROG}$、$\overline{PSEN}$ 组成。

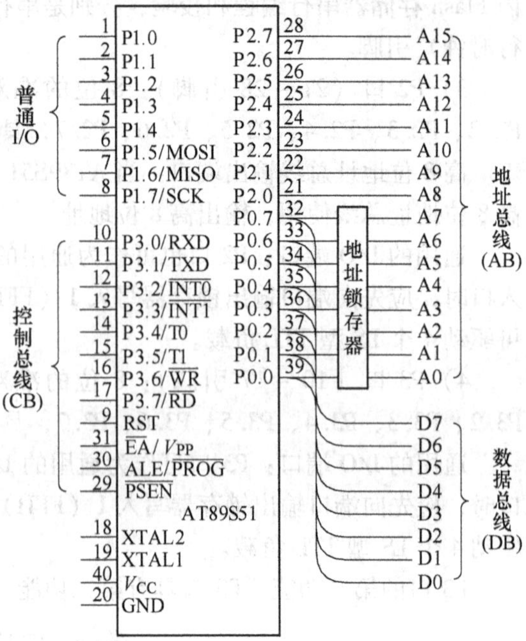

由地址总线、数据总线和 ALE/$\overline{PROG}$、$\overline{EA}/V_{PP}$、$\overline{PSEN}$ 信号实现对 64KB 片外程序存储器的访问，由地址总线、数据总线和 ALE/$\overline{PROG}$、$\overline{WR}$、$\overline{RD}$ 信号实现对 64KB 片外数据存储器和外扩 I/O 口的访问。

图 2-3 AT89S51 的片外三总线结构

2.2 AT89S51 的中央处理器

中央处理器（CPU）主要完成指令译码、执行，以及逻辑、算术等运算的功能，单片机的 CPU 同样是由运算器和控制器两部分构成的。

2.2.1 运算器

运算器的功能是对操作数进行算术、逻辑和位操作运算，主要包括算术逻辑运算单元（ALU）、累加器 A、位处理器（布尔处理器，1 位 CPU）、程序状态字寄存器（PSW）及两个暂存器等。

1. 算术逻辑运算单元 ALU

ALU 可对 8 位变量进行逻辑与、或、异或、循环、求补和清 0 等基本逻辑运算，还可以进行加、减、乘、除等基本算术运算。同时，ALU 还有位操作功能，可以对位变量进行位操作，如置 1、清 0、求补、测试转移及逻辑与、或等运算。

2. 累加器 A/Acc

累加器 A 是 CPU 中使用最频繁的一个 8 位寄存器，大多数指令的操作数和运算结果都存放在累加器 A 中，有些场合使用必须写为 Acc，此时代表寄存器地址。

3. 程序状态字寄存器 PSW

PSW（Program Status Word）是单片机片内的一个特殊功能寄存器，字节地址为 D0H，可位寻址。因其内部有 4 位保存了当前指令执行后的程序运行状态信息，所以称为程序状态字寄存器。PSW 的格式如图 2-4 所示。

	D7	D6	D5	D4	D3	D2	D1	D0
PSW	Cy	Ac	F0	RS1	RS0	OV		P

PSW 中各个位的功能、用法介绍如下。

图 2-4　PSW 的格式

1）Cy（PSW.7）：进位标志位。Cy 也可写为 C，在执行算术运算和逻辑运算指令时，若字节有进位/借位，则 Cy 被置 1；否则，Cy 被清 0。同时，Cy 还是位处理器的位累加器，作用相当于 8 位 CPU 中的累加器 A。

2）Ac（PSW.6）：辅助进位标志位。在进行算术运算时，当 8 位数据的低 4 位向高 4 位产生进位或借位时，Ac 被置 1；否则，Ac 被清 0。Ac 位在进行 BCD 码运算时，用作十进位的调整。

3）F0（PSW.5）：用户设定标志位。系统设计留给用户使用的一个状态标志位，可用指令来使它置 1 或清 0，代表一定的意义或控制程序的执行走向。

4）RS1、RS0（PSW.4、PSW.3）：4 组通用工作寄存器区选择控制位 1 和 0。选择片内 RAM 区中的 4 组通用工作寄存器区中的某一组为当前工作寄存区，见表 2-2。

5）OV（PSW.2）：溢出标志位。当执行算术指令时，用来指示运算结果是否产生溢出。如果结果产生溢出，OV 被置 1；否则，OV 被清 0。其他一些指令对 OV 的影响见指令的具体介绍。

6）PSW.1 位：保留位，未定义。

7）P（PSW.0）：奇偶标志位。该标志位表示指令执行完时，累加器 A 中"1"的个数是奇数还是偶数。当 P = 1 时，表示 A 中"1"的个数为奇；当 P = 0 时，表示 A 中"1"的个数为偶数。此标志位对串行通信具有重要的意义，常用奇偶检验的方法来检验数据串行传输的可靠性。

表 2-2　RS1、RS0 与 4 组通用工作寄存器区的选择关系

RS1	RS0	选择的通用工作寄存器区	RS1	RS0	选择的通用工作寄存器区
0	0	0 区（内部 RAM 单元地址 00H~07H）	1	0	2 区（内部 RAM 单元地址 10H~17H）
0	1	1 区（内部 RAM 单元地址 08H~0FH）	1	1	3 区（内部 RAM 单元地址 18H~1FH）

2.2.2　控制器

控制器的主要功能是控制指令的读入、译码和执行，并根据指令的性质控制单片机各功能部件，从而保证单片机各部分能自动协调地工作。控制器主要包括程序计数器（PC）、指令寄存器、指令译码器、定时及控制逻辑电路等。

程序计数器（PC）是一个独立的特殊功能的 16 位计数器，CPU 按照其内容指示取指令执行。PC 是不可访问的，即用户不能直接通过指令对 PC 进行读/写操作来改变 PC 中的内容。单片机复位时，PC 中内容为 0000H，CPU 从程序存储器 0000H 单元取指令，开始执行程序。

随着程序的执行，CPU 不断读取指令，PC 的内容会随着自动变化，不论如何变化，PC 的内容始终为 CPU 即将执行的指令的首地址。因此，PC 中内容的变化轨迹决定了程序的执行走向，当顺序执行程序时自动顺序增加；当执行转移程序或调用子程序时，系统自动将其内容更改成所要转移的目的地址。所以称其为程序计数器，有时也称为程序指针。

PC 的计数长度决定了程序存储器的地址范围，即 0000H~FFFFH，所以可对 64KB（2^{16} B）程序存储器的单元寻址。

2.3 AT89S51 存储器的结构

AT89S51 单片机的存储器采用哈佛结构，将程序存储器和数据存储器分开，并有各自的访问指令，其存储器空间根据功能用途不同分为程序存储器、数据存储器、特殊功能寄存器（SFR）、位寻址区 4 类。

2.3.1 程序存储器

程序存储器用来存放程序、常数和数据表格等固定的内容。AT89S51 单片机的程序存储器分为片内和片外两部分，片内为 4KB 的 Flash 存储器，地址范围为 0000H~0FFFH；片外可外扩最大为 64KB 的程序存储器，地址范围为 0000H~FFFFH。程序存储器使用时应注意以下问题。

1）访问片内的还是片外的程序存储器，由 $\overline{EA}$ 引脚电平控制。

当 $\overline{EA}$ 引脚为高电平时，CPU 从片内的 Flash 存储器 0000H 单元开始取指令执行，当 PC 值超出 0FFFH 时自动转向读取片外程序存储器 1000H~FFFFH 内的程序执行。

当 $\overline{EA}$ 引脚为低电平时，只能从片外的程序存储器（0000H~FFFFH）0000H 单元开始取指令执行，不使用片内的 4KB Flash 存储器。

由上可知，系统设计直接可以使用的程序存储器空间内外合计最大为 64KB。

2）程序存储器某些单元被系统固定用于系统入口和各中断源的中断服务程序入口。

64KB 程序存储器空间中有 6 个特殊单元被系统设计为固定用途，分别用于系统程序入口和 5 个中断源的中断服务程序入口，见表 2-3。

表 2-3 系统占用的程序存储器单元

单元用途	单元地址	单元用途	单元地址
系统程序入口	0000H	外部中断 1 的中断服务子程序入口	0013H
外部中断 0 的中断服务子程序入口	0003H	定时器/计数器 1 的中断服务子程序入口	001BH
定时器/计数器 0 的中断服务子程序入口	000BH	串行口的中断服务子程序入口	0023H

单片机复位后，PC 中的内容为 0000H，即 CPU 从程序存储器 0000H 单元开始取指令，开始执行程序，0000H 是系统程序的入口地址，也即是系统程序第一条指令的第一个字节存放的单元地址。一般在该单元存放一条跳转指令，跳向主程序的入口地址。

除 0000H 单元外，系统占用的另外 5 个单元是 0003H、000BH、0013H、001BH、0023H，分别对应于 5 个中断源，是这 5 个中断源的中断服务程序的入口地址。由于相邻的两个中断源的中断服务程序的入口地址之间只有 8 个程序存储器单元，存放中断服务程序一般是不够用的，所以通常在这 5 个中断入口地址处都存放一条跳转指令，跳向对应的中断服务子程序，而不是直接存放中断服务子程序。

在进行单片机系统设计时，需要对程序存储器的使用进行规划，划分出主程序、常数、表格、一般子程序、中断服务子程序等的存储区域，以进行正确合理的使用。

2.3.2 数据存储器

数据存储器用作工作区及存放数据。AT89S51 单片机的数据存储器分为片内与片外两部分。

1. 片内数据存储器

AT89S51 片内共有 128B 的数据存储器，字节地址为 00H～7FH。图 2-5 所示为 AT89S51 的片内数据存储器的结构。

地址为 00H～1FH 的 32 个单元是 4 组通用工作寄存器区，每组包含 8 个通用工作寄存器，名称为 R0～R7，可通过指令改变 PSW 中的 RS1、RS0 位取值来选择当前使用哪一个区的 8 个寄存器。

地址为 20H～2FH 的 16 个单元是 128 位可位寻址区，位地址范围为 00H～7FH，可直接使用位操作指令按位进行操作，也可以进行字节寻址。

地址为 30H～7FH 的单元为用户数据区，用于存放数据以及作为堆栈区使用，只能进行字节寻址。

2. 片外数据存储器

当片内 128B 的数据存储器不够用时，可以外部扩展数据存储器使用。AT89S51 单片机最多可外扩 64KB 的数据存储器。51 系列单片机片内的数据存储

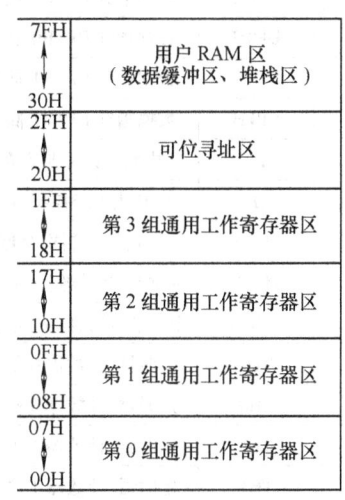

图 2-5 AT89S51 的片内数据存储器的结构

器与片外的数据存储器两个空间是相互独立的，所以数据存储器空间内外合计最大为 64KB + 128B，片内与片外的低 128B 的地址是重叠的（使用 8 位地址访问时），但由于使用的是不同的访问指令，所以不会发生冲突。

2.3.3 特殊功能寄存器

AT89S51 单片机的特殊功能寄存器（SFR）是各个功能部件的控制寄存器、状态寄存器、锁存器和缓冲器等，单片机对片内各功能部件的管理、监控和访问，是采用特殊功能寄存器集中控制方式，通过对各功能部件对应的特殊功能寄存器操作实现的。

特殊功能寄存器的单元地址映射在片内 RAM 的 80H～FFH 区域中，共 26 个，AT89S51 比 AT89C51 增加了 5 个 SFR：DP1L、DP1H、AUXR、AUXR1 和 WDTRST。表 2-4 所示为 SFR 的名称及其参数，其中有些 SFR 还可以位寻址，位地址如表中所示，凡是可位寻址的 SFR，字节地址末位只能是 0H 或 8H。另外，若读/写未定义的单元，将得到一个不确定的随机数。

表 2-4 SFR 的名称及其参数

序号	SFR 符号	SFR 名称	字节地址	位寻址符号	位地址	复位值
1	A（或 Acc）	累加器	E0H	Acc.7～Acc.0	E7H～E0H	00H
2	B	寄存器 B	F0H	B.7～B.0	F7H～F0H	00H
3	PSW	程序状态字寄存器	D0H	PSW.7～PSW.0	D7H～D0H	00H
4	SP	堆栈指针	81H	—	—	07H

(续)

序号	SFR 符号	SFR 名称	字节地址	位寻址符号	位地址	复位值
5	P0	P0 口锁存器	80H	P0.7 ~ P0.0	87H ~ 80H	FFH
6	P1	P1 口锁存器	90H	P1.7 ~ P1.0	97H ~ 90H	FFH
7	P2	P2 口锁存器	A0H	P2.7 ~ P2.0	A7H ~ A0H	FFH
8	P3	P3 口锁存器	B0H	P3.7 ~ P3.0	B7H ~ B0H	FFH
9	DP0L	数据指针 DPTR0 低字节	82H	—		00H
10	DP0H	数据指针 DPTR0 高字节	83H	—		00H
11	DP1L	数据指针 DPTR1 低字节	84H	—		00H
12	DP1H	数据指针 DPTR1 高字节	85H	—		00H
13	IE	中断允许控制寄存器	A8H	IE.7 ~ IE.0	A7H ~ A0H	0××0 0000B
14	IP	中断优先级控制寄存器	B8H	IP.7 ~ IP.0	A7H ~ A0H	×××0 0000B
15	PCON	电源控制寄存器	87H	—		0××× 0000B
16	TCON	定时器/计数器控制寄存器	88H	TCON.7 ~ TCON.0	8FH ~ 88H	00H
17	TMOD	定时器/计数器方式寄存器	89H	—		00H
18	TL0	定时器/计数器 0 低字节	8AH	—		00H
19	TH0	定时器/计数器 0 高字节	8BH	—		00H
20	TL1	定时器/计数器 1 低字节	8CH	—		00H
21	TH1	定时器/计数器 1 高字节	8DH	—		00H
22	SCON	串行口控制寄存器	98H	SCON.7 ~ SCON.0	9FH ~ 98H	00H
23	SBUF	串行口缓冲器	99H	—		×××××××× B
24	AUXR	辅助寄存器	8EH	—		××00××0B
25	AUXR1	辅助寄存器 1	A2H	—		××××××0B
26	WDTRST	看门狗定时器复位寄存器	A6H	—		×××××××× B

注：表中"×"表示不影响的或未定义的，"—"表示无。

前面介绍了累加器 A 和 PSW，下面介绍某些 SFR，余下的 SFR 将在后续有关章节介绍。

1. 寄存器 B

寄存器 B 为 8 位寄存器，是为执行乘法和除法操作而设置的。在不执行乘、除法操作时，可把它当作一个普通寄存器来使用。寄存器 B 可位寻址，可按位进行操作。

1）在乘法运算时，两个乘数分别在 A、B 中，执行乘法运算后，乘积的高位字节在 B 中，低位字节在 A 中。

2）在除法运算时，被除数存放在 A 中，除数存放在 B 中，执行除法运算后，商存放在 A 中，余数存放在 B 中。

2. 堆栈指针 SP

堆栈指针 SP 是堆栈顶部在内部数据存储器中的单元位置指示器。AT89S51 单片机的堆栈是在内部 RAM 中开辟的一段数据区，用来存放数据，只允许在该数据区的一端进行数据插入（进栈）和数据删除（出栈）操作。堆栈的数据结构属于向上生长型的，即每进栈 1 个字节数据，SP 的内容自动加 1；每出栈 1 个字节数据，SP 的内容自动减 1。所以，SP 的内容始终是堆栈数据顶部的单元地址，当堆栈区没有数据（空栈）时，SP 的内容是堆栈区下面相邻的第一个单元地址。

单片机复位后，SP 内容为 07H，使得堆栈实际上从 08H 单元开始。由于 08H 单元属于通用工作寄存器区，一般在复位后把 SP 的内容修改为 30H~7FH 之间的值，即把堆栈设在内部 RAM 30H~7FH 内，避免堆栈与通用工作寄存器和位寻址区冲突。

堆栈主要是为子程序调用和中断操作而设的，主要用来断点保护和现场保护。

1) 断点保护：无论是子程序调用还是中断操作，最终都要返回到主程序中子程序调用或中断断点处继续执行，因此，应预先把主程序的断点在堆栈中保护起来，为程序正确返回做准备。

2) 现场保护：执行子程序调用或中断服务子程序时，一般要用到一些寄存器或内部 RAM 单元，这会破坏主程序执行时存放在这些单元的原有内容，所以在执行子程序之前要把有关单元的内容送入堆栈保存起来，这就是所谓的"现场保护"。

3. 并行 I/O 端口锁存器 P0、P1、P2、P3

特殊功能寄存器 P0、P1、P2、P3 是并行 I/O 端口 P0 口、P1 口、P2 口、P3 口的 8 位输出锁存器，CPU 对并行 I/O 端口的输出操作实际就是对特殊功能寄存器 P0、P1、P2、P3 的操作。P0、P1、P2、P3 可位寻址，可按位进行操作。

4. 数据指针 DPTR0 和 DPTR1

AT89S51 单片机有 2 个 16 位的数据指针寄存器 DPTR0、DPTR1，方便进行存储器访问。DPTR0 和 DPTR1 可分别作为一个 16 位寄存器来使用，也可分别作为两个独立的 8 位寄存器 DP0H（或 DP1H）和 DP0L（或 DP1L）来使用。

当前是使用 DPTR0 还是 DPTR1，由辅助寄存器 AUXR1 的 DPS 位选择控制。当 DPS = 0 时，选用 DPTR0；当 DPS = 1 时，选用 DPTR1。AT89S51 复位时，默认选择使用 DPTR0。

5. 电源控制寄存器 PCON

PCON 的格式如图 2-6 所示，其有效位功能如下，其他位未定义。

1) SMOD：串行通信波特率选择位。其用法见串行口的使用。

	D7	D6	D5	D4	D3	D2	D1	D0
PCON	SMOD			POF	GF1	GF0	PD	IDL

图 2-6 PCON 的格式

2) POF：断电标志位（Power Off Flag）。上电时被硬件自动置位，也可以用软件置位或复位，系统复位时不影响此标志位。

3) GF1、GF0：通用标志位。两个供用户使用的标志位。

4) PD：掉电工作方式控制位。PD = 0，禁止进入掉电工作方式；PD = 1，允许进入掉电工作方式。

5) IDL：空闲工作方式控制位。IDL = 0，禁止进入空闲工作方式；IDL = 1，允许进入空闲工作方式。

6. 辅助寄存器 AUXR

AUXR 是 8 位辅助寄存器，其格式如图 2-7 所示，各有效位功能如下，其他位未定义。

	D7	D6	D5	D4	D3	D2	D1	D0
AUXR				WDIDLE	DISRTO			DISALE

图 2-7 AUXR 的格式

1) WDIDLE：在空闲方式下的 WDT 禁止/允许位。WDIDLE=0，在空闲方式下 WDT 继续计数；WDIDLE=1，在空闲方式下 WDT 暂停计数。

2) DISRTO：WDT 溢出时的复位输出禁止/允许位。DISRTO=0，WDT 溢出时，送给 RST 引脚一个长达 98 个时钟周期的高电平脉冲；DISRTO=1，RST 引脚仅为复位信号输入端。

3) DISALE：ALE 的禁止/允许位。DISALE=0，ALE 允许，发出频率为时钟频率 1/6 的周期性脉冲；DISALE=1，ALE 禁止，但在执行访问外部存储器和 I/O 口指令时有效。

7. 辅助寄存器 AUXR1

AUXR1 是辅助寄存器 1，格式如图 2-8 所示，其有效位功能如下，其他位未定义。

DPS：数据指针寄存器选择位。DPS=0，选择数据指针寄存器 DPTR0；DPS=1，选择数据指针寄存器 DPTR1。

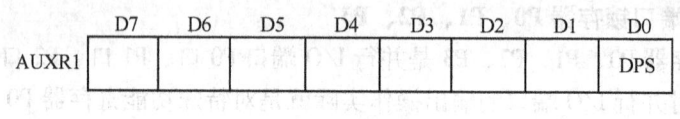

图 2-8 AUXR1 的格式

8. 看门狗定时器复位寄存器 WDTRST

看门狗定时器 WDT 包含了一个 14 位计数器和看门狗定时器复位寄存器 WDTRST。由于干扰，当程序陷入"死循环"或"跑飞"状态时，WDT 提供了一种使程序恢复正常执行的有效手段。

看门狗定时器是使用一个 WDT 计数器不断计数，来监控程序运行的。WDT 计数器计满溢出时，将送给 AT89S51 的 RST 引脚一个持续 98 个时钟周期的正脉冲信号使单片机复位，使系统重新从头开始执行程序。单片机复位后，WDT 默认为禁止工作。当用户使用 WDT 时，只要向寄存器 WDTRST 先写入 1EH，紧接着再写入 E1H，WDT 计数器便启动计数。WDT 计数器一旦启动计数，就只能通过复位（硬件复位或 WDT 计数器计满溢出复位）来禁止工作。在系统正常运行中，为防止 WDT 计数器启动后产生不必要的溢出，应不断地复位 WDTRST，即定期地先后连续向 WDTRST 寄存器写入数据 1EH 和 E1H，把 WDT 计数器清 0。WDTRST 是只写寄存器，而 WDT 中的计数器既不可写，也不可读，一旦溢出，便停止计数。因此，当程序"跑飞"或陷入"死循环"时，可以通过 WDT 使单片机复位后重新从头执行程序，使系统摆脱"跑飞"或"死循环"状态，恢复正常程序执行状态。

有关 WDT 在低功耗空闲和掉电方式下的使用情况，将在后面相应的内容中介绍。

2.3.4 位寻址区

AT89S51 单片机共有 211 个可寻址位，构成了位寻址区，它们位于内部 RAM（共 128 位）和特殊功能寄存器区（共 83 位）中，位地址范围为 00H~FFH，其中 00H~7FH 这 128 位处于片内 RAM 中字节地址 20H~2FH 单元中（见表 2-5），其余的 83 个可寻址位分布在特殊功能寄存器 SFR 中（见表 2-6），可被位寻址的 SFR 有 11 个，其字节地址的末位为 0H 或 8H，共有位地址 83 个，有 5 个位未用，这些位地址离散地分布在 80H~FFH 的地址范围内，SFR 最低位的位地址等于其字节地址。

表 2-5　AT89S51 片内 RAM 中的可寻址位及其位地址

片内 RAM 单元地址	位 地 址							
	D7	D6	D5	D4	D3	D2	D1	D0
2FH	7FH	7EH	7DH	7CH	7BH	7AH	79H	78H
2EH	77H	76H	75H	74H	73H	72H	71H	70H
2DH	6FH	6EH	6DH	6CH	6BH	6AH	69H	68H
2CH	67H	66H	65H	64H	63H	62H	61H	60H
2BH	5FH	5EH	5DH	5CH	5BH	5AH	59H	58H
2AH	57H	56H	55H	54H	53H	52H	51H	50H
29H	4FH	4EH	4DH	4CH	4BH	4AH	49H	48H
28H	47H	46H	45H	44H	43H	42H	41H	40H
27H	3FH	3EH	3DH	3CH	3BH	3AH	39H	38H
26H	37H	36H	35H	34H	33H	32H	31H	30H
25H	2FH	2EH	2DH	2CH	2BH	2AH	29H	28H
24H	27H	26H	25H	24H	23H	22H	21H	20H
23H	1FH	1EH	1DH	1CH	1BH	1AH	19H	18H
22H	17H	16H	15H	14H	13H	12H	11H	10H
21H	0FH	0EH	0DH	0CH	0BH	0AH	09H	08H
20H	07H	06H	05H	04H	03H	02H	01H	00H

表 2-6　AT89S51 SFR 中的可寻址位及其位地址

SFR 符号	位 地 址								SFR 字节地址
	D7	D6	D5	D4	D3	D2	D1	D0	
B	F7H	F6H	F5H	F4H	F3H	F2H	F1H	F0H	F0H
Acc	E7H	E6H	E5H	E4H	E3H	E2H	E1H	E0H	E0H
PSW	D7H	D6H	D5H	D4H	D3H	D2H	D1H	D0H	D0H
IP	—	—	—	BCH	BBH	BAH	B9H	B8H	B8H
P3	B7H	B6H	B5H	B4H	B3H	B2H	B1H	B0H	B0H
IE	AFH	—	—	ACH	ABH	AAH	A9H	A8H	A8H
P2	A7H	A6H	A5H	A4H	A3H	A2H	A1H	A0H	A0H
SCON	9FH	9EH	9DH	9CH	9BH	9AH	99H	98H	98H
P1	97H	96H	95H	94H	93H	92H	91H	90H	90H
TCON	8FH	8EH	8DH	8CH	8BH	8AH	89H	88H	88H
P0	87H	86H	85H	84H	83H	82H	81H	80H	80H

注：表中"—"表示未定义的。

以上对 AT89S51 的存储器结构进行了分类介绍，图 2-9 为各类存储器的结构图，从图中可清楚看出各类存储器在存储器空间的位置、容量和相互之间的关系。

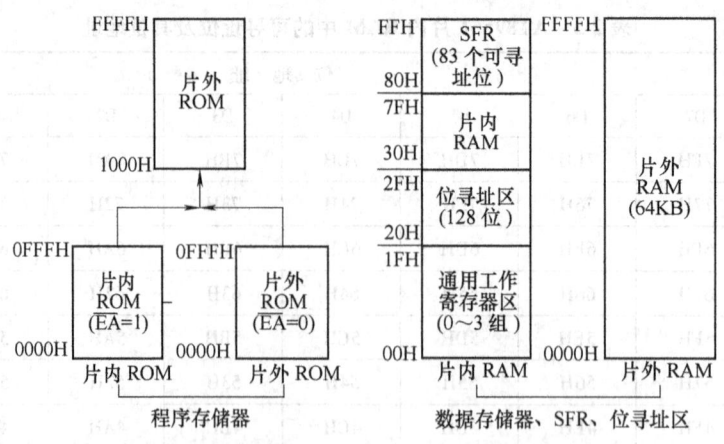

图 2-9 AT89S51 单片机的存储器结构

2.4 AT89S51 的时钟电路与时序

计算机系统的运行都是以时钟信号为基准，有条不紊的、一拍一拍的工作。AT89S51 的时钟电路产生单片机工作时所必需的时钟信号，在时钟信号的控制下，严格地按时序执行指令进行工作。

单片机系统正常运行时，CPU 首先到程序存储器中取出需要执行的指令操作码，然后译码，并由时序产生电路产生的一系列完成指令所规定操作的控制信号，即操作时序，完成指令操作。CPU 产生的时序信号有两类，一类用于对片内各个功能部件的控制，用户无须了解；另一类用于对片外存储器或 I/O 口的控制，这部分时序对于分析、设计硬件接口电路至关重要，应该引起足够重视。

2.4.1 时钟电路

时钟信号是单片机应用系统所必需的，时钟电路用于产生单片机系统所需的时钟信号，所以时钟电路也是系统所必需的。时钟信号的频率直接影响单片机的工作速度，时钟信号的质量也直接影响单片机系统工作的稳定性。AT89S51 常用的时钟电路有两种方式，一种是内部时钟方式，另一种是外部时钟方式。

1. 内部时钟方式

AT89S51 内部有一个用于构成振荡器的高增益反相放大器，输入端为芯片 XTAL1 引脚，输出端为 XTAL2 引脚，这两个引脚外跨接石英晶体振荡器或陶瓷谐振器和微调电容，就构成了一个稳定的自激振荡器，此为 AT89S51 内部时钟方式的时钟电路，如图 2-10 所示。

AT89S51 的工作频率范围是 0～33MHz，常选择工作在 6MHz 或 12MHz 时钟频率。当使用石英晶体振荡器时，C_1 和 C_2 的值通常选择为 30pF ± 10pF；当使用陶瓷谐振器时，C_1 和 C_2 的值通常选择为 40pF ± 10pF。电容容量的大小会影响振荡频率的高低、振荡器的稳定性和起振的快速性。在设计印制电

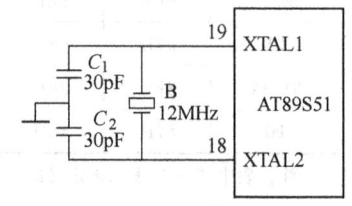

图 2-10 AT89S51 内部时钟方式的时钟电路

路板时,使晶体和电容应尽可能与单片机靠近,以减少寄生电容,保证振荡器稳定、可靠地工作。为了提高系统工作的温度稳定性,应采用温度稳定性能好的电容。

内部时钟方式的时钟电路也能为应用系统的其他芯片提供时钟信号,但需要采取隔离措施和增加驱动能力。

2. 外部时钟方式

外部时钟方式是指采用外部的脉冲振荡器产生的周期性信号作为单片机的时钟信号使用,常用于多片 AT89S51 同时工作的情况,以便于多片 AT89S51 单片机之间的同步,一般为低于 12MHz 的方波。

在外部时钟方式时,外部时钟信号直接接到 XTAL1 端,XTAL2 端悬空,如图 2-11 所示。

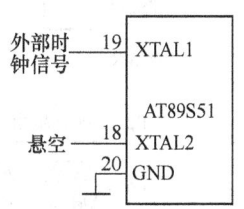

图 2-11 AT89S51 外部时钟方式的时钟电路

2.4.2 时钟周期、机器周期、指令周期与指令时序

单片机完成的任一操作都是以时钟信号为基准,由 CPU 经指令译码和时序产生电路产生的指令操作时序控制各功能部件完成相应指令的操作,各种指令时序均与时钟信号有关。

1. 时钟周期

时钟周期是时钟信号的周期。若时钟电路的振荡频率为 f_{osc},则时钟周期 $T_{osc} = 1/f_{osc}$。例如,$f_{osc} = 6\text{MHz}$,$T_{osc} \approx 166.7\text{ns}$。

2. 机器周期

CPU 完成一个基本操作所需要的时间为机器周期。执行一条指令的过程分为几个机器周期,每个机器周期完成一个基本操作,如取指令、读或写数据等。AT89S51 单片机的 1 个机器周期包括 12 个时钟周期,分为 6 个状态 S1~S6,每个状态又分为两拍 P1 和 P2。因此,一个机器周期中的 12 个时钟周期表示为 S1P1、S1P2、S2P1、S2P2、…、S6P2,如图 2-12 所示。

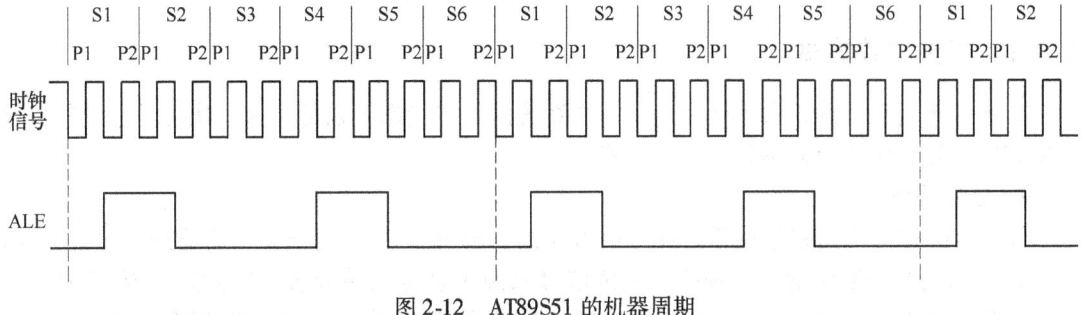

图 2-12 AT89S51 的机器周期

3. 指令周期

指令周期是执行一条指令所需的时间。简单的指令,取出指令立即执行,只需一个机器周期的时间;而有些复杂的指令,则需要两个或多个机器周期执行。

4. 指令时序

指令时序是指 CPU 对取出的需要执行的指令操作码进行译码,并由时序产生电路产生的一系列完成指令所规定操作的控制信号。CPU 访问片外存储器(ROM 和 RAM)的操作时序如图 2-13 所示,先访问片外程序存储器(取指令,读片外 ROM),然后访问片外数据存储器(读/写片外 RAM)。

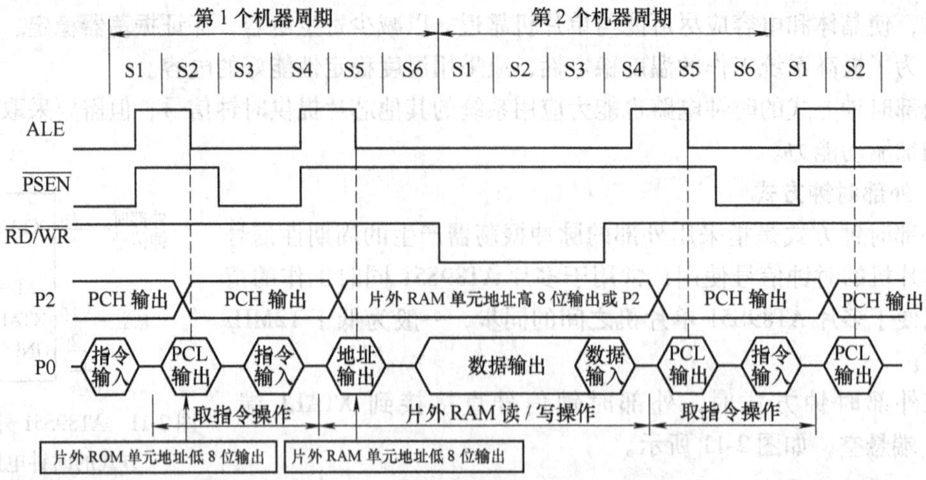

图 2-13 CPU 访问片外存储器的操作时序

P0 口作为地址/数据分时复用的双向总线,访问片外程序存储器时,用于输出片外程序存储器的低 8 位地址 PCL 和输入指令;访问片外数据存储器时,用于输出片外数据存储器的低 8 位地址和输入或输出数据。ALE 在下降沿时,首先把 P0 口输出的低 8 位地址锁存在片外的地址锁存器中,然后 P0 口再作为数据口。

2.5 AT89S51 的工作方式

AT89S51 的工作方式是单片机为实现不同的功能和完成不同的操作所处的工作状态。根据系统设计,单片机处于复位、程序执行、空闲、掉电、编程、校验、擦除、加密等工作方式。

2.5.1 复位工作方式

任何计算机系统的正常工作都是从一个系统的初始状态开始的,这一状态是通过复位操作实现的。复位操作时即是复位工作方式。

1. 复位操作

AT89S51 单片机的复位操作是通过送给复位引脚 RST 一个大于 2 个机器周期(24 个时钟周期)的高电平复位信号实现的。复位信号来源于复位电路或者看门狗定时器 WDT,具体的复位操作有系统起始上电复位、手动按键复位和 WDT 自动复位。除系统的正常起始上电复位外,当程序出错(如程序"跑飞")或操作错误使系统处于"死锁"状态时,需手动按复位按键或 WDT 自动复位,重新启动程序运行,使 AT89S51 摆脱"跑飞"或"死锁"状态。

复位时,AT89S51 片内各寄存器的状态见表 2-7,片内 RAM 不受影响。复位时,多数寄存器的值都是 0,但也有一些特殊的,需要特别注意这些寄存器的值对系统工作的影响。例如,PC 初始化为 0000H,系统程序从 0000H 单元开始执行;SP 值为 07H,堆栈区从片内 RAM 08H 单元开始;P0~P3 引脚均为高电平,要注意 P0~P3 引脚的高电平对接在这些引脚上的外部电路的影响。

表 2-7 复位工作方式时 AT89S51 内各寄存器的状态

寄存器	复位值	寄存器	复位值
PC	0000H	IE	0××0 0000B
A (Acc)	00H	IP	×××0 0000B
B	00H	PCON	0×××0000B
PSW	00H	TCON	00H
SP	07H	TMOD	00H
P0	FFH	TL0	00H
P1	FFH	TH0	00H
P2	FFH	TL1	00H
P3	FFH	TH1	00H
DPTR0	0000H	SCON	00H
DPTR1	0000H	SBUF	×××××××B
DP0L	00H	AUXR	×××00××0B
DP0H	00H	AUXR1	××××××0B
DP1L	00H	WDTRST	×××××××B
DP1H	00H		

2. 复位电路

AT89S51 启始复位是由外部的复位电路实现的。复位电路采用上电自动复位和按键复位两种方式,常用的复位电路如图 2-14、图 2-15 所示。

上电自动复位是系统起始加电时,电源通过给电容 C 充电加给 RST 引脚一个短的高电平信号,此信号电平随着电容 C 的充电过程而逐渐下降,即 RST 引脚上的高电平持续时间取决于电容 C 的充电时间。为保证系统可靠复位,RST 引脚上的高电平必须维持足够长的时间,这通过选择电阻 R 和电容 C 的参数决定。当时钟频率选择 6MHz 时,电容 C 典型值为 10μF,电阻 R 值为 2kΩ。

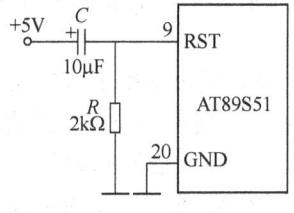

图 2-14 上电复位电路

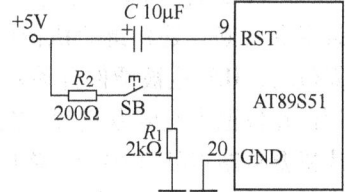

图 2-15 按键复位电路

2.5.2 程序执行工作方式

程序执行工作方式是指单片机应用系统实现应用功能的正常工作状态,是在系统硬件和软件都完善的情况下,在复位状态结束后进入系统程序执行的应用系统工作状态,以完成应用系统设计的各种功能。这种工作方式需要满足以下 3 个条件。

1)应用系统硬件完善:系统必要的硬件包括时钟电路、复位电路、系统扩展及应用功能电路等。

2)应用系统软件完善:符合应用系统功能要求的单片机程序,并编程到正确的程序存储器里。

3）系统电气参数正确：正确的供电电源、时钟信号、RST 信号为低电平、$\overline{EA}$ 为固定的高电平（内部 ROM）或低电平（外部 ROM）等。

满足这 3 个条件的单片机应用系统就可以工作在程序执行工作方式，完成应用系统的功能。

2.5.3 空闲工作方式

低功耗是单片机的发展趋势，芯片生产商和用户都在想方设法降低单片机的功耗。AT89S51 有两种低功耗节电工作方式：空闲工作方式和掉电保持工作方式。两种节电工作方式可通过特殊功能寄存器 PCON 的 IDL 位和 PD 位的设置来实现。

空闲工作方式是 CPU 通过执行指令使自身进入睡眠状态，即 CPU 停止工作（实际是关断了送给 CPU 的时钟信号），而片内外围的功能部件仍然继续工作，内部 RAM、SFR、PC 等都保持进入空闲工作方式前的状态不变。空闲工作方式时引脚的状态见表 2-8。

表 2-8 空闲工作方式时引脚的状态

程序存储器	ALE	$\overline{PSEN}$	P0 口	P1 口	P2 口	P3 口
内部 ROM	1	1	数据	数据	数据	数据
外部 ROM	1	1	浮空	数据	地址	数据

1. 空闲工作方式的进入

空闲工作方式的进入是 CPU 通过执行指令把 PCON 中的 IDL 位设置为 1，把通往 CPU 的时钟信号关断，CPU 便进入空闲工作方式。此时，虽然振荡器运行，但是 CPU 因时钟信号关断而停止工作，片内 CPU 外围功能模块仍然继续工作，内部 RAM、PC 以及 SFR 中的内容都保持进入空闲工作方式前的状态。

2. 空闲工作方式的退出

空闲工作方式的退出有两种方法，一是中断方式，二是硬件复位方式。

在空闲工作方式时，若有任一个允许的中断请求，IDL 位被片内硬件自动清 0，从而退出空闲工作方式。CPU 响应中断，执行完中断服务子程序返回时，将从设置空闲工作方式指令的下一条指令（断点处）继续执行程序。

当硬件复位时，IDL 位被硬件自动复位为 0，从而使 CPU 退出空闲工作方式。

当使用硬件复位退出空闲方式时，在复位逻辑电路发挥控制作用前，有长达两个机器周期时间，单片机要从断点处（IDL 位置 1 指令的下一条指令处）继续执行程序。在这期间，片内硬件阻止 CPU 对片内 RAM 的访问，但不阻止对外部 RAM 或 I/O 口的访问。为了避免在硬件复位退出空闲方式时出现对外部 RAM 或 I/O 口的不希望的写入，在进入空闲方式时，紧随 IDL 位置 1 指令后的不应是写外部 RAM 或 I/O 口的指令。

3. 空闲工作方式时的 WDT

在进入空闲工作方式时，WDT 的工作状态由 AUXR 中的 WDIDLE 位的值决定。所以，在进入空闲工作方式前应先设置 AUXR 中的 WDIDLE 位，以确认 WDT 是否继续计数。

当 WDIDLE = 0 时，WDT 在空闲方式下保持继续计数。此时，由于 WDT 正常工作，为防止 WDT 计数溢出复位单片机，用户可设计一个定时器，定时申请中断使 CPU 定时退出空闲方式，然后复位 WDTRST，再重新进入空闲方式。

当 WDIDLE = 1 时，WDT 在空闲方式下暂停计数。在 CPU 退出空闲方式后，WDT 才恢复计数。

2.5.4 掉电工作方式

掉电工作方式是 CPU 通过执行指令使振荡器停止工作，片内的功能部件都停止工作。在掉电保持方式下，芯片 V_{CC} 可由备用电源供电，内部 RAM、PC、SFR 等都保持进入掉电工作方式前的状态不变。掉电工作方式时引脚的状态见表 2-9。

表 2-9 掉电工作方式时引脚的状态

程序存储器	ALE	$\overline{PSEN}$	P0 口	P1 口	P2 口	P3 口
内部 ROM	0	0	数据	数据	数据	数据
外部 ROM	0	0	浮空	数据	数据	数据

1. 掉电工作方式的进入

CPU 通过执行指令把 PCON 寄存器的 PD 位设置为 1，便进入掉电工作方式。在掉电工作方式下，振荡器停止工作，进而所有功能部件都停止工作。

2. 掉电工作方式的退出

掉电工作方式的退出有两种方法，一是中断方式，二是硬件复位方式。

在掉电工作方式时，若有任一个允许的外部中断请求，PD 位被片内硬件自动清 0，从而退出掉电工作方式。CPU 响应中断，执行完中断服务子程序返回时，将从设置掉电工作方式指令的下一条指令（断点处）继续执行程序。

当硬件复位时，PD 位被硬件自动复位为 0，从而使 CPU 退出掉电工作方式。硬件复位时要重新初始化 SFR 和 PC，但不改变片内 RAM 的内容。当 V_{CC} 恢复到正常工作电压之前，硬件复位信号应该是无效的。中断请求信号和硬件复位信号有效时应保持足够长的时间，以使振荡器重新启动并稳定工作。

3. 掉电工作方式时的 WDT

掉电方式下振荡器停止工作，意味着 WDT 也就停止计数。用户在掉电工作方式下不需要操作 WDT。

在中断方式退出掉电工作方式时，WDT 会按照进入掉电工作方式前的状态继续工作。为防止 WDT 在掉电工作方式退出过程中溢出复位，在系统进入掉电工作方式前应先对寄存器 WDTRST 复位。

在复位方式退出掉电工作方式时，WDT 和正常情况下系统使用 WDT 的情况一样。

2.5.5 编程和校验工作方式

AT89S51 的片内有 4KB Flash 存储器，可用于存储系统程序，支持在系统编程（ISP）。如何把程序写入到 4KB Flash 存储器中，即 Flash 存储器的编程问题，此时单片机工作在编程工作方式。AT89S51 的 Flash 存储器有并行和串行两种编程模式，通用编程器一般采用并行编程模式，在系统编程（ISP）一般采用串行编程模式。在编程过程中一般同时完成擦除、程序校验和加密工作。

AT89S51 出厂时，Flash 存储器处于全部空白状态（各单元均为 FFH），可直接进行编程。若不全为空白状态（单元中有不是 FFH 的），应首先将芯片擦除后，方可写入程序。AT89S51 的 Flash 存储器可循环写入/擦除 10000 次，数据保存时间为 10 年，片内 Flash 存储器有低电压编程（$V_{PP}=5V$）和高电压编程（$V_{PP}=12V$）两类芯片。低电压编程可用于在线编程，高电压编程与一般常用的 EPROM 编程器兼容。在 AT89S51 芯片的封装面上标有低电压编程还是高电压编程的编程电压标志。

Flash 存储器的编程可采用通用编程器编程，也可采用在系统编程（ISP）。在系统编程（ISP）是指可以直接对应用系统电路板上的被编程的空白器件写入程序代码，完成编程，而不需要从电路板上取下器件。已编程的器件也可用 ISP 方式擦除或再编程。ISP 下载编程器可以自己制作，也可在电子市场上购买。ISP 下载编程器与单片机一端连接的端口通常采用 Atmel 公司提供的接口标准，即 10 引脚的 IDC 端口。采用 ISP 下载程序时，用户板上必须装有上述 IDC 端口，端口信号线必须与目标板上 AT89S51 的对应引脚连接。ISP 下载方式使用起来十分方便，不增加太多的成本就可以实现程序的下载，所以 ISP 下载方式已经逐步成为主流下载方式。这里主要介绍 ISP 下载方式。

1. 程序存储器的加密

AT89S51 的 Flash 存储器具有 3 个可编程的加密位：LB1、LB2、LB3，3 级加密保护，可实现 3 个不同级别的加密。3 个加密位的状态可以是编程（P）或不编程（U）状态，所提供的 3 个级别的加密保护功能见表 2-10，加密时必须按照加密顺序逐级进行。

表 2-10 加密位的 3 级加密保护功能

类型	程序加密位			加密保护功能	加密顺序
	LB1	LB2	LB3		
1	U	U	U	无程序加密保护	1
2	P	U	U	禁止读片内 Flash 存储器，禁止编程，复位时 $\overline{EA}$ 被采样锁存	2
3	P	P	U	与类型 2 相同，并同时禁止程序校验	3
4	P	P	P	与类型 3 相同，并同时禁止执行片外的程序	4

当加密位 LB1 被编程时，在复位期间，$\overline{EA}$ 端的逻辑电平被采样并锁存，如果单片机上电后一直没有复位，则锁存的初始值是一个随机数，这个随机数会一直保存到真正复位为止。为使单片机能正常工作，被锁存的 $\overline{EA}$ 端电平值必须与该引脚当前的逻辑电平一致。此外，加密位只能通过整片擦除的方法清除。

2. AT89S51Flash 存储器的串行编程模式

程序代码以串行形式通过串行 ISP 接口采用编程指令进行编程。串行编程指令设置为一个 4 字节格式，见表 2-11。编程前芯片应是空白的，否则需先将芯片擦除。

表 2-11 AT89S51 的串行编程模式功能

指令	指令格式				操作说明
	Byte1	Byte2	Byte3	Byte4	
编程使能	1010 1100	0101 0011	xxxx xxxx	xxxx xxxx	当 RST 为高电平时打开串行编程，在 MISO 输出 0110 1001
芯片擦除	1010 1100	100x xxxx	xxxx xxxx	xxxx xxxx	擦除 Flash 存储器阵列
读数据（字节方式）	0010 0000	xxxx A11~A8	A7~A4 A3~A0	D7~D4 D3~D0	字节方式读存储器数据，可用来程序校验
写数据（字节方式）	0100 0000	xxxx A11~A8	A7~A4 A3~A0	D7~D4 D3~D0	字节方式向存储器写入数据
写加密位	1010 1100	1110 00B1B2	xxxx xxxx	xxxx xxxx	写加密位，具体 B1B2 取值用法参见表 2-12

(续)

指 令	指令格式				操作说明
	Byte1	Byte2	Byte3	Byte4	
读加密位	0010 0100	xxxx xxxx	xxxx xxxx	xxxLB3 LB2LB1xx	回读当前加密位状态,如已编程加密位,则返回值为1
读签名字节	0010 1000	xxxA5 A4~A1	A0xxx xxx0	Signature Byte	读签名字节
读数据 (页方式)	0011 0000	xxxxA11~A8	Byte0	Byte1…Byte255	页面方式读存储器数据(256B),可用来程序校验
写数据 (页方式)	0101 0000	xxxxA11~A8	Byte0	Byte1…Byte255	页面方式向存储器写入数据(256B)

1) 芯片擦除:通过擦除指令进行,将存储器单元全写为 FFH,擦除周期大约为 500ms。

2) 程序校验:如果加密位 LB1、LB2 没有进行编程,则代码数据可通过读数据指令读回原写入的数据,各加密位也可通过读加密位指令回读进行校验。

3) 写加密位:对应指令中 B1B2 的取值组合有 4 种方式,见表 2-12,加密时需按照方式 1、方式 2、方式 3、方式 4 的顺序逐一进行加密操作。

表 2-12 写加密位方式

B1B2	方 式	功 能	B1B2	方 式	功 能
0 0	1	无加密保护	1 0	3	加密 LB2 位
0 1	2	加密 LB1 位	1 1	4	加密 LB3 位

4) 读片内签名字节:AT89S51 单片机内有 3 个签名字节,地址为 000H、100H 和 200H,用于声明该器件的厂商和型号等信息,读签名字节的过程和正常校验相仿。

5) 复位信号为高电平后,读/写数据之前应使 SCK 信号保持低电平至少为 64 个系统时钟周期,SCK 信号频率不能超过系统时钟频率的 1/16。

6) 在页读/写模式,数据总是从第 0 字节开始到第 255 字节,命令字节后紧跟着高 4 位地址。

3. ISP 下载接口

串行 ISP 接口包含 MOSI(串行数据输入,P1.5 引脚)、MISO(串行数据输出,P1.6 引脚)、SCK(串行移位脉冲,P1.7 引脚)3 根线,同时需要将 RST 接至 V_{CC}。串行编程 ISP 接口信号见表 2-13,ISP 下载接口电路如图 2-16 所示。

表 2-13 串行编程 ISP 接口信号

符 号	信号名称	功能说明	引脚符号/序号	IDC 端口序号
MOSI	串行数据输入端	编程指令和代码串行输入	P1.5/6	9
MISO	串行数据输出端	Flash 存储器内数据串行输出	P1.6/7	3
SCK	串行移位脉冲	串行编程时钟信号	P1.7/8	1
RST	复位信号端	接 V_{CC}	RST/9	5
V_{CC}	电源正极性端	+5V 电源正极性端	V_{CC}/40	4
GND	电源负极性端	电源数字地	GND/20	2、10

4. Flash 存储器的串行编程方法

对 AT89S51 的串行编程按以下顺序进行。

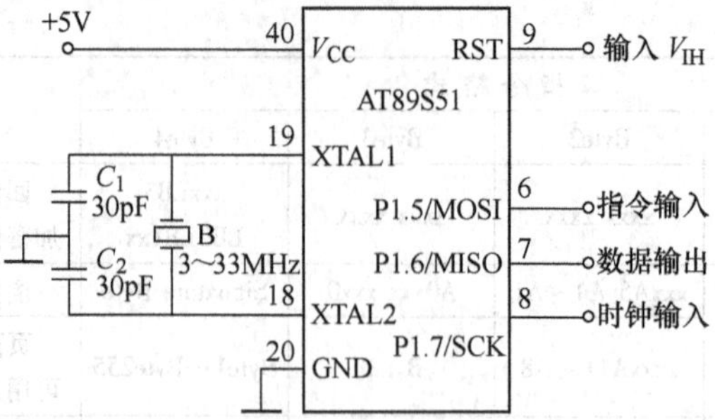

图 2-16 ISP 下载接口电路

1) 上电顺序：将电源加在 V_{CC} 和 GND 引脚，RST 置为高电平，在 XTAL1 和 XTAL2 引脚接石英晶体振荡器或者在 XTAL1 引脚接外部 3~33MHz 的时钟信号，等候至少 10ms。

2) 将编程使能指令发送到 MOSI，编程时钟信号发送到 SCK。

3) 代码的编程可选字节模式或页模式，写周期是自身定时的，在 5V 电压时一般小于 0.5ms。

4) 任一代码单元的数据均可通过读指令选择相应的地址从 MISO 回读进行校验。

5) 编程结束应将 RST 置为低电平以结束操作。

6) 断电顺序：如果需要的话按这个过程断电。当使用外部时钟信号时将 XTAL1 置为低电平，RST 置为低电平，关断 V_{CC}。

2.6　AT89S51 单片机的最小系统

所谓最小系统，是指一个真正可用的单片机最小配置系统，是一个可以实际运行的最小的单片机应用系统，包括最少的硬件配置和软件。对于单片机的内部资源已能够满足应用系统要求的，可直接采用最小系统来设计应用系统。

AT89S51 内部有 4KB Flash 存储器，只需要外接时钟电路和复位电路就可以构成 AT89S51 单片机的最小硬件系统，如图 2-17 所示。

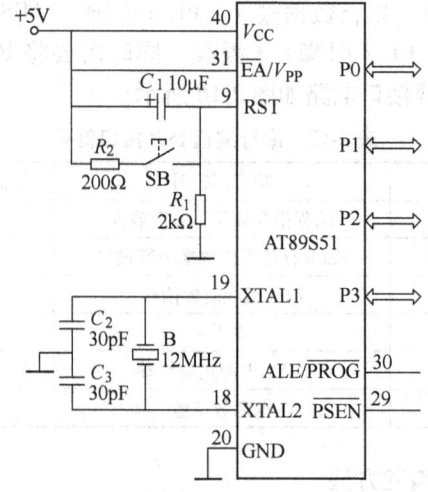

图 2-17　AT89S51 单片机的最小硬件系统

思考与练习题 2

1. AT89S51 具有哪些主要特性?
2. AT89S51 的内部集成了哪些主要功能部件?各有什么主要特性?
3. AT89S51 有多少个引脚?各引脚的功能是什么?
4. AT89S51 有几个并行 I/O 端口?各 I/O 端口有什么应用功能?
5. AT89S51 的并行 I/O 端口有什么样的应用特性?各 I/O 端口的驱动能力有多大?
6. AT89S51 的片外三总线结构是怎样构成的?如何使用?
7. 单片机的中央处理器由哪几部分组成?各部分的功能是什么?
8. CPU 中运算器的组成和各部分的功能是什么?
9. CPU 中控制器的组成和各部分的功能是什么?
10. 程序状态字寄存器(PSW)的功能是什么?常用状态标志有哪些位?作用是什么?
11. 程序计数器 PC 有什么样的功能?有什么样的应用特性?
12. AT89S51 单片机的存储器有哪几种?各有多大容量?
13. AT89S51 的程序存储器用于存放什么内容?它可寻址的地址范围是多少?
14. 程序存储器的空间里,有 6 个单元是有特殊用途的,请写出这些单元的地址以及对应的用途。
15. CPU 是怎样访问程序存储器的?怎样使用片外程序存储器?
16. AT89S51 的片内数据存储器是由哪几部分组成的?绘出片内数据存储器的结构图。
17. 通用工作寄存器与片内 RAM 单元地址的对应关系是什么样的?
18. PSW 的状态与通用工作寄存器区有什么关系?
19. 什么是堆栈?堆栈有何作用?堆栈的特点有哪些?
20. 堆栈指针 SP 具有什么样的应用特性?
21. 怎样设置 AT89S51 的堆栈?如果 CPU 在操作中要使用两组通用工作寄存器,SP 应该怎样设置?
22. 在程序设计时,有时为什么要对堆栈指针(SP)重新赋值?
23. CPU 是怎样访问 AT89S51 的片外数据存储器的?
24. 绘出 AT89S51 单片机的存储器结构图。
25. AT89S51 的程序存储器与数据存储器是怎样区分的?
26. 设计应用系统时应如何规划使用存储器空间?
27. 使用 AT89S51 如何选择片内、片外的存储器?
28. 什么是 SFR?AT89S51 的 SFR 有多少个?作用是什么?
29. AT89S51 可位寻址的 SFR 有哪些?位地址有多少个?
30. WDT 实现什么样的功能?如何实现?
31. AT89S51 位寻址区有多大?如何分布?
32. 位地址 7CH 和字节地址 7CH 有何区别?位地址 7CH 具体在片内 RAM 中的什么位置?
33. 单片机的时钟电路有几种?分别是什么?
34. 单片机内部时钟方式是怎样构成的?绘出单片机内部时钟方式的时钟电路。
35. 单片机内部时钟方式中,组件的选择要点是什么?
36. 内部时钟方式的时钟电路在设计时应当注意些什么?
37. 什么是外接时钟方式?外部振荡器的信号是如何接入的?
38. 什么是单片机的时序?时序是怎样产生的?
39. 什么是时钟周期、机器周期和指令周期?如果 AT89S51 单片机的晶振频率为 12MHz,时钟周期、机器周期为多少？
40. AT89S51有哪几种工作方式？在各种工作方式上AT89S51进入什么样的工作状态？
41. 怎样实现单片机的初始化状态复位？
42. 复位后，单片机的初始状态如何？片内数据存储器的复位状态是什么样的？
43. AT89S51有哪几种方式进入复位工作状态？
44. 单片机的有些外围芯片也需要复位时，怎么办？
45. 复位电路中，对复位信号电平有什么要求？
46. 请画出一种上电复位电路和一种上电复位与按钮复位组合的电路。
47. 开机复位后，CPU使用的是哪组通用工作寄存器？CPU如何设定当前通用工作寄存器组？
48. 怎样进入程序执行工作方式？
49. 怎样进入和退出空闲和掉电工作方式？
50. 怎样进入编程工作方式？编程工作模式有哪几种？
51. 什么是ISP下载方式？
52. 在串行编程模式下如何实现编程、校验、擦除、加密？
53. AT89S51如何实现3级加密？
54. 串行编程模式的接口信号及ISP下载接口电路是怎样的？
55. 什么是单片机的最小系统？
56. AT89S51单片机最小系统是怎样配置的？

第 3 章　AT89S51 单片机的高级语言程序设计

内容提要：本章介绍当前单片机最常用的高级语言 C51，主要讲述 C51 与标准 C 语言的差异，以及 C51 的语法规则、编程元素、程序结构、编程应用等，并介绍几个程序设计实例。

C 语言是一种编译型程序设计语言，它兼顾了多种高级语言的特点，并具备汇编语言的功能。用 C 语言开发系统可以大大缩短开发周期，明显增强程序的可读性，便于改进、扩充和移植。而针对 51 系列单片机的 C 语言也日趋成熟，成为了专业化的实用高级语言。

随着单片机性能的不断提高，C 语言编译调试工具的不断完善，以及现在对单片机产品辅助功能和对开发周期不断缩短的要求，使得越来越多的单片机编程人员转向使用 C 语言，因此有必要在单片机课程中讲授"单片机 C 语言程序设计"。

3.1　Keil C51 单片机程序开发

在单片机上用 C 语言编写程序和在计算机上写程序并不完全相同。计算机的资源丰富，运算能力强大，在计算机上写应用程序时几乎不需要关心编译后的可执行代码在运行过程中需要占用多少系统资源，也基本不需要担心运行效率问题。而在单片机上使用 C 语言编写程序关键的一点是单片机内的资源十分有限，往往应用的环境实时性要求又较高。因此，详尽了解单片机体系结构和硬件资源对编写高质量、实用的 C 语言程序是很有帮助的。在使用中，为了与标准 C 语言相区别，把"单片机 C 语言"称为"C51"，也称为"Keil C51"。

3.1.1　Keil C51 程序开发综述

长期以来，汇编语言都是作为单片机应用中比较流行的开发工具。汇编语言具有执行效率高、控制性强等优点，但是其可移植性和可读性较差，使其产品在维护和功能升级方面有着极大的困难。使用 C 语言进行单片机应用系统的开发，有着传统汇编语言所不具有的以下优势。

1) 对单片机的指令系统不要求了解，仅要求对其存储器结构有初步了解。
2) 寄存器分配、不同存储器的寻址及数据类型等细节可由编译器管理，程序员可以不关心这些问题。
3) 程序有规范的结构，可分成不同的函数，这种方式可使程序结构化。
4) 与使用汇编语言编程相比，程序的开发和调试时间大大缩短。
5) 提供的库包含许多标准子程序，具有较强的数据处理能力。
6) 由于具有方便的模块化编程技术，使已编好程序容易移植。

值得注意的是，用 C 语言编写程序，虽然不像汇编语言那样需要具体地组织、分配存储器资源，但是 C 语言变量的定义，必须要与单片机的存储结构相关联，否则编译器不能正确地映射定位。

3.1.2　Keil C51 程序开发流程

使用 C51 来进行程序开发，就是按照实际问题的要求和单片机的特点，来决定所采用的计算方法和计算公式，然后进行编写和代码调试优化的过程。虽然 C51 的使用使得程序编写时的难度大幅降低，但在编写程序时也要注意尽量节省数据存放单元、缩短程序长度、加快运算速度，从而有效提高单片机的性能。

使用 C51 语言编写程序，一般可分为以下几个步骤。

1）分析题意，明确要求。解决问题之前，首先要明确所要解决的问题和要达到的目的、技术指标等。

2）确定算法。根据实际问题的要求以及给出的条件、特点，找出规律性，确定所采用的计算公式和计算方法。这一步是进行程序设计的依据，也是程序质量高低的一个关键。

3）绘制程序流程图，用图解来描述和说明设计步骤和过程，方便编写和理解程序。程序流程图是解题步骤及其算法进一步具体化的重要环节，是程序设计的重要依据，它直观清晰地体现了程序的设计思路。

4）编写源程序。流程图设计后，程序设计思路比较清楚，接下来的任务就是选用合适的语句来实现流程图中每一部分的要求，从而实现整个系统的功能，这就是源程序设计。

5）程序优化。程序优化的目的在于缩短程序的长度，加快运算速度。通过恰当地使用语句结构和改进算法来有效提高程序的效率。

6）上机调试、修改和最后确定源程序。只有通过上机调试并得出正确结果的程序，才能认为是正确的程序。对于 51 单片机来说，可以使用软件仿真和硬件调试的手段来测试程序，修改源程序中的错误，直到正确为止。

3.1.3　Keil C51 与标准 C 的区别

由于 C51 编译器是为 8051 单片机专门设计的，根据单片机自身的特点进行了若干扩展，因此，Keil C51 与标准 C 在编译器和库函数方面存在少许差别。深入理解 C51 语言和标准 C 语言之间的区别是掌握 C51 语言的关键。C51 语言与标准 C 的主要区别，体现在以下几个方面。

1）头文件的差异。51 系列单片机厂家有多个，它们的差异在于内部资源如定时器、中断、I/O 等数量以及功能的不同，而对使用者来说，只需要将相应的功能寄存器的头文件加载在程序内，就可以实现所具有的功能。因此，Keil C51 的头文件集中体现了各系列芯片的不同资源及功能。

2）数据类型的不同。51 系列单片机包含位操作空间和丰富的位操作指令，因此 Keil C51 与标准 C 相比又扩展了 4 种数据类型，以便能够灵活地进行操作。例如，定义了 sbit、xdata、idata、code 等关键字。

3）数据存储类型的不同。C 语言最初是为通用计算机设计的，在通用计算机中只有一个程序和数据统一寻址的内存空间，而 51 系列单片机有片内、片外程序存储器，还有片内、片外数据存储器。标准 C 并没有提供这部分存储器的地址范围的定义。此外，对于 AT89S51 单片机中大量的特殊功能寄存器也没有定义。

4）C51 语言程序是由函数组成的。函数是 C51 语言的基本模块。用 C51 语言设计程序就是编写函数。从来源看，函数可分为用户自定义函数和标准库函数两大类。在一个 C51

语言程序中有且只能有一个名为 main 的主函数。C51 语言程序的执行部分是由语句组成的，程序的各种主要功能都是由语句实现的。在 C51 语言中，对比于标准 C 语言库新增了两个重要的函数类型——中断函数和重入函数。

5）C51 语言与标准 C 语言从库函数来说有很大的不同。部分标准 C 语言的库函数，如图像函数等，没有包含在 C51 语言内；在 C51 语言中，有一些标准 C 语言的库函数可以使用，但这些库函数的构成及用法都与标准 C 语言有很大的不同，如 printf 和 scanf 函数在标准 C 语言中通常用于屏幕打印和接收字符，而在 C51 语言中，它们主要用于串行数据的接收和发送。标准 C 独有的标准库函数见表 3-1，标准 C 和 C51 中共有的库函数见表 3-2，C51 独有的标准库函数见表 3-3。

表 3-1 标准 C 独有的标准库函数

库 函 数	库 函 数	库 函 数	库 函 数	库 函 数	库 函 数
abort	asctime	atexit	ldiv	localtime	mblen
bsearch	clearer	clock	mbstowes	mbtowe	mktime
ctime	difftime	div	perror	putc	qsort
exit	fclose	feof	raise	remove	rename
ferror	fflush	fgetc	rewind	setbuf	setlocale
fgetpos	fgets	fopen	setvbuf	signal	strcoll
fprintf	fputc	fputs	strerror	strftime	strstr
fread	freopen	frexp	strtok	strxfrm	system
fscanf	fseek	fsetpos	time	tmpfile	tmpnam
ftell	fwrite	getc	ungetc	vfprintf	wcstombs
getenv	gmtme	ldexp	wctomb		

表 3-2 标准 C 和 C51 中共有的库函数

库 函 数	库 函 数	库 函 数	库 函 数	库 函 数	库 函 数
abs	acos	asin	modf	pow	printf
atan	atan2	atof	putchar	puts	rand
atoi	calloc	ceil	realloc	scanf	setjmp
cos	cosh	exp	sin	sinh	sprintf
fabs	floor	mod	sqrl	srand	sscanf
free	getchar	gets	strcat	strchr	strcmp
salnum	isalpha	iscntrl	strcpy	strcspn	strlen
isdigit	isgraph	islower	strncat	strncmp	strncpy
isprint	ispunct	isspace	strpbrk	strrchr	strspn
isupper	isxdigit	labs	strtod	strtoul	tan
log	log10	longjmp	tanh	tolower	toupper
malloc	memchr	memcmp	va_arg	va_end	va_start
memcpy	memmove	memset	vprintf	vsprintf	

表 3-3 C51 独有的标准库函数

库函数	库函数	库函数	库函数	库函数	库函数
acos517	asin517	atof517	sscanf517	strpos	strrpbrk
strod517	cabs	_chkfloat_	strrpos	tan517	_testbit_
cos517	_crol_	_cror_	toascii	toint	_tolower
exp517	getkey	init_mempool	_toupper	ungetcharf	
irol	_iror_	log10517			

6）程序结构的差异。由于 51 单片机的硬件资源有限，它的编译系统不允许太多的程序嵌套。此外，标准 C 所具备的递归特性也不被 Keil C51 支持，在 C51 中，要使用递归特性，必须用 reentrant 进行声明才能使用。

从数据运算操作、程序控制语句以及函数的使用上来说，Keil C51 与标准 C 几乎没有什么明显的差别。如果程序设计者具备了有关标准 C 的编程基础，只要注意 Keil C51 与标准 C 的不同之处，并熟悉 AT89S51 单片机的硬件结构，就能较快地掌握 Keil C51 的编程。

3.2 C51 常用的编程元素

3.2.1 数据类型与运算

1. C51 语言的基本数据类型

当给单片机编程时，单片机也要运算，而在单片机的运算中，这个"变量"数据的大小是有限制的，不能随意给一个变量赋任意的值，因为变量在单片机的内存中是要占据空间的，变量大小不同，所占据的空间就不同。所以在设定一个变量之前，必须要给编译器声明这个变量的类型，以便让编译器提前从单片机内存中分配给这个变量合适的空间。C51 具有标准 C 语言的所有标准数据类型，同时针对 51 单片机内部结构增加了一些特殊的数据类型。其数据类型见表 3-4。下面介绍其基本的一些数据类型。

表 3-4 C51 单片机编译器所支持的数据类型

数据类型	长度/bit	长度/B	值域范围
unsigned char	8	1	0~255
signed char	8	1	-128~127
unsigned int	16	2	0~65 535
signed int	16	2	-32 768~32 767
unsigned long	32	4	0~4 294 967 295
signed long	32	4	-2 147 483 648~+2 147 483 647
float	32	4	±1.175 494E-38~±3.402 823E+38
一般指针	24	3	存储空间 0~65 535
bit	1	—	0 或 1
sbit	1	—	0 或 1
sfr	8	1	0~255
sfr16	16	2	0~65 535

(1) char 字符类型

char 类型的数据长度是 1 个字节，通常用于定义处理字符数据的变量或常量。其分无符号字符类型 unsigned char 和有符号字符类型 signed char，默认值为 signed char 类型。unsigned char 类型用字节中所有的位来表示数值，可以表达的数值范围是 0~255。signed char 类型用字节中最高位表示数据的符号，"0"表示正数，"1"表示负数，负数用补码表示，所能表示的数值范围是 -128~+127。在 C51 单片机程序中，unsigned char 是最常用的数据类型。

(2) int 整型

int 整型长度为 2 个字节，用于存放一个双字节数据。其分有符号整型 signed int 和无符号整型 unsigned int，默认值为 signed int 类型。signed int 表示的数值范围是 -32 768~+32 767，字节中最高位表示数据的符号，"0"表示正数，"1"表示负数。unsigned int 表示的数值范围是 0~65 535。

(3) long 长整型

long 长整型长度为 4 个字节，用于存放一个 4B 数据。其分有符号长整型 signed long 和无符号长整型 unsigned long，默认值为 signed long 类型。signed long 表示的数值范围是 -2 147 483 648~+2 147 483 647，字节中最高位表示数据的符号，"0"表示正数，"1"表示负数。unsigned long 表示的数值范围是 0~4 294 967 295。

(4) float 浮点型

float 浮点型在十进制中具有 7 位有效数字，是符合 IEEE-754 标准的单精度浮点型数据，占用 4 个字节。

(5) 指针型

一般指针占用 3 个字节：1 个字节为存储器类型，2 个字节为偏移量。存储器类型决定了对象所用的 8051 的存储空间，偏移量指向实际地址。一个一般指针可以访问任何变量而不管它在 8051 存储器的位置。

(6) bit 位变量

bit 位变量是 C51 编译器的一种扩充数据类型，利用它可定义一个位变量，但不能定义位指针，也不能定义位数组。它的值是一个二进制位，不是 0 就是 1，类似一些高级语言中的 Boolean 类型的 True 和 False。

(7) sfr 特殊功能寄存器

sfr 也是一种扩充数据类型，占用一个内存单元，值域为 0~255。利用它能访问 51 单片机内部的所有特殊功能寄存器，如用 sfr P1 = 0x90 这一句定义了 P1 端口在片内的寄存器，在后面的语句中用 P1 = 255（对 P1 端口的所有引脚置高电平）之类的语句来操作特殊功能寄存器。

(8) sfr16 16 位特殊功能寄存器

sfr16 占用两个内存单元，值域为 0~65 535。sfr16 和 sfr 一样用于操作特殊功能寄存器，不同的是它用于操作占 2 个字节的寄存器，如定时器 T0 和 T1。

(9) sbit 可寻址位

sbit 同样是 C51 语言中的一种扩充数据类型，利用它能访问芯片内部 RAM 中的可寻址位或特殊功能寄存器中的可寻址位。例如，先前定义了 P1 端口，sfr P1 = 0x90，因 P1 端口的寄存器是可位寻址的，所以可以对 P1 端口中的一位进行定义 sbit P1_1 = P1^1（P1_1 为 P1 中的 P1.1 引脚），这样在以后的程序中就可以用 P1_1 来对 P1.1 引脚进行读/写操作了。通常这些可以直接使用系统提供的预处理文件，里面已定义好各特殊功能寄存器的简单名字，直接引用可以省去一点时间；也可以自己写自己的定义文件，名字可以选择自己好记的但要符合 C51 语言的命名规范。

2. C51 语言数据的存储类型及存储区

C51 语言定义的任何数据类型必须以一定的存储类型定位在单片机的某一存储位置上，否则没有任何实际意义。针对 51 系列单片机应用系统存储器的结构特点，Keil C51 编译器把数据的存储区域分为 6 种：DATA、BDATA、IDATA、XDATA、PDATA、CODE，见表 3-5。在使用 C51 语言进行程序设计时，可以把每个变量明确地分配到某个存储区域中。由于对内部存储器的访问比对外部存储器的访问快许多，因此应当将频繁使用的变量存放在片内 RAM 中，而把较少使用的变量存放在片外 RAM 中。

表 3-5 存储区域介绍

存储区域	说明
DATA	片内 RAM 的低 128B，可直接寻址，访问速度快
BDATA	片内 RAM 的低 128B 中的位寻址区（10H~2FH），既可以字节寻址，又可以位寻址
IDATA	片内 RAM（256B，其中低 128B 与 DATA 相同），只能间接寻址
XDATA	片外 RAM（最多 64KB）
PDATA	片外 RAM 中的 1 页或 256B，分页寻址
CODE	程序存储区（最多 64KB）

下面分别对每种存储区的应用进行详细介绍。

(1) DATA 存储区

DATA 存储区的寻址速度最快，所以应该把经常使用的变量放在 DATA 区中，但是 DATA 区的存储空间很小，除了包含定义的程序变量外，还包含了堆栈和通用寄存器组，因此声明变量要注意不要超出 DATA 区范围。DATA 区声明中的存储类型标识符为 data，通常指低 128B 的内部数据区存储变量，可直接寻址。例如，可以定义变量：

```
unsigned int data ItempValue;
```

即在 DATA 区域定义了一个无符号整型变量 ItempValue。

(2) BDATA 存储区

BDATA 存储区实际就是 DATA 区中可以进行位寻址的区域，在这个区定义的变量就可以进行位寻址。位变量的声明对状态寄存器来说是十分有用的，因为它可能仅仅需要使用某一位来表示状态而不是整个字节。BDATA 存储区声明中的存储类型标识符为 bdata。例如：

```
unsigned int bdata Istatus;
if(Istatus^5)
{
Fun_Proc();
}
```

即定义一个变量 Istatus，当 Istatus 的第 5 位为 1 时，就执行函数 Fun_Proc。

注意：C51 编译器不允许在 BDATA 区中声明 float 和 double 类型的变量。

(3) IDATA 存储区

IDATA 存储区使用寄存器作为指针进行间接寻址,其声明变量应使用存储类型标识符 idata,指内部的 256B 存储区。例如,可以定义变量:
```
unsigned char idata string[5];
```
即在 IDATA 存储区域定义了一个包含 5 个元素的数组。

(4) PDATA 和 XDATA 存储区

PDATA 和 XDATA 存储区属于外部数据存储区。外部数据存储区是通过数据指针加载地址进行间接访问的。PDATA 和 XDATA 存储区声明变量使用标识符 pdata 和 xdata。其中,xdata 可以指定外部数据区 64KB 的任何位置,而 pdata 仅能指定第 1 页或 256B 的外部数据区。例如:
```
float xdata FoutPutValue;
unsigned char pdata Cstatus;
```
即在 XDATA 存储区域定义了一个浮点型变量 FoutPutValue,在 PDATA 存储区域定义了一个无符号的字符型变量 Cstatus。

外部地址段除了包含存储器地址外,还包含 I/O 器件的地址,这种情况可以通过使用 C51 语言提供的宏访问这些地址。例如:
```
Cstatus = XBYTE[0x7000];        //从 7000 地址读入 1 个字节
XBYTE[0x8000] = Cstatus;        //将 Cstatus 值写入 8000 地址
```
注意:采用宏定义寻址,以及对 PDATA 和 BIT 段外的其他数据区寻址,必须包含头文件 absacc. h。

(5) CODE 程序存储区

CODE 程序存储区的数据是不可变的,编译时需要初始化程序区的对象。在程序存储区定义对象使用标识符 code。例如:
```
unsigned char code array[10] = {0x3f,0x06,0x5b,0x4f,0x66,0x6d,0x7d,0x07,0x7f,0x6f};
```
即在 CODE 程序存储区定义了一个包含 10 个元素的无符号型数组 array,例中给出的是共阴极数码管显示的数码组,在以后的程序中可以借鉴使用。

以上介绍了 C51 的数据存储类型,C51 的数据存储类型及其大小和值域见表 3-6。

表 3-6 C51 的数据存储类型及其大小和值域

存储类型	长度/bit	长度/B	值 域	存储类型	长度/bit	长度/B	值 域
data	8	1	0 ~ 255	pdata	8	1	0 ~ 255
idata	8	1	0 ~ 255	xdata	16	2	0 ~ 65 535
bdata	1		0 ~ 127	code	16	2	0 ~ 65 535

3. C51 语言的存储模式分类

C51 编译器编译时为了适应不同规模的程序而选用不同的存储模式,包含小模式(small)、紧凑模式(compact)和大模式(large),其选择由编译控制命令决定。存储模式决定了变量或常量的默认存储类型。

(1) small 模式

在 small 模式下,变量的默认存储区域是 DATA 和 IDATA,即未指出存储区域的变量保存到片内数据存储器中,并且堆栈也安排在该区域中。该模式的特点是存储容量小,访问速度快。在该模式下参数的传递通过寄存器、堆栈或片内数据存储区完成。

(2) compact 模式

在 compact 模式下，变量的默认存储区域是 PDATA，即未指出存储区域的变量保存到片外数据存储器的第 1 页中，最大变量数为 256B，并且堆栈也安排在该区域中。该模式的特点是存储容量较 small 模式大，访问速度较 small 模式稍慢，但比 large 模式要快。在该模式下参数的传递通过片外数据区的一个固定页完成。

(3) large 模式

在 large 模式下，变量的默认存储区域是 XDATA，即未指出存储区域的变量保存到片外数据存储器中，最大变量数可达 64KB，并且堆栈也安排在该区域中。该模式的特点是存储容量大，访问速度慢。该模式下参数的传递也是通过片外数据存储器完成的。

值得注意的是，C51 支持混合模式，即可以对函数设置编译模式。所以在 large 模式下，可以对某些函数设置为 compact 模式或 small 模式，从而提高运行速度。如果文件或函数未指明编译模式，则编译器按 small 模式处理。编译时使用"#pragma small（或 compact、large）"编译模式控制命令，其应放在文件的开始。

4. C51 变量的绝对定位

使用 xdata、idata、pdata 等关键字来定义变量，仅仅是定义了变量空间被分配到的存储区，却不能指定变量具体是使用哪一个地址。C51 有 3 种方式可以对变量绝对定位，即绝对定位关键字_at_、指针、库函数的绝对定位宏。

C51 扩展的关键字_at_专门用于对变量做绝对定位，_at_使用在变量的定义中，其格式为：

[mem space] [type] [variable name] _at_ [constant]

其中，mem space 表示变量的存储区；type 表示变量类型；variable name 表示变量名称；_at_为 C51 语言关键字；constant 表示常量，即地址值。例如：

xdata unsigned char cTemp _at_ 0x7000;

它的含义是在外部 RAM 地址 0x7000 位置定义一个无符号的字符型变量 cTemp。

在使用变量绝对定位时，要注意以下几点。

1）绝对地址变量在定义时不能初始化，因此不能对 code 型变量绝对定位。

2）绝对地址变量只能是全局变量，不能在函数中对变量绝对定位。

3）绝对地址变量多用于 I/O 端口，一般情况下不对变量做绝对定位。

4）位变量不能使用_at_绝对定位。

5. 单片机特殊功能寄存器的 C51 语言定义

C51 语言允许通过使用关键字 sfr、sbit 或直接引用编译器提供的头文件来对特殊功能寄存器（SFR）进行访问。51 单片机的特殊功能寄存器分布在片内 RAM 的高 128B 中，对 SFR 的访问只能采用直接寻址方式。

(1) 使用关键字定义 SFR

为了能直接访问特殊功能寄存器 SFR，C51 提供了一种定义方法，即引入关键字 sfr，其定义的一般格式为：

sfr 特殊功能寄存器名 = 地址常数；

例如：sfr   IE = 0xa8;   //中断允许寄存器地址 a8H
　　　 sfr   TCON = 0x88;   //定时器/计数器控制寄存器地址 88H

在 51 单片机中,如要访问 16 位 SFR,可使用关键字 sfr16。16 位 SFR 的低字节地址必须作为"sfr16"的定义地址,例如:

```
sfr16  DPTR = 0x82;               //DPTR 为 16 位特殊功能寄存器
```

(2) 通过头文件访问 SFR

各种衍生型 51 单片机的特殊功能寄存器的数量与类型有时是不相同的,对单片机特殊功能寄存器的访问可以通过头文件的访问来进行。

为了用户处理方便,C51 把 51 单片机常用的特殊功能寄存器和其中的可寻址位进行了定义,放在一个名为 reg51.h 的头文件中。用户只需要在使用之前用一条预处理命令"#include <reg51.h>"把这个头文件包含到程序中,就可以使用特殊功能寄存器名和其中的可寻址位名称。

6. 位变量的 C51 语言定义

(1) bit 型位变量的定义

51 系列单片机具有位运算器,C51 语言也相应地设置了位数据类型,常使用关键字 bit 来定义。通常所说的位变量就是指 bit 型位变量。

C51 的 bit 型位变量定义的一般格式为:

[存储类型] bit 位变量名1 [=初值] [,位变量名2 [=初值]] [,…]

bit 位变量被保存在 RAM 中的位寻址区域(字节地址为 0x20~0x2f,16B)。例如:

```
bit   flag_run,receive_bit = 0;
static  bitsend_bit;
```

其表示声明 flag_run、receive_bit 为位变量,并对 receive_bit 赋给初值 0;声明 send_bit 为以静态方式存储的位变量。

在对 bit 型位变量进行定义时要注意:位变量不能定义指针,不能定义数组;bit 型位变量与其他变量一样,可以作为函数的形参,也可以作为函数的返回值,即函数的类型可以是位型的。

(2) sbit 型位变量的定义

对于能够按位寻址的特殊功能寄存器、定义在位寻址区域的变量(字节型、整型、长整型),可以对其各位用 sbit 定义位变量。

为了明确起见,分开讨论按位寻址的特殊功能寄存器中位变量的定义和定义在位寻址区域变量中位变量的定义。

1) 特殊功能寄存器中位变量的定义。能够按位寻址的特殊功能寄存器中位变量定义的一般格式为:

sbit 位变量名 = 位地址表达式

这里的位地址表达式有 3 种形式:直接位地址、特殊功能寄存器名带位号、字节地址带位号。例如:

```
sbit   P0_0 = 0x80;
sbit   P0_0 = P0^0;
sbit   P0_0 = 0x80^0;
```

以上用 3 种不同的地址表达式形式对 P0 口的第 0 位进行了定义。

对于 sbit 在特殊功能寄存器中位变量定义时,需要注意:必须能够按位操作,而不能够对无位操作功能的位定义位变量;必须放在函数外面作为全局位变量,而不能在函数内部定义；用 sbit 每次只能定义一个位变量；对其他模块定义的位变量（bit 型或 sbit 型）的引用声明，使用 bit；用 sbit 定义的是一种绝对定位的位变量（因为名字是与确定位地址对应的），具有特定的意义，在应用时不能像 bit 型位变量那样随便使用。

2）位寻址区变量的位定义。对 bdata 型变量（字节型、整型、长整型），保存在 RAM 中的位寻址区，因此可以对 bdata 型变量各位做位变量定义。这样，既可以对 bdata 型变量做字节（或整型、长整型）操作，也可以做位操作。

bdata 型变量的位定义格式为：

```
sbit  位变量名 = bdata 型变量名^位号常数
```

bdata 型变量在此之前应该是定义过的，位号常数可以是 0～7（8 位字节变量），或 0～15（16 位整型变量），或 0～31（32 位字长整型变量）。例如：

```
unsigned char bdata operate;
```

对 operate 的低 4 位做位变量定义：

```
sbit  flag_key0 = operate^0;
sbit  flag_key1 = operate^1;
sbit  flag_key2 = operate^2;
sbit  flag_key3 = operate^3;
```

flag_key0、flag_key1、flag_key2、flag_key3 可分别用作各种功能的标志位。

3.2.2 C51 语言的构造数据类型及预处理指令

C51 语言的构造数据类型和标准 C 语言基本一致，也有数组、指针、结构体等，具体内容可参照 C 语言教材，本节仅做简单介绍。

1. 数组

数组是相关数据的一个有序集合，数组中的每个元素都是同一类型的数据。数组集合用一个名字来标识，称为数组名。数组中元素的顺序用下标表示，下标表示该元素在数组中的位置。下标为 n 的元素可以表示为数组名 [n]。改变 [ ] 中的下标就可以访问数组中所有的元素。一个数组元素等同于一个变量，因此又可以说数组是一组相同数据类型的相关变量的有序集合。

（1）一维数组

由具有一个下标的数组元素组成的数组称为一维数组，定义如下：

```
类型说明符  数组名[元素个数];
```

数组名是一个标识符，元素个数是一个常量表达式，不能是含有变量的表达式。在定义数组时可以对数组整体初始化，若定义后想对数组赋值，则只能对每个元素分别赋值。例如：

```
int iNum[5] = {1,2,3,4,5};
```

或者

```
int iNum[5];
iNum[0] = 1; iNum[1] = 2; iNum[2] = 3; iNum[3] = 4; iNum[4] = 5;
```

以上两种方式都是定义了一个包含 1、2、3、4、5 这 5 个整型元素的一维数组，前者在初始化时就完成了赋值，后者在定义后对每个元素分别赋值。

（2）二维数组

C 语言可以定义多维数组，经常用的是二维数组。由具有两个下标的数组元素组成的数组称为二维数组，定义如下：

类型说明符　数组名[行数][列数]；

数组名是一个标识符，元素个数是一个常量表达式，不能是含有变量的表达式。与一维数组的初始化相似，在定义二维数组时可以对数组整体初始化，也可以在定义后对单个元素进行赋值。例如：

    int a[3][4]={{1,2,3,4},{5,6,7,8},{9,10,11,12}};

或者

    int a[3][4];
    a[0][0]=1; a[0][1]=2; a[0][2]=3; a[0][3]=4;…; a[2][3]=12;

以上两种方式都是定义了一个 3 行 4 列的二维数组，前者在初始化时就完成了赋值，后者在定义后对每个元素分别赋值。

(3) 字符数组

若一个数组的元素是字符型的，则该数组就是一个字符数组。字符数组的定义与一维数组类似，只是在定义时把数据类型定义为 char 型。例如：

    char a[10];

上面定义了一个 10 个元素的字符数组。

在 C 语言中，字符数组用于存放一组字符或字符串。存放字符时，一个字符占一个数组元素；存放字符串时，由于 C 语言中规定字符串以 "\0" 作为结束符，符号 "\0" 是一个 ASCII 码为 0 的字符，它是一个不可显示字符，字符串存放于字符数组中时，结束符自动存放于字符串的后面，也要占一个元素位置，因而定义数组长度时应比字符串长度多一个字符。

(4) 数组在单片机中的应用

数组的一个很有用的用途就是查表。在单片机应用中，常常要对数学公式进行计算以及对一些传感器的非线性特性进行补偿，这时采用查表的办法就比较简单有效。因为单片机的计算能力有限，可以将复杂的数学公式或补偿算法事先计算成表格，存入程序存储器中，而这个表格就是数组。

由于数组是连续存放的一块存储区域，特别是位于内部 RAM 中的数组，如果不能有效利用，就会浪费大量的存储空间。因此，在开发 C51 语言的应用程序时，要仔细根据需要选择数组的大小，避免浪费。

2. 指针

在 C 语言中，指针是最重要也是最难学的部分，其对高质量的程序编写所起的作用也是巨大的。规范使用指针可以有效提高程序的效率。指针、地址、数组及其相互关系同时也是 C 语言中最有特色的部分。在 51 单片机中由于有 3 种不同类型的存储空间，并且还有不同的存储区域，使得 C51 指针的内容更加丰富。指针除了具有像变量的 4 种属性（存储类型、数据类型、存储区、变量名）外，按存储区，将指针分为一般指针和不同存储区域的专用的存储器指针。C51 中提供了两个专门的运算符：

　　*　　指针运算符
　　&　　取地址运算符

指针运算符 "*" 放在指针变量前面，通过它实现访问以指针变量的内容为地址所指向的存储单元。例如，指针变量 p 中的地址为 0x2000，则 *p 所访问的是地址为 0x2000 的存储单元，x = *p 实现把地址为 0x2000 的存储单元的内容送给变量 x。

取地址运算符"&"放在变量的前面，通过它取得变量的地址，变量的地址通常送给指针变量。例如，设变量 x 的内容为 0x12，地址为 0x2000，则 &x 的值为 0x2000，如有一指针变量 p，则通常用 p = &x 实现将 x 变量的地址送给指针变量 p，指针变量 p 指向变量 x，以后可以通过 *p 访问变量 x。

(1) 一般指针

在函数调用中，函数的指针参数需要用一般指针。一般指针的定义格式如下：

数据类型　*　[存储区域]　变量名；

例如：char * ptr;

这里没有指定指针变量 ptr 所指向的变量的存储类型，ptr 处于编译模式的存储区，长度为 3B。

一般指针包括 3 个字节：2 个字节偏移量和 1 个字节存储器类型，见表 3-7。

表 3-7　一般指针

地　　址	+0	+1	+2
存储内容	存储器类型	偏移量高位	偏移量低位

其中存储类型由编译模式决定，不同的存储类型的编码见表 3-8。

表 3-8　不同存储类型的编码

存　储　类　型	idata	xdata	pdata	data	code
编码值	0X00	0X01	0XFE	0X00	0XFF

(2) 存储器专用指针

基于存储器的指针是在声明时既可以指定指针本身的存储区域，又可以指定指针所指向变量的存储区域。存放存储器指针本身只占用 1~2 个字节，因此运行速度要比一般指针快。存储器指针的定义格式如下：

数据类型　[存储区域1]　*　[存储区域2]　变量名；

其中，"存储区域1"为指针所指向变量的存储区域；"存储区域2"为指针本身的存储区域。例如：

char xdata * px;

px 为指向一个定义在 xdata 存储器中的字符变量的指针变量。px 本身在默认的存储器区域（由编译模式决定），其长度为 2B。

3. 预处理指令

每个预处理命令都带有"#"，下面介绍一些常用指令。

(1) #define 指令

#define 指令是一个宏定义命令，定义的一般格式为：

#define　宏替换名　字符串（或数值）

由#define 指令定义后，在程序中每次遇到该宏替换时就用所定义的内容替换它。这种替换有利于对一些需要调整的参数的修改，只要对宏定义修改就可以，不需要逐条查找程序，从而有效节省时间，提高程序的准确性。例如，可用下面语句定义 PI 表示数值 3.1415926。

```
#define PI 3.1415926
```

定义之后，一旦在源程序中使用了 PI，编译时会自动用 3.1415926 替换。

需要说明的是，在宏定义语句后没有分号，程序中习惯用大写字符作为宏替换名，而且常放在程序开头。

(2) #error 指令

#error 指令用于程序的调试，当编译中遇到#error 指令时就停止编译。其一般格式为：

```
#error 出错信息
```

出错信息不加引号，当编译中遇到#error 指令时会给出提示并停止编译。

(3) #include 指令

#include 指令的作用是指示编译器将该指令所指出的另一个源文件嵌入到自身文件中。#include 指令所在的程序中，文件应使用双引号或尖括号括起来，在程序开始处声明使用。例如：

```
#include <stdio.h>
```

(4) #if、#else、#endif 指令

#if、#else、#endif 指令为条件编译指令，其会根据所给的条件判断并编译所需要的头文件，避免对所有头文件都进行编译，从而有效提高编译效率，节省时间。它的一般格式为：

```
#if 常数表达式
       语句段；
    #else
       语句段；
    #endif
```

(5) #undef 指令

#undef 指令和#define 指令配合使用，表示#define 宏定义的作用域的终止，在后面的语句中宏定义将不再起作用。其一般格式为：

```
#undef 宏替换名
```

例如：

```
#define PI 3.1415926
       ...
#undef
```

其中间省略号区域为宏定义的作用域，其间 PI 可表示 3.1415926，在#undef 之后作用域终止，PI 将不再表示 3.1415926。

3.2.3 C51 程序控制结构

C51 程序与其他语言程序一样，程序结构也是分为顺序结构、选择（分支）结构及循环结构。通过这 3 种控制结构的合理组织和应用，可以有效地控制单片机的运行。下面分别介绍这 3 种控制结构和常用的控制语句。

1. 顺序结构

C51 语言的顺序结构和标准 C 语言类似，主要由一些基本语句按照顺序依次编写执行。在程序编写中顺序结构被广泛使用，下面介绍构成它的一些基本语句。

(1) 赋值语句

在任何合法的赋值表达式的尾部加上一个分号就构成了赋值语句。赋值语句的一般格式为：

变量=表达式；

赋值语句的作用是先计算赋值号右边表达式的值，然后将该值赋给赋值号左边的变量。赋值语句是一种可执行语句，应当出现在函数的可执行部分。例如：

int t=0;

其表示将0这个数赋值给了一个整型变量t。

(2) 函数调用语句

在C51语言中，若函数仅进行某些操作而不返回函数值，这时函数的调用可作为一条独立的语句，称为函数调用语句。其一般格式为：

函数名(实际参数表);

在C51语言编程中，经常对单片机不同的功能和结构都采用函数的形式进行定义和实现，在主程序中直接调用来使用。例如，在书中很多例子当中的延时函数就采用此类形式加以实现。

(3) 复合语句

在C51语言中，把多条语句用一对大括号括起来组成的语句称为复合语句。复合语句又称为"块语句"，其一般格式为：

{语句1;语句2;…;语句n;}

注意：在使用时大括号之后不再加分号。

复合语句虽然可以由多条语句组成，但它是一个整体，相当于一条语句，凡可以使用单一语句的位置都可以使用复合语句。在复合语句内，不仅可以有执行语句，还可以有变量定义语句。

(4) 空语句

如果一条语句只有语句结束符号";"则称为空语句。空语句在执行时不产生任何动作，但仍有一定的作用。比如，预留位置或用来作为空循环体。但是，在程序中随意加分号也会导致逻辑上的错误，需要谨慎使用。

2. 选择（分支）结构

选择（分支）结构在大多数程序中都会包含，其主要使用选择语句来进行编写。选择语句即条件判断控制语句，它首先判断给定的条件是否满足，然后根据判断的结果决定执行给出的若干种选择之一。C51中选择语句有if条件语句、switch/case语句。

(1) if条件语句

if条件语句是用来判定所给定的条件是否满足，根据判定的结果（真或假）决定执行给出的两种操作之一。

if条件语句的基本结构如下：

if(表达式){语句;}

括号中的表达式成立时，程序执行大括号内的语句，否则程序跳过大括号中的语句部分，而直接执行下面的其他语句。

C51语言和标准C语言类似，提供了以下3种形式的if条件语句。

1) if语句。if语句的一般格式为：

```
if(表达式){语句;}
```
其中,if 是关键字,表达式两侧的圆括号不可少,最后的语句可以是 C51 语言的任意合法的语句。例如:
```
if (x > y){max = x;min = y;}
```
即如果 x > y,则 x 赋给 max,y 赋给 min;如果 x < y,则不执行大括号中的赋值运算。

2) if-else 语句。if-else 语句的一般格式为:
```
if(表达式){语句1;}  else  {语句2;}
```
其中,语句 1、语句 2 可以是 C51 语言中任意合法的语句。例如:
```
if(x > y)
{   max = x;}
else
{   min = y;}
```

值得注意的是,else 不是一条独立的语句,只是 if 语句的一部分,在程序中 else 必须与 if 配对,共同组成一条 if-else 语句。可见,if-else 语句是一种二分支语句。

3) if-else-if 语句。if-else-if 语句的一般格式为:
```
if(表达式1){语句1;}  else if(表达式2){语句2;}  else {语句3;}
```
if-else-if 语句又称为嵌套的 if-else 语句,其中语句 1、语句 2、语句 3 可以是 C51 语言中任意合法的语句。例如:
```
if (x < 0) {y = -1;}
else if (x > 0) {y = 1;}
else {y = 0;}
```
其中,当 x 小于 0 时给变量 y 赋值为 -1;当 x 大于 0 时给变量 y 赋值为 1;其他情况变量 y 都赋值为 0。只要一直嵌套下去,if-else-if 语句可实现多分支程序设计要求。

(2) switch/case 语句

switch/case 语句是多分支选择语句。它的一般格式如下:
```
switch(表达式)
    {
    case 常量表达式1:语句1; break;
    case 常量表达式2:语句2; break;
    ...
    case 常量表达式n:语句n; break;
    default:语句n + 1;
    }
```
switch/case 语句在使用时需要注意:当 switch 括号中的表达式的值与某一 case 后面的常量表达式的值相同时,就执行它后面的语句,然后执行 break 语句,退出 switch 语句。若所有的 case 中的常量表达式的值都没有与 switch 表达式的值相匹配,就执行 default 后面的语句。其中每个 case 的常量表达式必须是互不相同的,否则将出现混乱局面。各个 case 和 default 出现的次序,不影响程序的执行结果。如果在 case 语句中遗忘了 break,则程序执行了本行之后,不会按规定退出 switch 语句,而是将执行后续的 case 语句。

例 3-1 在单片机程序设计中,常用 switch/case 语句作为键盘中按键按下的判别,并根据按下键的键号跳向各自的分支处理程序。

解:程序如下。

```
input: keynum = keyscan();      //另行编写的一个键盘扫描函数
switch (keynum)
{
case1:key1();                   //如果按下的键值为1,则执行函数 key1()
break;
case2:key2();                   //如果按下的键值为2,则执行函数 key2()
break;
…
default:break;
}
```

3. 循环结构

在程序设计中经常会遇到需要重复执行的操作，如延时、累加、累乘、数据传递等，利用循环结构来处理各类重复操作既简单又方便。

C51 语言中实现循环结构的语句包括 if 语句和 goto 语句构成的循环、while 语句、do-while 语句和 for 语句。其中，while 语句又称为"当"型循环，do-while 语句又称为"直到"型循环。

（1）if 语句和 goto 语句构成的循环

goto 语句为无条件转向语句，它的一般格式为：

`goto 语句标号;`

语句标号是一个标识符，原则上任一语句都可以有标号，标号和语句用":"号分开。结构化程序设计方法主张限制使用 goto 语句，因为滥用 goto 语句将使程序流程无规律、可读性差。但也不是绝对禁止使用 goto 语句。一般来说，goto 语句可以有两种用途：一是可以与 if 语句一起构成循环结构；二是用于从循环体中跳转到循环体外，但由于可以用 break 语句和 continue 语句跳出本层循环和结束循环，只在需要多层循环的内层循环跳到外层循环时才用到，但这种用法不符合结构化原则，一般不采用。

（2）while 语句

while 语句用来实现"当"型循环结构，可以理解为当条件为真时执行后面的语句。其一般格式为：

`while(条件表达式)循环体;`

其中，条件表达式可以为 C51 语言中任意合法的表达式，其作用是控制循环体是否执行；循环体是循环语句中需要重复执行的部分，可以是一条简单的执行语句，也可以是用大括号括起来的复合语句。while 语句在执行时会先计算条件表达式的值，若其值为1，则执行内嵌循环语句；若其值为0，则退出 while 循环。例如：

`while((P1&0x80) = =0)`
`{ }`

while 中的条件语句对 AT89S51 单片机的 P1 口 P1.7 进行测试。如果 P1.7 为低电平，则停留在大括号中的语句；一旦 P1.7 的电平变高，则终止循环。

（3）do-while 语句

while 语句是先判断条件是否成立，再执行循环体；而 do-while 语句则是先执行循环体，再根据条件判断是否退出循环。do-while 语句的一般格式为：

`do  循环体  while(条件表达式);`

其中，条件表达式可以是 C51 语言中任意合法的表达式，其作用是控制循环体是否执行；

循环体可以是 C51 语言中任意合法的可执行语句。值得注意的是，格式最后的";"不可丢，表示 do-while 语句的结束。整个 do-while 语句的执行过程是先执行内嵌语句，然后计算条件表达式的值，当值为 1 时则循环，当值为 0 时则结束循环，执行下面的语句。

例 3-2 实型数组 s 中有 20 个采样值，编写程序段，要求返回其平均值。

解：程序如下。

```
float avg(float * s)
{   float sum = 0;
    char n = 0;
    do
    {   sum + = s[n];
        n + +;
    } while(n < 20);
    return(sum/20);
}
```

（4）for 语句

C51 语言中的 for 语句使用最为灵活，不仅可以用于循环次数已经确定的情况，而且可以用于循环次数不确定而只给出循环结束条件的情况，它完全可以替代 while 语句。for 语句的一般格式为：

```
for(表达式1;表达式2;表达式3) 循环体
```

其中，表达式1、表达式2、表达式3 可以是 C51 语言中任意合法的表达式，3 个表达式之间用";"隔开，其作用是控制循环体是否执行；循环体可以是 C51 语言中任意合法的可执行语句。

for 语句执行的过程：首先求解表达式 1，再求解表达式 2，如果表达式 2 为真（值为 1），则执行 for 语句中指定的内嵌语句，然后求解表达式 3 并返回重新计算表达式 2 且判断；如果表达式 2 为假（值为 0），则结束 for 循环，执行后面的程序。

对于 for 语句最简单的应用形式也就是最易理解的为：

```
for([初值设定表达式];[循环条件表达式];[条件更新表达式])循环体
```

for 语句中的表达式可以部分或全部省略，但两个";"不可省略。当 3 个表达式均被省略时因为缺少条件判断，循环会无限制的执行，形成死循环。

例 3-3 利用 for 循环，求 1 + 2 + 3 + … + 100 的累加和。

解：程序如下。

```
#include "reg51.h"
#include <stdio.h>
void main()
{   int nvar1,nsum;
    for(nvar1 = 0,nsum = 1; nsum < = 100;nsum + +)
    {nvar1 + = nsum;//累加求和}
    While(1);
}
```

3.2.4 C51 语言中的基本运算

C51 的基本运算与标准 C 类似，主要包括算术运算、关系运算、逻辑运算、位运算和赋值运算及其表达式等。

1. 算术运算符

C51 的算术运算符有 5 种：加法运算符、减法运算符、乘法运算符、除法运算符、取余运算符。表 3-9 给出了这 5 种运算符的功能和使用范例。

表 3-9　基本算术运算符

符　号	功　能	范　例	说　明
+	加	A = x + y	将 x 与 y 的值相加，其和放入 A 变量
-	减	B = x - y	将 x 变量的值减去 y 变量的值，其差放入 B 变量
*	乘	C = x * y	将 x 与 y 的值相乘，其积放入 C 变量
/	除	D = x/y	将 x 变量的值除以 y 变量的值，其商数放入 D 变量
%	取余数	E = x%y	将 x 变量的值除以 y 变量的值，余数放入 E 变量

除了 5 种常见的算术运算符之外，自增和自减运算也是比较常见的算术运算。++ 为自增运算符，-- 为自减运算符。++ 和 -- 运算符只能用于变量，不能用于常量和表达式。例如，++i 表示对变量 i 先加 1，再取值；i++ 表示对变量 i 先取值，再加 1。同样，自减运算也是这个道理。

2. 关系运算符

关系运算符用于处理两个变量间的大小关系，即比较运算。C51 语言提供了 6 种关系运算符：小于、小于等于、大于、大于等于、等于、不等于。表 3-10 给出了这 6 种关系运算符的功能和使用范例。

表 3-10　6 种关系运算符及其功能说明

符　号	功　能	范　例	说　明
==	相等	x == y	比较 x 与 y 变量的值，相等则结果为 1，不相等则为 0
!=	不相等	x! = y	比较 x 与 y 变量的值，不相等则结果为 1，相等则为 0
>	大于	x > y	若 x 变量的值大于 y 变量的值，其结果为 1，否则为 0
<	小于	x < y	若 x 变量的值小于 y 变量的值，其结果为 1，否则为 0
>=	大于等于	x >= y	若 x 变量的值大于或等于 y 变量的值，其结果为 1，否则为 0
<=	小于等于	x <= y	若 x 变量的值小于或等于 y 变量的值，其结果为 1，否则为 0

上面 6 种关系运算符的优先级关系：<、<=、>、>= 这 4 种运算符的优先级相同，处于高优先级；== 和 != 这 2 种运算符的优先级相同，处于低优先级。关系运算符的优先级低于算术运算符的优先级，而高于赋值运算符的优先级。

3. 逻辑运算符

逻辑运算是对逻辑量进行运算。C51 提供 3 种逻辑运算符：逻辑与、逻辑或、逻辑非。表 3-11 给出了逻辑运算的操作符号及其功能。

逻辑运算符的优先级关系：! 的优先级最高，而且高于算术运算符；|| 的优先级最低，它低于关系运算符，却高于赋值运算符。

表 3-11　逻辑运算符及其功能说明

符号	功能	范例	说明
&&	与运算	(x > y) && (y > z)	若 x 变量的值大于 y 变量的值，且 y 变量的值也大于 z 变量的值，其结果为 1，否则为 0
||	或运算	(x > y) || (y > z)	若 x 变量的值大于 y 变量的值，或 y 变量的值大于 z 变量的值，其结果为 1，否则为 0
!	反相运算	!(x > y)	若 x 变量的值大于 y 变量的值，其结果为 0，否则为 1

4. 位运算符

位运算是指进行二进制位的运算，在单片机系统中，常要处理二进制位的问题。例如，将一个存储单元中的各二进制位左移或右移一位、两个数按位相加等。位运算符与逻辑运算符非常相似，它们之间的差异在于位运算符针对变量中的每一位，逻辑运算符则是对整个变量进行操作。位运算的操作对象只能是整型和字符型数据，不能是实型数据。C51 提供了 6 种位运算符，见表 3-12。

表 3-12　位运算符及其功能说明

符号	功能	范例	说明
&	按位与	A = x & y	将 x 与 y 变量的每个位，进行按位与运算，其结果放入 A 变量
|	按位或	B = x | y	将 x 与 y 变量的每个位，进行按位或运算，其结果放入 B 变量
∧	按位异或	C = x ∧ y	将 x 与 y 变量的每个位，进行按位异或运算，其结果放入 C 变量
~	取反	D = ~x	将 x 变量的每一位进行取反
<<	左移	E = x << n	将 x 变量的值左移 n 位，其结果放入 E 变量
>>	右移	F = x >> n	将 x 变量的值右移 n 位，其结果放入 F 变量

3.2.5　C51 语言中的函数

C51 语言程序是由一个个函数构成的。所谓函数，是指可以被其他程序调用的具有特定功能的一段相对独立的程序。引入函数的主要目的有两个，一是为了解决代码的重复，二是结构化模块化编程的需要。

C51 函数的定义与 ANSIC 相似，但有更多的属性要求。本小节将先讨论 C51 函数的一般定义并给出其特有函数，然后重点介绍 C51 语言中新增的中断函数、重入函数和常用的标准库函数。

1. 函数的分类与定义

（1）函数的分类

从 C51 语言程序的结构上划分，C51 语言函数分为主函数 main（）和普通函数两种。用 C51 语言设计程序，就是编写函数。在构成 C51 语言设计程序的若干个函数中，有且仅有一个是主函数 main（）。C51 语言程序的执行都是从 main（）函数开始的，也是在 main（）函数中结束整个程序运行的，其他函数只有在执行 main（）函数的过程中被调用才能被执行。

同变量一样,函数也必须先定义后使用。所有函数在定义时都是相互独立的,一个函数中不能再定义其他函数,但可以相互调用。函数调用的一般规则是主函数可以调用其他普通函数,普通函数之间可以相互调用,普通函数不能调用主函数。

1) 对于普通函数,从用户使用的角度看可以分为标准库函数和用户自定义函数。

标准库函数:标准库函数是由 C51 编译系统的库函数提供的,在 C51 编译系统中将一些独立的功能模块编写成公用函数,并将它们集中存放在系统的函数库中,供程序设计时使用。因此,把这种函数称为标准库函数。

用户自定义函数:用户自定义函数是用户根据自己的需要而编写的函数。

2) 从函数定义的形式上可划分为无参数函数、有参数函数和空函数。

无参数函数:此种函数被调用时,既无参数输入,也不返回结果给调用函数,它是为完成某种操作而编写的。

有参数函数:在调用此种函数时,必须提供实际的输入参数,必须说明与实际参数一一对应的形式参数,并在函数结束时返回结果供调用它的函数使用。

空函数:此种函数体内无语句,是空白的。调用空函数时,什么工作也不做。而定义此种函数的目的并不是为了执行某种操作,而是为了以后程序功能的扩充。

(2) 函数的定义

在 C51 中,函数的定义与标准 C 语言中基本相同,唯一不同的就是在函数的后面需要带上若干个 C51 的专用关键字。C51 函数定义的一般格式如下:

```
返回类型    函数名(形参表)        [函数模式]
[reentrant] [interrupt m]  [using n]
        {
            局部变量定义
            执行语句
        }
```

其中,大括号以外的部分称为函数头,大括号以内的部分称为函数体。如果函数体内无语句,则称为空函数。空函数不执行任何操作,定义它的目的只是为了以后程序功能的扩充。函数模式也就是编译模式、存储模式,可以为 small、compact 和 large,默认为使用文件的编译模式。reentrant 表示重入函数,所谓重入函数,就是允许被递归调用的函数。interrupt m 是中断关键字和中断号,interrupt 是 C51 定义的,C51 支持 32 个中断源,中断入口地址与中断号 m 的关系为中断入口地址 $=3+8×m$。using n 是选择工作寄存器组和组号,n 可以为 0~3,对应第 0 组到第 3 组,关键字 using 是 C51 定义的。如果函数有返回值,就不能使用该属性,因为返回值是存于寄存器中的,函数返回时要恢复原来的寄存器组,导致返回值错误。

(3) 函数调用

函数调用的一般形式为:

函数名(实际参数列表);

在一个函数中需要用到某个函数的功能时,就调用该函数。调用者称为主调函数,被调用者称为被调函数。若被调函数是有参函数,则主调函数必须把被调函数所需的参数传递给被调函数。传递给被调函数的数据称为实际参数,简称实参。

实参与形参在数量、类型和顺序上都必须一致;实参可以是常量、变量和表达式;实参对形参的数据传递是单向的，即只能将实参传递给形参。

2. 中断函数

当 CPU 正在执行一个特定任务时，可能有更紧急的事情需要 CPU 处理，这就涉及中断优先级。高优先级中断可以中断正在处理的低优先级中断程序，因此最好给每种不同优先级程序分配不同的工作寄存器组，以达到压栈保护的目的。

中断函数的定义格式如下：

```
函数类型 函数名()interrupt 中断编号  using 工作寄存器组编号
{
   可执行语句
      }
```

例如，下列程序片段为定时器/计数器 0 的中断服务程序，指定使用第 2 组工作寄存器。

```
…
unsigned int CNT1;
unsigned char CNT2;
void Timer( ) interrupt 1 using 2
{
    if( ++CNT1 = =1000 )          // CNT1 计数到 1000
    {
        CNT2 + +;                 // CNT2 开始计数
        CNT1 =0;                  // CNT1 清 0
    }
}
…
```

在编写中断函数时，应特别注意以下几点。

1）中断函数为无参函数，即不能在中断函数中定义任何变量，否则将导致编译错误。
2）中断函数没有返回值，即应将中断函数定义为 void 类型。
3）中断函数不能直接被调用，否则将导致编译错误。
4）中断函数使用浮点运算时要保存浮点寄存器的状态。
5）如果在中断函数中调用了其他函数，则被调用函数所使用的寄存器组必须与中断函数相同。
6）由于中断的产生不可预测，中断函数对其他函数的调用可能形成递归调用，必要时可将被中断函数调用的其他函数定义成重入函数。

有关 AT89S51 系列单片机的中断控制及中断函数编写，此处暂不介绍。

3. 重入函数

所谓重入函数，是指可以在函数体内间接调用其自身的函数。重入函数可以被递归调用和多重调用，而不用担心变量被覆盖，因为每次函数调用中的局部变量都会被单独保存起来。

重入函数的定义格式如下：

```
函数类型  函数名(形参列表)  reentrant
{
    局部变量说明
    可执行语句
}
```

4. 库函数

C51 的强大功能及其高效率的重要体现之一在于提供了丰富的可直接调用的库函数。使用库函数可以使程序代码简单，结构清晰，易于调试和维护。

下面介绍在程序设计中几类重要的库函数。

1）特殊功能寄存器包含文件 reg51.h 或 reg52.h。reg51.h 中包含了所有的 8051 的 sfr 及其位定义，reg52.h 中包含了所有的 8052 的 sfr 及其位定义，一般系统都包含 reg51.h 或 reg52.h。

2）绝对地址包含文件 absacc.h。该文件定义了几个宏，以确定各类存储空间的绝对地址。

3）输入/输出流函数位于 stadio.h 文件中。流函数默认 8051 的串口来作为数据的输入/输出。

4）动态内存分配函数位于 stdlib.h 中。

5）能够方便地对缓冲区进行处理的缓冲区函数位于 string.h 中，其中包含复制、移动、比较等函数。

5. 基本输入/输出函数

C51 输入和输出函数的形式虽然与标准 C 语言的一样，但实际意义和使用方法却大不一样，因此，有必要专门介绍 C51 的输入/输出函数。C51 的 I/O 函数主要包括字符输入/输出函数 _getkey 和 putchar、字符串输入/输出函数 gets 和 puts、格式输入/输出函数 scanf 和 printf 等。在 C51 的 I/O 函数库中定义的 I/O 函数，都是以 _getkey 和 putchar 函数为基础的。C51 的输入/输出函数都是通过单片机的串行接口实现的，因此其功能是实现串行口输入/输出。在使用这些 I/O 函数之前，必须先对单片机的串行口、定时器/计数器 T1 进行初始化。

（1）基本字符输入/输出函数

1）基本字符输入函数 _getkey。_getkey 函数的原型为：

```
char _getkey(void)
```

该函数的功能是从单片机串口读入一个字符，如果没有字符输入则等待，返回值为读入的字符但不显示。_getkey 为可重入函数。

2）基本字符输出函数 putchar。putchar 函数是基本的字符输出函数，其原型为：

```
char putchar(char)
```

该函数的功能是从单片机的串行口输出一个字符，返回值为输出的字符。putchar 为可重入函数。例如：

```
putchar('a');//从串行口输出"a"
```

（2）格式输出函数 printf

printf 函数的功能是通过单片机的串行口输出若干任意类型的数据。其格式如下：

```
printf(格式控制,输出参数表)
```

格式控制是用双引号括起来的字符串，也称为转换控制字符串，它包括 3 种信息：格式说明符、普通字符、转义字符。

1）格式说明符：由百分号"%"和格式字符组成，其作用是指明输出数据的格式，如 %d、%c、%s 等，详细情况见表 3-13。

第 3 章 AT89S51 单片机的高级语言程序设计

表 3-13 printf 函数的格式字符

格式字符	数据类型	输出格式	格式字符	数据类型	输出格式
d	int	有符号十进制数	e, E	float	科学计数法的十进制浮点数
u	int	无符号十进制数	g, G	float	自动选择 e 或 f 格式
o	int	无符号八进制数	c	char	单个字符
x, X	int	无符号十六进制数	s	指针	带结束符的字符串
f	float	十进制浮点数			

2）普通字符：这些字符按原样输出，主要用来输出一些提示信息。

3）转义字符：由"\"和字母或字符组成，它的作用是输出特定的控制符，如转义字符 \ n 的含义是输出换行，详细情况见表 3-14。

表 3-14 常用的转义字符

转义字符	含义	ASCII 码	转义字符	含义	ASCII 码
\ 0	空字符	0x00	\ f	换页符	0x0c
\ n	换行符	0x0a	\ '	单引号	0x27
\ r	回车符	0x0d	\ "	双引号	0x22
\ t	水平制表	0x09	\ \	反斜杠	0x5c
\ b	退格符	0x08			

（3）格式输入函数 scanf

scanf 函数的功能是通过单片机串行口实现各种数据输入。其函数格式如下：

scanf(格式控制,地址列表)

其格式控制与 printf 函数的类似，也是用双引号括起来的一些字符，包括 3 种信息：格式说明符、普通字符和空白字符。

1）格式说明符：由百分号"%"和格式字符组成，其作用是指明输入数据的格式。

2）普通字符：在输入时，要求这些字符按原样输入。

3）空白字符：包括空格、制表符和换行符等，这些字符在输入时被忽略。

函数格式中的地址列表是由若干个地址组成的，它可以是指针变量、变量地址（取地址运算符"&"加变量）、数组地址（数组名）或字符串地址（字符串名）等。

在实际的串行通信中，传输的数据多数是字符型和字符串，以字符串居多，往往把数字型数据转换成字符串传输。

3.3 Keil C51 程序设计实例

在 C51 中需要从相应的引脚输入或者输出高低电平，在程序编写时十分方便，只要对相应端口进行赋值即可。其格式为：

端口名 = 高/低电平值;

其中，高/低电平值为 1 或者 0，1 代表高电平，0 代表低电平。

例 3-4 在 AT89S51 单片机的 P1.3 引脚输出高电平。

解：程序如下。

```
#include "reg51.h"          //该头文档中有单片机内部资源的符号化定义,其中包含 P1.3
void main(void)              //void 表示没有输入参数,也没有函数返回值,这是单片机运行的复位入口
{
    P1_3 = 1;                //给 P1_3 赋值1,引脚 P1.3 就能输出高电平 V_CC
    While(1);                //死循环,相当 LOOP: goto LOOP;
}
```

例3-5 在 AT89S51 单片机的 P1.3 引脚输出低电平。

解:程序如下。

```
#include "reg51.h"
void main(void)
{
    P1_3 = 0;                //给 P1_3 赋值0,引脚 P1.3 就能输出低电平 GND
    While(1);                //死循环,相当 LOOP: goto LOOP;
}
```

例3-6 在 AT89S51 单片机的 P3.1 引脚输出方波。

解:程序如下。

```
#include "reg51.h"          //该头文档中有单片机内部资源的符号化定义,其中包含 P3.1
void main(void)              //void 表示没有输入参数,也没有函数返回值,这是单片机运行的复位入口
{
    While(1)                 //非零表示真,如果为真则执行下面循环体的语句
    {
        P3_1 = 1;            //给 P3_1 赋值1,引脚 P3.1 就能输出高电平 V_CC
        Delay(100);          //Delay() 为延时程序
        P3_1 = 0;            //给 P3_1 赋值0,引脚 P3.1 就能输出低电平 GND
        Delay(100);          //由于一直为真,所以不断输出高、低、高、低……,从而形成方波
    }
}
```

例3-7 将 P1.1 引脚的输入电平取反后,从 P0.4 引脚输出。

解:程序如下。

```
#include "reg51.h"
void main(void)              //void 表示没有输入参数,也没有函数返回值,这是单片机运行的复位入口
{
    P1_1 = 1;                //初始化。P1.1 作为输入,必须输入高电平
    While(1)                 //非零表示真,如果为真则执行下面循环体的语句
    {
        if(P1_1 == 1)        //读取 P1.1,就是认为 P1.1 为输入,如果 P1.1 输入高电平 V_CC
            { P0_4 = 0; }    //给 P0_4 赋值0,引脚 P0.4 就能输出低电平 GND
        else                 //否则 P1.1 输入为低电平 GND
            { P0_4 = 1; }    //给 P0_4 赋值1,引脚 P0.4 就能输出高电平 V_CC
    }                        //由于一直为真,所以不断根据 P1.1 的输入情况,改变 P0.4 的输出电平
}
```

例3-8 将某端口 8 个引脚输入电平,低 4 位取反后,从另一个端口 8 个引脚输出。(比如 P2 = NOT (P3))

解:程序如下。

```
#include "reg51.h"          //该头文档中有单片机内部资源的符号化定义,其中包含 P2 和 P3
```

```
void main( void )
{
P3 = 0xff;              //初始化。P3 作为输入,必须输出高电平,同时给 P3 口的 8 个引脚输出高电平
While(1)                //非零表示真,如果为真则执行下面循环体的语句
{                       //取反的方法是异或 1,而不取反的方法则是异或 0
P2 = P3∧0x0f;           //读取 P3,就是认为 P3 为输入,低 4 位异或 1,即取反,然后输出
}                       //由于一直为真,所以不断将 P3 取反输出到 P2
}
```

思考与练习题 3

1. C51 在标准 C 的基础上,扩展了哪几种数据类型?
2. C51 有哪几种数据存储类型?其中 idata、code、xdata、pdata 各对应 AT89S51 单片机的哪些存储空间?
3. 在 C51 中 bit 位与 sbit 位有什么区别?
4. 说明 3 种数据存储模式(small 模式、compact 模式、large 模式)之间的区别。
5. C51 中 while 构成的循环和 do-while 循环的区别是什么?
6. 用 3 种循环结构编写程序实现输出 1~10 的二次方之和。
7. 在 C51 中中断函数与一般函数有什么不同?

第 4 章　AT89S51 单片机的汇编语言程序设计

内容提要：本章从应用的角度出发，介绍单片机汇编语言程序设计的基本步骤、常用程序的设计方法和技巧，介绍单片机指令系统和常用的伪指令，并列举一些具有代表性的汇编语言源程序，作为读者设计程序的参考。

4.1　AT89S51 的汇编语言简介

汇编语言是单片机提供给用户的最快、最有效的语言，是用户和单片机沟通的最直接的方式。如果从事单片机的设计和研发工作，汇编语言的基础是不可缺少的。学习汇编语言的根本目的是充分获得底层编程的体验，深刻理解单片机运行程序的基本原理。

汇编语言充分利用了单片机所有的硬件特性并能直接控制硬件，所以用户必须熟悉单片机的硬件结构、指令系统和寻址方式等，具有很好的软硬件结合的功底，才能编出高效的程序。

4.1.1　单片机的汇编语言

单片机能够执行的指令代码由二进制代码 0 和 1 构成，称为机器代码，直接存放在单片机的程序存储器内。

机器代码难以记忆、书写、阅读，使用很不方便，因此把机器代码用助记符号形式表示，就构成了汇编语言。汇编语言实际上就是机器代码的助记符号形式表示，它的助记符指令和机器代码保持着一一对应的关系。

单片机不能直接执行汇编语言源程序，必须借助于专门的汇编程序（Assembler）将汇编语言源程序转换为机器代码，并装入特定的文件格式中，才能固化在单片机的程序存储器中执行。

用汇编语言编写的程序效率高，占用的内存单元和 CPU 资源少，执行速度快；可直接调用和访问存储器、输入/输出接口以及扩展的各种芯片，能直接管理和控制硬件设备；能准确地掌控指令的执行时间，适用于实时控制系统，也可以直接处理中断。

汇编语言依赖具体的机器硬件，属于低级语言范畴，程序通用性和可移植性较差。

4.1.2　汇编语言语句及格式

汇编语言的源程序是汇编语句的集合，常分为两类基本语句：指令语句和伪指令语句。

1. 指令语句

指令语句是指采用助记符形式构成的指令系统。每一条指令语句在汇编时都产生一个指令代码（机器代码），执行该指令代码对应着机器的一种操作。

2. 伪指令语句

伪指令语句是在汇编语言源程序中向汇编程序发出的指示信息，告诉它如何完成汇编工作。伪指令不属于指令系统中的汇编语言指令，它是程序员发给汇编程序的命令，也称为汇编程序控制命令。只有在汇编前的源程序中才有伪指令。"伪"体现在汇编后，伪指令没有相应的机器代码产生。

3. 语句格式

汇编语言的源程序由一条一条汇编语句构成，每条语句都必须严格遵循汇编语言的格式和语法规则。单片机汇编语言符合典型的四分段格式，如图 4-1 所示

| 标号段（LABLE） | 操作码段（OPCODE） | 操作数段（OPRAND） | 注释段（COMMENT） |

图 4-1 汇编语言的四分段格式

图 4-1 中，标号段和操作码段之间要有冒号"："分隔；操作码段和操作数段间的分隔符是空格；双操作数之间用逗号分隔；操作数段和注释段之间的分隔符用分号"；"。任何语句都必须有操作码段，其余各段为任选项。

例 4-1 结合一个汇编语言程序片段分析四分段格式，见表 4-1。

表 4-1 汇编语言程序片段

标 号 段	操作码段	操作数段	注 释 段	说　　明
	ORG	2000H		第 1 条语句是伪指令，其余是指令语句。第 2、5 两条语句四分段齐全，第 3 条语句等缺标号段，第 7 条语句只有操作码段
START：	MOV	A，#00H	；A←0	
	MOV	R1，#5	；R1←5	
	MOV	R2，#00000010B	；R2←02H	
LOOP：	ADD	A，R2	；A←（A）+（R2）	
	DJNZ	R1，LOOP	；R1 减 1 不为 0，则跳 LOOP	
	NOP			

4 个字段的作用和语法规则如下。

1）标号段：标号是该语句所在地址的标志符号。标号由 1~8 个 ASCII 码字符组成，第 1 个字符必须是字母，其余字符可以是字母、数字或者其他特定符号，标号后跟分隔符"："。同一标号在一个程序中只能定义一次，不能重复定义。不能使用汇编语言已经定义的符号作为标号，如指令助记符、伪指令以及寄存器的符号名称等。标号的有无，取决于本程序中的其他语句是否访问该条语句。

2）操作码段：操作码段可以是指令助记符，规定了指令所能完成的操作功能；也可以是伪指令和宏指令，用于指示汇编程序等的操作。它是不可缺少的必选项。

3）操作数段：指出了指令的操作对象，操作数可以是一个具体的数据，也可以是存放数据的单元地址，还可以是符号常量或符号地址等。

4）注释段：为了方便阅读而添加的解释说明性的文字，用"；"开头。

4.1.3 汇编语言常用的伪指令

伪指令具有控制汇编程序的输入/输出、定义数据和符号、条件汇编、分配存储空间等功能。下面介绍单片机汇编语言中常用的伪指令。

1. ORG（Origin）**汇编起始地址命令**

源程序或数据块的开始，用 ORG 伪指令规定程序的起始地址，指示汇编程序开始对源程序进行汇编。如果不用 ORG，则汇编得到的目标程序将从 0000H 地址开始。例 4-1 中，规定标号 START 代表地址从 2000H 开始，第 1 条指令及其后续指令汇编后的机器码都从 2000H 单元开始存放。

在一个源程序中，可多次用 ORG 指令，规定不同的程序段的起始地址。但是，地址必须由小到大排列，且不能交叉、重叠。

2. END（End of Assembly）**汇编终止命令**

END 是源程序结束标志，终止源程序的汇编工作。整个源程序中只能有一条 END 命令，且位于程序的最后。如果 END 出现在程序中间，其后的源程序将不进行汇编处理。

3. EQU（Equate）**标号赋值命令**

EQU 命令用于给标号赋值，赋值后，标号值在整个程序中都有效。例如：

```
TEST  EQU  2000H
```

表示标号 TEST 等同于 2000H，汇编时，凡是遇到 TEST，均以 2000H 来代替。

4. DB（Define Byte）**定义数据字节命令**

DB 命令用于从指定的地址开始，在程序存储器连续单元中定义字节数据。例如：

```
ORG  2000H
DB  30H,40H,24,"C"
```

汇编后，则有

```
(2000H)=30H
(2001H)=40H
(2002H)=18H(十进制数 24)
(2003H)=43H(字符"C"的 ASCII 码)
```

显然，DB 功能是从指定单元开始定义（存储）若干字节，十进制数自然转换成十六进制数，字母按 ASCII 码存储。

5. DW（Define Word）**定义数据字命令**

DW 命令用于从指定的地址开始，在程序存储器的连续单元中定义 16 位的数据字。例如：

```
ORG  2000H
DW 1246H,7BH,10
```

汇编后，则有

```
(2000H)=12H   ;第 1 个字
(2001H)=46H
(2002H)=00H   ;第 2 个字
(2003H)=7BH
(2004H)=00H   ;第 3 个字
(2005H)=0AH
```

6. DS（Define Storage）**定义存储区命令**

DS 命令用于从指定地址开始，保留指定数目的字节单元作为存储区，供程序运行使用。例如：

```
TABEL:DS10
```

表示从 TABEL 代表的地址开始，保留 10 个连续的地址单元。又例如：

```
ORG  2000H
DS   10 H
```

表示从 2000H 地址开始，保留 16 个连续地址单元。

注意：DB、DW 和 DS 命令只能对程序存储器有效，不能对数据存储器使用。

7. BIT 位定义命令

BIT 命令用于将一个位地址赋给指定的符号名。位地址可以是绝对位地址，也可以是符号地址。例如：

```
QA  BIT  P1.6
```

功能是把 P1.6 的位地址赋给符号 QA。经 BIT 指令定义过的位符号名不能更改

8. DATA 数据地址赋值命令

DATA 命令的格式： 符号名 DATA 表达式

DATA 命令的功能：将表达式的值赋给左边的符号名，表达式不能为汇编符号。例如：

```
FIRST  DATA  30H
```

表示用 FIRST 来代表内部 RAM 的 30H 单元。

4.2 AT89S51 的指令系统

一个单片机所能执行的指令集合称为单片机的指令系统。不管单片机源程序使用机器语言、汇编语言还是高级语言，最终都是要"翻译"成机器代码，单片机才能执行。现在有很多半导体厂商都推出了自己的单片机，种类繁多，品种数不胜数，值得注意的是不同单片机的指令系统不一定完全相同。如要使用其单片机，用户就必须理解和遵循这些指令标准，要掌握某种（类）单片机，指令系统的学习是必须的。

4.2.1 AT89S51 的指令系统概述

AT89S51 单片机的指令系统共有 111 条指令，按功能划分，可分为 5 大类：
1）数据传送类指令（29 条）；
2）算术运算类指令（24 条）；
3）逻辑运算及移位类指令（24 条）；
4）控制转移类指令（17 条）；
5）位操作类指令（17）。

按指令在程序存储器中所占的字节来分，其中：
1）单字节指令 49 条；
2）双字节指令 45 条；
3）三字节指令 17 条。

按指令的执行时间来分，其中：
1）1 个机器周期（12 个时钟振荡周期）的指令 64 条；
2）2 个机器周期（24 个时钟振荡周期）的指令 45 条；
3）只有乘、除两条指令的执行时间为 4 个机器周期（48 个时钟振荡周期）。

在 12MHz 晶振的条件下，每个机器周期为 1μs，由此可见，AT89S51 指令系统对存储空间和时间的利用率较高。

4.2.2 指令的寻址方式

寻址方式就是在指令中说明操作数所在的地址的方法，也就是执行一条指令时，CPU 如何找到参与运算的数。操作数的来源可能是包含在指令中，或者在 CPU 的某个寄存器中，或者在内存中。

AT89S51 的指令系统有以下 7 种寻址方式，分别予以介绍。

1. 立即寻址方式

立即寻址就是操作数在指令中直接给出，是指令代码的一部分。该操作数称为立即数，为了与直接寻址指令中的直接地址相区别，需要在立即数前面加前缀标志"#"。例如：

```
MOV A,#40H      ;A←40H
```

其中 40H 就是立即数，该指令的功能是把 40H 这个立即数送到累加器 A 中。

2. 直接寻址方式

直接寻址就是在指令中直接给出操作数地址。此时，指令的操作数直接以单元地址的形式给出。例如：

```
MOV A,40H       ;A←(40H)
```

其中 40H 表示直接地址，功能是把内部 RAM 地址为 40H 单元中的内容传送给累加器 A，操作示意图如图 4-2 所示。

直接寻址方式可以访问以下存储空间。

1）内部 RAM 低 128B 单元。在指令中直接地址以单元地址的形式给出。

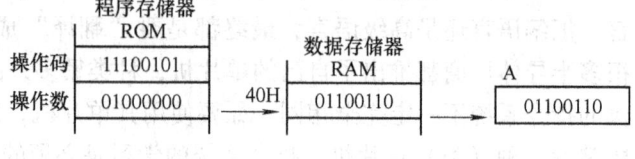

图 4-2 直接寻址方式示意图

2）特殊功能寄存器。对于特殊功能寄存器，其直接地址还可以用特殊功能寄存器的符号名称来表示。例如，MOV A，80H 表示把 P0 口（地址为 80H）的内容传送给累加器 A，也可以写为 MOV A，P0，这两条指令是等价的。

3. 寄存器寻址方式

寄存器寻址就是以寄存器中存储的内容作为操作数。因此，在指令的操作数位置上指定了寄存器就能得到操作数。采用寄存器寻址方式的指令都是一个字节的指令，指令中以符号名称来表示寄存器。例如：

```
MOV A,Rn        ;A←(Rn),n=0~7
MOV B,A         ;B←(A)
```

前一条指令是将 Rn 寄存器的内容传送到累加器 A，后一条是把累加器 A 中的内容传送到 B 寄存器中。

由于寄存器在 CPU 内部，所以采用寄存器寻址可以获得较高的运算速度。寄存器寻址方式的寻址范围包括：

1）4 组通用工作寄存器区共 32 个工作寄存器。但只能寻址当前的通用工作寄存器区的 8 个工作寄存器 R0~R7。通用工作寄存器区的选择是通过 PSW 寄存器中的 RS1 和 RS0 位来控制的。

2) 部分特殊功能寄存器, 如累加器 A、寄存器 B 以及数据指针 DPTR 等。

4. 寄存器间接寻址方式

寄存器间接寻址就是以寄存器 (R0、R1、SP 和 DPTR) 中的内容作为 RAM 地址, 该地址的存储单元中的内容才是操作数, 即通过寄存器间接获得, 是一种二次寻址方式。在间址寄存器名称前加 "@" 标志, 以区别于寄存器寻址方式。

通过 8 位数据指针 Ri (i = 0 或 1) 可以间接寻址内部 RAM 的 128 个存储单元和外部 RAM 的 256 个存储单元 (地址为 00H ~ FFH), 通过 16 位数据指针 DPTR 可以间接寻址外部 RAM 的 64KB 空间。例如:

```
MOV  R0,#57H        ; (R0)←57H
MOV  A,@R0          ; A←((R0))
```

若内部 RAM 中 57H 单元的内容是 8AH, 则指令功能是将 8AH 这个数送到累加器 A 中。

5. 基址寄存器加变址寄存器间接寻址方式

基址寄存器加变址寄存器间接寻址用于读出程序存储器中的数据到累加器中。该寻址方式是以 DPTR 或 PC 作为基址寄存器, 以累加器 A 作为变址寄存器 (存放地址偏移量), 并以两者内容相加形成的 16 位地址作为操作数的地址, 以达到访问数据表格的目的。这种寻址方式的指令只有 3 条, 且都是单字节指令。例如:

```
MOVC  A,@A+DPTR     ; A←((A) + (DPTR))
MOVC  A,@A+PC       ; A←((A) + (PC))
JMP   @A+DPTR       ; PC←(A) + (DPTR)
```

其中, 前两条指令是读程序存储器指令, 用于访问程序存储器中的数据表格; 最后一条是无条件转移指令, 实现多分支程序的转移。

第 1 条指令的功能是将 A 的内容与 DPTR 的内容相加形成操作数的地址 (ROM 的 16 位地址), 把该地址中的内容送入累加器 A 中; 第 2 条指令的功能是将 A 的内容与 PC (程序计数器) 的内容相加形成操作数的地址, 把该地址中的内容送入累加器 A 中; 第 3 条指令操作的结果是把累加器 A 的内容和数据指针 DPTR 的内容相加, 送给 PC, 作为新的程序入口地址。

6. 相对寻址方式

相对寻址只在相对转移指令中使用, 指令中给出的操作数是相对地址偏移量, 用 "rel" 表示。相对寻址就是将程序计数器 PC 的当前值与指令中给出的偏移量 rel 相加, 其结果作为转移地址送入 PC 中。此种寻址方式的操作是修改 PC 的值, 故可用来实现程序的分支转移。

这里 PC 当前值是指正在执行指令的下一条指令的地址, rel 是带符号的 8 位二进制数, 取值范围是 -128 ~ +127, 故 rel 给出了相对于 PC 当前值的跳转范围。转移的目的地址可以表示为:

目的地址 = 转移指令地址 + 转移指令的字节数 + rel

例如: SJMP 54H

这是无条件相对转移指令, 是双字节指令, 在 ROM 中占用 2 个字节, 指令代码为 80H、54H, 其中 80H 是该指令的操作码, 54H 是偏移量。现假设此指令所在地址为 2000H, 执行此指令时, PC 当前值为 2000H + 02H, 则转移地址为 2000H + 02H + 54H = 2056H, 故指令执行后, PC 的值变为 2056H, 指令执行完后程序发生了转移。

7. 位寻址方式

AT89S51 单片机有位处理功能，可对 1 特位单独进行操作。指令系统中有一类位操作指令，采用位寻址方式，在指令的操作数位置上直接给出位地址。例如：

MOV C,30H

由于目的操作数是进位位 Cy，所以指令功能是把位地址 30H 中的值（0 或 1）传送到进位位 Cy 中。

位寻址范围是位寻址区的 211 个可寻址位，即内部 RAM 单元地址是 20H ~ 2FH 的 16 个单元，共计 128 位；也可是可位寻址的特殊功能寄存器的相应位。

位地址的表示可以采用以下几种方式。

1）直接使用位地址。对于 20H ~ 2FH 共 16 个单元的 128 位，其位地址是 00H ~ 7FH，如 20H 单元的 0 ~ 7 位的位地址为 00H ~ 07H。

2）用单元地址加位序号表示，如 25H.5 表示 25H 存储单元的 D5 位（位地址是 2DH），而 PSW 中的 D3 可表示为 D0H.3。这种表示方法可以避免查表或计算，比较方便。

3）用位名称表示。特殊功能寄存器中的可寻址位均有位名称，可以用位名称来表示该位，如可用 RS0 表示 PSW 中的 D3（等价于 D0H.3）。

4）对特殊功能寄存器可直接用寄存器符号加位序号表示，如 PSW 中的 D3 又可表示为 PSW.3。习惯上，对于特殊功能寄存器的可寻址位常使用位名称表示其位地址。

4.2.3 指令系统简介

在介绍指令系统前，先了解一些特殊符号的意义（见表 4-2），这对查阅资料和编写程序都是相当有用的。

表 4-2　AT89S51 指令系统中常用的符号及含义

符号	含义	符号	含义
#data	8 位立即数	#data16	16 位立即数
(X)	由 X 指定的寄存器或者地址单元的内容	((X))	以 X 的内容作为地址的存储单元的内容
C 或 Cy	进位标志位	$	本条指令的起始地址
@	间址寄存器或基址寄存器的前缀标志	direct	内部数据存储单元的 8 位地址
Rn	当前选中的通用工作寄存器组中的 8 个工作寄存器 R0 ~ R7 之一（n = 0 ~ 7）		
Ri	当前选中的通用工作寄存器组中可作为地址指针的寄存器 R0、R1（i = 0、1）		
addrll	11 位目的地址，只限于在 ACALL 和 AJMP 指令中使用		
addr16	16 位目的地址，只限于在 LCALL 和 LJMP 指令中使用		
rel	补码形式表示的 8 位地址偏移量，表示 -128 ~ +127 范围		
bit	片内 RAM 位寻址区或可进行位寻址的特殊功能寄存器的位地址		
/	加在位地址的前面，表示对该位求反再参与操作，但不影响该位的值		
←	指令操作流程，将箭头右边的内容送到箭头左边的单元中		

1. 数据传送类指令

数据传送类指令是使用最频繁的一类指令，助记符一般为 "MOV"，指令格式为：

MOV　<目的操作数>　,<源操作数>

该指令的功能是把源操作数传送到目的操作数,指令执行后,源操作数不变,目的操作数修改为源操作数。

此指令不影响标志位 Cy、Ac 和 OV。

指令系统中,数据传送类指令共有 29 条,分成 5 类,见表 4-3。

表 4-3　数据传送类指令

助记符	功能	说明	分类
MOV　A, #data MOV　A, direct MOV　A, Rn MOV　A, @Ri	A ← #data A ← (direct) A ← (Rn), n = 0 ~ 7 A ← ((Ri)), i = 0、1	以累加器 A 为目的操作数的数据传送类指令	内部数据传送指令（16 条）
MOV　Rn, A MOV　Rn, #data MOV　Rn, direct	Rn ← (A) Rn ← #data Rn ← (direct)	以寄存器 Rn 为目的操作数的数据传送类指令	
MOV　direct, A MOV　direct, Rn MOV　direct, #data MOV　direct1, direct2 MOV　direct, @Ri	direct ← (A) direct ← (Rn), n = 0 ~ 7 direct ← #data direct1 ← (direct2) direct ← ((Ri)), i = 0、1	以直接地址为目的操作数的数据传送类指令	
MOV　@Ri, A MOV　@Ri, #data MOV　@Ri, direct	((Ri)) ← (A) ((Ri)) ← #data ((Ri)) ← (direct)	以寄存器间接地址@Ri 为目的操作数的数据传送类指令	
MOV　DPTR, #data16	(DPH) ← #dataH (DPL) ← #dataL	以 DPTR 为目的操作数的数据传送类指令	
MOVX　A, @DPTR MOVX　@DPTR, A MOVX　A, @Ri MOVX　@Ri, A	A ← ((DPTR)) 读 ((DPTR)) ← A 写 A ← ((Ri)) 读 ((Ri)) ← A 写	CPU 与外部 RAM 或 I/O 口进行读/写数据传送,采用寄存器间接寻址的方法,通过累加器 A 传送	访问外部数据存储器传送指令（4 条）
MOVC　A, @A + PC MOVC　A, @A + DPTR	A ← ((A) + (PC)) A ← ((A) + (DPTR))	从程序存储器中读取源操作数送入累加器 A 中	查表指令（2 条）
XCH　A, Rn XCH　A, direct XCH　A, @Ri	(A) ⇌ (Rn) (A) ⇌ (direct) (A) ⇌ ((Ri))	字节交换指令,完成累加器 A 与内部 RAM 单元内容整字节交换	数据交换指令（5 条）
XCHD　A, @Ri	$(A)_{3~0}$ ⇌ $((Ri))_{3~0}$	半字节交换指令	
SWAP　A	$(A)_{7~4}$ ⇌ $(A)_{3~0}$	累加器高低半字节交换指令	
PUSH　direct POP　direct	SP ← (SP) +1, SP ← (direct) direct ← ((SP)), SP ← (SP) -1		堆栈操作指令（2 条）

2. 算术运算类指令

算术运算类指令共有 24 条,可以完成加、减、乘、除等各种操作,操作数是 8 位二进制无符号数，见表4-4。

表4-4 算术运算类指令

助 记 符	功 能	说 明	分 类

ADD A, #data
ADD A, direct
ADD A, Rn
ADD A, @Ri
	A ← (A) + data
	A ← (A) + (direct)
	A ← (A) + (Rn)
	A ← (A) + ((Ri))
		把源操作数所指出的内容与累加器A的内容相加，其结果存放在A中	加法指令（4条）

ADDC A, #data
ADDC A, direct
ADDC A, Rn
ADDC A, @Ri
	A ← (A) + data + Cy
	A ← (A) + (direct) + Cy
	A ← (A) + (Rn) + Cy
	A ← (A) + ((Ri)) + Cy
		把源操作数所指出的内容与累加器A的内容相加，再加上进位标志位Cy的值，其结果存放在A中	带进位加法指令（4条）

SUBB A, #data
SUBB A, direct
SUBB A, Rn
SUBB A, @Ri
	A ← (A) -data-Cy
	A ← (A) - (direct) -Cy
	A ← (A) - (Rn) -Cy
	A ← (A) - ((Ri)) -Cy
		将累加器A中的数减去源操作数所指出的数和进位位Cy，其结果存放在累加器A中	带借位减法指令（4条）

INC A INC direct INC Rn INC @Ri INC DPTR	A ← (A) + 1 direct ← (direct) + 1 Rn ← (Rn) + 1 ((Ri)) ← ((Ri)) + 1 DPTR ← (DPTR) + 1	将操作数所指定单元的内容加1。除"INC A"指令影响P标志位外，其余指令均不影响PSW标志位	加1指令（5条）
DEC A DEC direct DEC Rn DEC @Ri	A ← (A) - 1 direct ← (direct) -1 Rn ← (Rn) -1 ((Ri)) ← ((Ri)) -1	将操作数所指定单元的内容减1。仅"DEC A"指令影响P标志位	减1指令（4条）
MUL AB	BA ← (A) × (B)	把累加器A和B中的两个8位无符号数相乘，所得16位乘积的低8位放在A中，高8位放在B中	乘法指令（1条）
DIV AB	B（余数），A（商）← (A) / (B)	对两个8位无符号数进行除法运算。被除数存放在累加器A中，除数存放在寄存器B中。指令执行后，商存于A中，余数存于B中	除法指令（1条）
DA A	对A中刚进行的两个BCD码的加法结果进行修正，影响Cy		十进制调整指令（1条）

算术运算类指令大多数要影响到程序状态字寄存器PSW中的溢出标志位OV、进位（借位）标志位Cy、辅助进位标志位Ac和奇偶标志位P。利用进位（借位）标志位Cy可进行多字节无符号整数的加、减运算，利用溢出标志位OV可对有符号数进行补码运算，辅助进位标志位则用于BCD码运算的调整。

乘除法指令执行后会影响3个标志位OV、Cy和P。Cy总是被清0，奇偶标志位P仍按A中1的个数的奇偶性来确定。乘法中，若乘积小于FF（B的内容为0），则OV=0，否则OV=1。除法中，若除数为0（B=0），则OV=1，表示除法没有意义，同时A和B中的内容不确定；若除数不为0，则OV=0，表示除法正常进行。

例 4-2 设（A）= 0AEH，（R1）= 81H，Cy = 1，分析执行指令 ADDC A，R1 后，累加器 A 和 PSW 中各标志位状态。

解：操作如下。

```
    1 0 1 0 1 1 1 0
  + 1 0 0 0 0 0 0 1
                  1
  ─────────────────
  1 0 0 1 1 0 0 0 0
```

结果：（A）= 30H，Cy = 1，OV = 1，Ac = 1，P = 0。

运算结果对程序状态字寄存器 PSW 中的 Cy、Ac、OV 和 P 的影响情况如下。

进位标志位 Cy：如果 D7 位向上有进位（加法）或需借位（减法），则 Cy = 1；否则，Cy = 0。

辅助进位位 Ac：如果 D3 位向上有进位（加法）或需借位（减法），则 Ac = 1；否则，Ac = 0。

溢出标志位 OV：如果 D7、D6 位只有一个向上有进/借位，OV = 1；如果 D7、D6 位同时有进/借位或同时无进/借位，OV = 0。设 D6 向上的进/借位为 C6，D7 向上的进/借位为 C7，则溢出标志位可以表示为 OV = C6 ⊕ C7。OV 只有在有符号数的运算时才有意义。

奇偶标志位 P：当 A 中的 "1" 的个数为奇数时，P = 1；为偶数时，P = 0。

3. 逻辑运算及移位类指令

逻辑运算包括与、或和异或 3 类，特点是按位进行。此外，还有移位指令及对累加器 A 清 0 和求反指令。逻辑运算及移位类指令共有 24 条，见表 4-5。

表 4-5　逻辑运算及移位类指令

助 记 符	功　　能	说　　明	分　　类
ANL　A，#data	A ← (A) ∧ data	将源操作数的内容和目的操作数的内容按位相与，结果存放在目的操作数中	逻辑与运算指令（6 条）
ANL　A，direct	A ← (A) ∧ (direct)		
ANL　A，Rn	A ← (A) ∧ (Rn)		
ANL　A，@Ri	A ← (A) ∧ ((Ri))		
ANL　direct，A	direct ← (direct) ∧ (A)		
ANL　direct，#data	direct ← (direct) ∧ data		
ORL　A，#data	A ← (A) ∨ data	将源操作数的内容和目的操作数的内容按位相或，结果存放在目的操作数中	逻辑或运算指令（6 条）
ORL　A，direct	A ← (A) ∨ (direct)		
ORL　A，Rn	A ← (A) ∨ (Rn)		
ORL　A，@Ri	A ← (A) ∨ ((Ri))		
ORL　direct，A	direct ← (direct) ∨ (A)		
ORL　direct，#data	direct ← (direct) ∨ data		
XRL　A，#data	A ← (A) ⊕ data	将源操作数的内容和目的操作数的内容按位相异或，结果存放在目的操作数中	逻辑异或运算指令（6 条）
XRL　A，direct	A ← (A) ⊕ (direct)		
XRL　A，Rn	A ← (A) ⊕ (Rn)		
XRL　A，@Ri	A ← (A) ⊕ ((Ri))		
XRL　direct，A	direct ← (direct) ⊕ (A)		
XRL　direct，#data	direct ← (direct) ⊕ data		
CLR　A	(A) ← 0	累加器 A 清 0	累加器清 0 指令（1 条）

(续)

助记符	功能	说明	分类
CPL A	(A)←($\overline{A}$)	累加器 A 按位逻辑取反	累加器取反指令（1条）
RL A	An+1←An, A0←A7	循环左移	循环移位指令（4条）
RR A	An←An+1, A7←A0	循环右移	
RLC A	An+1←An, Cy←A7, A0←Cy	带进位循环左移	
RRC A	An←An+1, A7←Cy, Cy←A0	带进位循环右移	

4. 控制转移类指令

通常情况下，程序的执行是按顺序进行的，这是由 PC 自动加 1 实现的。有时因任务要求，需要改变程序的执行顺序，这时就需要改变程序计数器 PC 中的内容，这种情况称作程序转移。控制转移类指令（见表 4-6）都能改变程序计数器 PC 的值实现跳转。

条件转移指令是指当某种条件满足时，转移才进行；而条件不满足时，程序就按顺序往下执行。条件转移指令的共同特点如下：

1）都属于相对转移指令，转移范围相同，都在以 PC 当前值为基准的 256B（-128～+127）范围内。

2）计算转移地址的方法相同，即转移地址 = PC 当前值 + rel。

表 4-6 控制转移类指令

助记符	功能	说明	分类
LJMP addr16 AJMP addr11 SJMP rel JMP @A+DPTR	PC←addr16 PC←PC+2, $PC_{10\sim0}$←addr11 PC←PC+2+rel PC←(A)+(DPTR)	长跳转指令（64KB 范围） 无条件转移指令（2KB 范围） 相对转移指令（256B 范围） 间接跳转指令	无条件转移指令（4条）
JZ rel JNZ rel	if (A)=0, PC←(PC)+2+rel if (A)≠0, PC←(PC)+2+rel	累加器（A）=0 则转移 累加器（A）≠0 则转移	条件转移指令（2条）
CJNE A, #data, rel CJNE A, direct, rel CJNE Rn, #data, rel CJNE @Ri, #data, rel	比较前两个操作数的大小，若它们的值不相等则转移 PC←(PC)+3+rel 若第 1 操作数小于第 2 操作数，Cy=1，否则 Cy 清 0 若前两个操作数相等，程序顺序执行，PC←(PC)+3, Cy=0 本指令是三字节指令		比较不相等转移指令（4条）
DJNZ Rn, rel DJNZ direct, rel	Rn←(Rn)-1, if (Rn)≠0, PC←(PC)+2+rel, 转移 direct←(direct)-1, if (direct)≠0, PC←(PC)+3+rel, 转移		减 1 不为 0 转移指令（2条）
LCALL addr16 ACALL addr11	PC←PC+3, SP←(SP)+1, (SP)←$(PC)_{7\sim0}$ 三字节指令 SP←(SP)+1, (SP)←$(PC)_{15\sim8}$, PC←addr16 PC←PC+2, SP←(SP)+1, (SP)←$(PC)_{7\sim0}$ 双字节指令 SP←(SP)+1, (SP)←$(PC)_{15\sim8}$, $(PC)_{10\sim0}$←addr11		子程序调用指令（2条）
RET	$(PC)_{15\sim8}$←((SP)), SP←(SP)-1, $(PC)_{7\sim0}$←((SP)), SP←(SP)-1 放在子程序的末尾，功能是从堆栈中取出断点地址送入程序计数器 PC，使程序返回到主程序断点处继续往下执行		子程序返回指令（1条）

(续)

助记符	功 能	说 明	分 类
RETI	$(PC)_{15\sim 8} \leftarrow ((SP))$，$SP \leftarrow (SP)-1$，$(PC)_{7\sim 0} \leftarrow ((SP))$，$SP \leftarrow (SP)-1$ 放在中断服务子程序的末尾		中断返回指令 （1条）
NOP	$PC \leftarrow (PC)+1$		空操作指令 （1条）

5. 位操作类指令

AT89S51 单片机具有丰富的布尔变量处理功能，所谓布尔变量即开关变量，它是以位（bit）为单位来进行运算和操作的，也称为位变量。在硬件方面 AT89S51 有一个布尔处理器，它是一个1位微处理器，以进位标志位 Cy 作为位累加器，以内部 RAM 可位寻址区中的各位作为位存储器；在软件方面 AT89S51 有一个专门处理布尔变量的指令子集，可以完成布尔变量的传送、逻辑运算、控制转移等操作，这些指令通常称为位操作指令，见表 4-7。

表 4-7　位操作类指令

助 记 符	功 能	说 明	分 类
MOV C, bit MOV bit, C	$Cy \leftarrow (bit)$ $(bit) \leftarrow Cy$	在以 bit 表示的位和位累加器 Cy 之间进行数据传送	位变量传送指令 （2条）
CLR C CLR bit SETB C SETB bit	$Cy \leftarrow 0$ $bit \leftarrow 0$ $Cy \leftarrow 1$ $bit \leftarrow 1$	对 Cy 及可寻址位进行清 0 或置位操作	位清 0、置位指令 （4条）
ANL C, bit ANL C, /bit ORL C, bit ORL C, /bit	$Cy \leftarrow (Cy) \wedge (bit)$ $Cy \leftarrow (Cy) \wedge \overline{(bit)}$ $Cy \leftarrow (Cy) \vee (bit)$ $Cy \leftarrow (Cy) \vee \overline{(bit)}$	将位累加器 Cy 的内容与位地址中的内容（或取反后的内容）进行逻辑与、或操作，结果送入 Cy 中	位逻辑运算指令 （6条）
CPL C CPL bit	$Cy \leftarrow \overline{(Cy)}$ $bit \leftarrow \overline{(bit)}$	把位累加器 Cy 或位地址中的内容取反	
JC rel JNC rel JB bit, rel JNB bit, rel JBC bit, rel	if $(Cy)=1$，$PC \leftarrow (PC)+2+rel$，转移　　双字节指令 if $(Cy)=0$，$PC \leftarrow (PC)+2+rel$，转移　　双字节指令 if $(bit)=1$，$PC \leftarrow (PC)+3+rel$，转移　　三字节指令 if $(bit)=0$，$PC \leftarrow (PC)+3+rel$，转移　　三字节指令 if $(bit)=1$，$PC \leftarrow (PC)+3+rel$，bit←0，转移且位清 0		位条件转移指令 （5条）

例 4-3　分析指令 MOV C，04H 的执行结果。

解：指令 MOV 中若有一个操作数是进位标志位，则表明是数据位传送操作。指令中的 04H 是位地址，是内部 RAM 的字节地址 20H 单元的第 4 位。指令功能是将位地址 04H 中的内容送到进位位 Cy 中。

4.3　汇编语言程序设计实例

在单片机应用程序的设计中，广泛使用结构化程序设计方法，可以使程序结构清晰、可读性好、调试方便、可靠性高。根据结构化程序设计的观点，功能复杂的程序结构一般常采用5种基本结构：顺序结构、分支结构、循环结构、子程序和中断服务子程序。

分支结构程序中含有转移指令，常分为无条件分支和条件分支两类程序。其中，条件分支程序体现了单片机执行程序时的分析判断能力，若某种条件满足，程序就转移到另一分支上执行程序；若条件不满足，按源程序顺序继续执行。

循环程序的特点是含有可以重复执行的程序段，该程序段称为循环体。循环体可以缩短程序长度并且占用内存单元较少。

程序设计中，常把那些需多次应用的、完成相同的某种基本运算或操作的程序段从整个程序中独立出来，单独编成一个程序段，需要时进行调用。这样的程序段称为子程序。采用子程序可使程序结构简单，缩短程序的设计时间，减少占用的程序存储空间。

下面介绍几个常用的汇编语言程序示例，初步了解汇编语言源程序的大致结构。

例 4-4 分支程序示例。设 X、Y 均为有符号数，编程计算如下分段函数。

$$Y = \begin{cases} 10 & X > 0 \\ 0 & X = 0 \\ -10 & X < 0 \end{cases}$$

解：本题为三分支程序，由两次判断产生3种不同的结果，程序流程如图4-3所示。

程序如下：

```
        X    EQU  50H
        Y    EQU  51H
        ORG  1000H
MAIN:   MOV  A,X
        CJNE A,#00H,NEXT1
        MOV  Y,A              ; Y = 0
        SJMP EXIT
NEXT1:  JNB  ACC.7,NEXT2      ; X > 0 跳转
        MOV  Y,#0F6H          ; Y = -10 的补码
        SJMP EXIT
NEXT2:  MOV  Y,#0AH           ; Y = 10
EXIT:   END
```

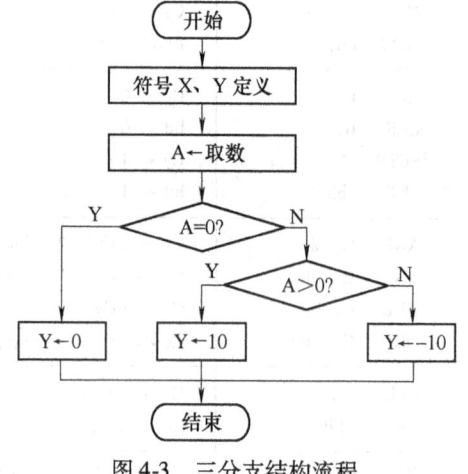

图 4-3 三分支结构流程

例 4-5 循环结构示例。在 LIST 单元开始处存放了一组无符号字节型数据，一般称为一个数据块。数据块长度放在 LEN 单元。编写一个求和程序，将和存入 SUM 单元，假定数据块长度不为0，并且和不超过8位二进制数。

解：循环程序一般由以下4部分组成。

1) 设定循环计数初值，将工作单元清成0；
2) 编写循环体，即重复执行部分；
3) 在循环体中修改循环计数器的值，否则会变成死循环；
4) 编写循环结束条件。

所以，本题首先设置循环计数初值，即将数据块长度存入一个寄存器，再将数据块的首地址存入间接寻址寄存器 R0，一般称为数据块地址指针。每做一次加法后，地址指针增1，循环计数器减1，当计数器减到0时，求和过程结束，结果存入 SUM，程序流程如图4-4

所示。

程序如下:

```
        LEN     DATA    40H
        SUM     DATA    41H
        LIST    DATA    42H
        ORG     0100H
MAIN:   CLR     A           ;将累加器清0
        MOV     R1,LEN      ;循环次数送入R1
        MOV     R0,LIST     ;数据块首地址送入R0
LOOP:   ADD     A,@R0       ;循环累加
        INC     R0          ;地址指针R0增1
        DJNZ    R1,LOOP     ;修改计数器值,并判断循环结束否
        MOV     SUM,A       ;存和
        END
```

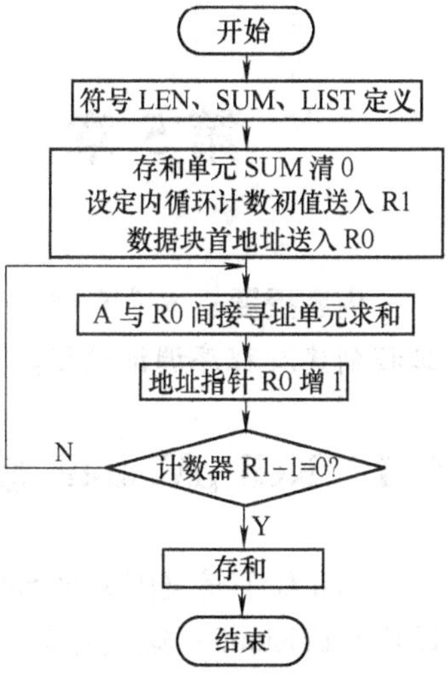

图 4-4 先执行后判断循环结构流程

思考与练习题 4

1. 程序设计语言常有哪几种?各有什么异同?汇编语言有哪两类语句?各有什么特点?
2. 汇编语言程序设计分哪几步?各步骤的任务是什么?
3. 在汇编语言程序设计中,为什么采用标号来表示地址?标号的构成原则是什么?使用标号有什么限制?
4. 说明伪指令的作用。"伪"的含义是什么?
5. 汇编语言有哪几条常用伪指令?各起什么作用?
6. 设计子程序时应注意哪些问题?
7. 试编写程序,查找在内部 RAM 的 30H～50H 单元中是否有 0AAH 这一数据。若有,则将 51H 单元置为 "01H";若未找到,则将 51H 单元置为 "00H"。
8. 设有一个巡回检测报警装置,需对 16 路输入进行检测,每路有一个最大允许值,为双字节数。装置运行时,需根据测量的路数,找出每路的最大允许值。看输入值是否大于最大允许值,若大于就报警。
9. 已知 AT89S51 单片机内部 RAM 中以 DATA1 为起始地址的数据区有 100 个数据,要求每隔 100ms 向内部 RAM 的以 DATA2 为起始地址的数据区传送 10 个数据,通过 10 次完成。单片机时钟为 12MHz,请编出相关程序。
10. 单片机汇编程序与 C51 程序在应用系统开发上有何特点?

第 5 章　Keil C51 集成开发环境的使用

内容提要：本章介绍 Keil C51 集成开发环境 Keil μVision5 软件的安装、软件功能环境、工程创建及程序调试过程。

5.1　Keil μVision5 软件简介及安装

Keil C51 是美国 Keil Software 公司出品的 51 系列兼容单片机 C 语言软件开发系统，Keil IDE（μVision5）集成开发环境用于开发基于 C51 语言内核的单片机应用系统软件。该开发平台内嵌多种符合当前工业标准的开发工具，旨在解决嵌入式软件开发面临的复杂问题，可以完成从工程建立到管理、编译、连接、目标代码的生成、软件仿真、硬件仿真等完整的开发流程。其 C 编译工具在产生代码的准确性和效率方面达到了较高水平，而且可以附加灵活的控制选项，这些特点在开发大型项目时非常理想。当开始一个新项目时，只需简单地从设备数据库选择使用的设备，μVision5 IDE 将设置好所有的编译器、汇编器、链接器和存储器选项。Keil μVision5 调试器可以准确地模拟 8051 设备的片上外围设备（I^2C、CAN、UART、SPI、中断、I/O 端口、A-D 转换器、D-A 转换器和 PWM 模块），模拟可以帮助了解硬件配置，避免在安装问题上浪费时间。此外，使用模拟器可以在没有目标设备的情况下编写和测试应用程序。由于 Keil 本身是纯软件的，不能直接完成硬件仿真功能，因此必须挂接仿真器的硬件或者软件电路仿真工具才可以进行仿真工作。

Keil μVision5 引入灵活的窗口管理系统，使开发人员能够使用多台监视器，在可视界面的任何地方全面控制窗口放置。新的用户界面可以更好地利用屏幕空间和更有效地组织多个窗口，提供一个整洁高效的环境来开发应用程序。Keil μVision5 比起 μVision4 或 μVision3 界面友好，同时支持更多最新的 ARM 芯片，并添加了一些其他新功能。由于本章只使用其 C51 功能，所以将针对单片机应用系统设计进行介绍。

5.1.1　Keil μVision5 软件的安装

这里以 Keil MDK-ARM V5.00 为例来介绍集成开发环境的安装及使用。

1. 系统要求

为了达到比较好的软件运行效果，μVison5 对计算机的硬件和软件配置有一定的要求：Windows XP SP2、Vista 或 Windows 7 及其以上版本的操作系统，内存大于 1GB，至少 1.4GB 的硬盘剩余空间。

2. 软件安装步骤

1) 双击软件安装包，打开如图 5-1 所示的界面。
2) 单击 Next 按钮，弹出如图 5-2 所示的界面，选中 I agree 复选框，单击 Next 按钮。
3) 选择安装路径后单击 Next 按钮，如图 5-3 所示。
4) 填写公司名称及姓名，如图 5-4 所示。

第 5 章 Keil C51 集成开发环境的使用

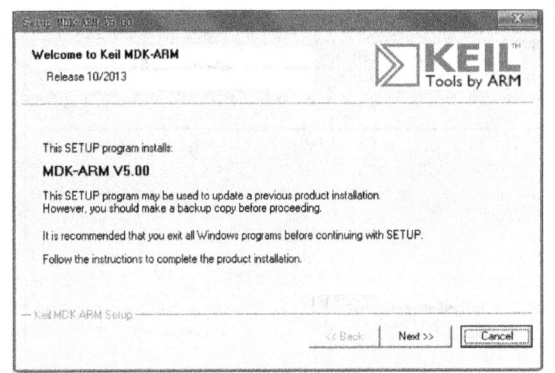

图 5-1 软件安装开始界面

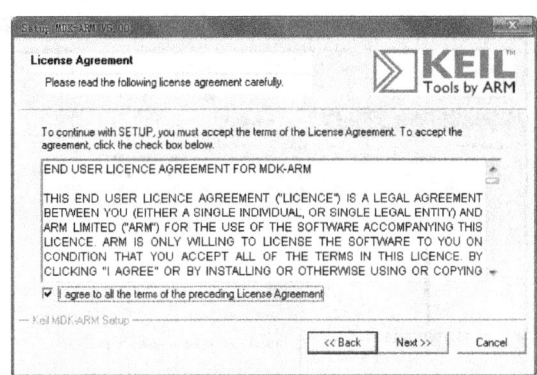

图 5-2 License Agreement 界面

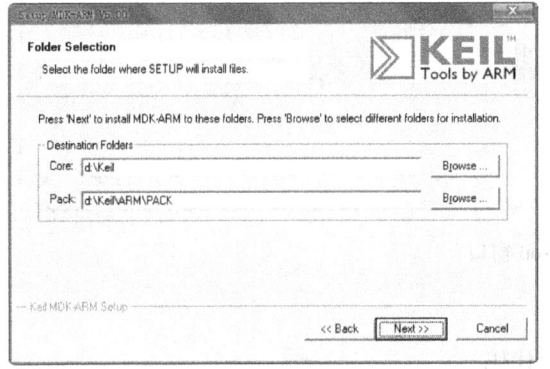

图 5-3 安装路径选择界面

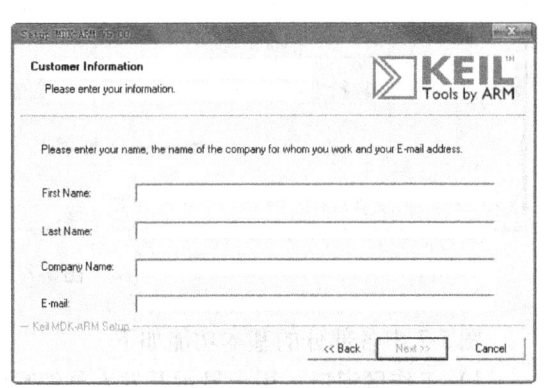

图 5-4 用户信息填写界面

5）填写完以后，单击 Next 按钮开始安装，如图 5-5 所示。
6）安装完成，如图 5-6 所示。

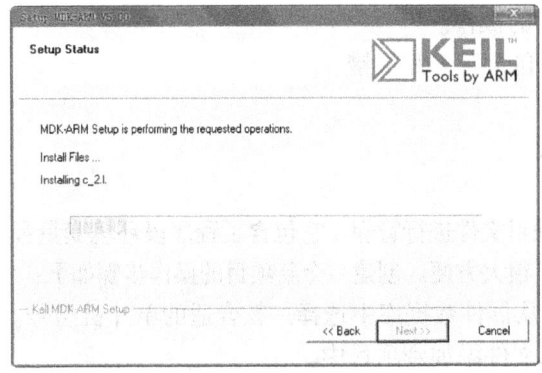

图 5-5 软件开始安装界面

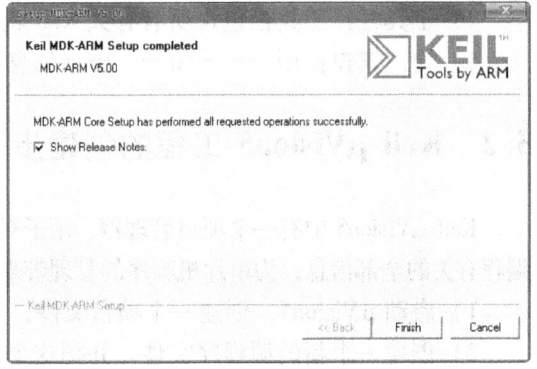

图 5-6 软件安装完成界面

5.1.2 Keil μVision5 软件功能环境

μVison5 集成开发环境是具有标准的 Windows 界面的应用程序，对于一个打开的项目工程，其界面效果如图 5-7 所示。

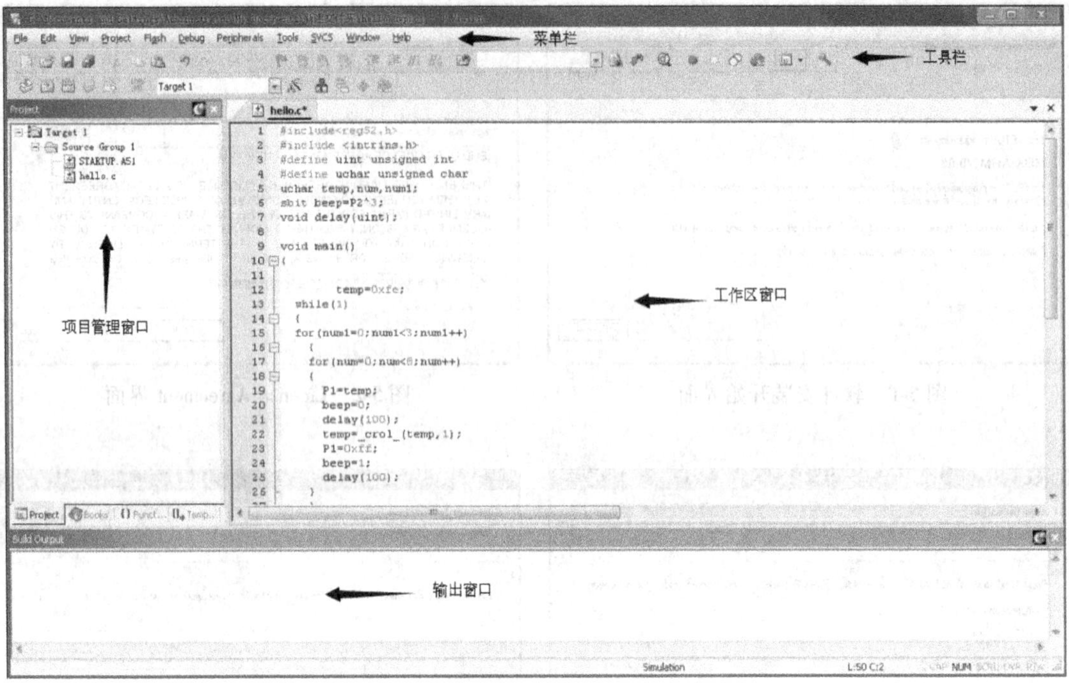

图 5-7　Keil 窗口

图 5-7 中各部分的基本功能如下。

1）工作区窗口：用于显示开发人员编写的代码。

2）项目管理窗口：用于显示工程包含的文件，以及在仿真时显示单片机特殊功能寄存器的值等。

3）菜单栏：提供工程开发所需要的项目操作、编辑操作、编译调试、帮助等常用操作。

4）工具栏：工具栏包含所有有关 Keil 软件的操作。

5）输出窗口：用于显示编译、链接信息，包含警告和报错。

5.2　Keil μVision5 工程的创建步骤

Keil μVision5 中有一个项目管理器，用于对项目文件进行管理。它包含了程序段环境变量和编程有关的全部信息，为单片机程序的管理带来了很大方便。创建一个新项目的操作步骤如下：

1）启动 μVision5，创建一个项目文件，并从器件数据库中选择一款合适的单片机型号。

2）创建一个新的源程序文件，并把这个源文件添加到项目中。

3）为该单片机芯片添加或配置启动程序代码。

4）设置工具选项，使之适合目标硬件。

5）编译项目并创建一个 *.hex 文件。

下面介绍每一步的具体操作。

1. 新建项目文件

单击菜单 Project→New μVision Project 命令，弹出如图 5-8 所示的新建项目对话框，指定保存路径，建议每个项目使用一个独立文件夹，如本项目保存在"应用实例"文件夹；然后，在"文件名"文本框中输入项目名称，如"lightwater"，单击"保存"按钮即完成新项目的创建（系统默认扩展名为".uvproj"）。

此时弹出选择单片机的型号对话框，如图 5-9 所示，展开 Atmel 系列单片机，选择"AT89S51"，单击 OK 按钮完成器件的选择。

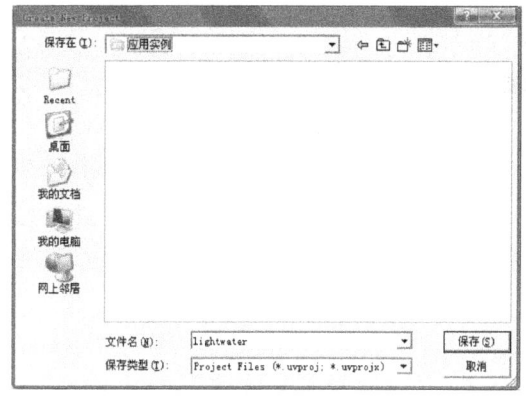 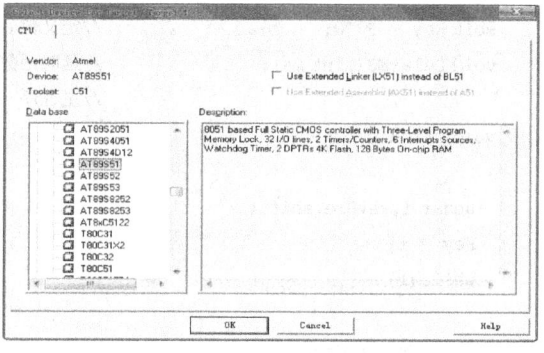

图 5-8　新建项目对话框　　　　　　　　图 5-9　选择单片机的型号对话框

单片机型号选择结束后，在 μVision5 工作界面左边的项目管理器中新增加了一个 Target 1 文件夹，如图 5-10 所示。

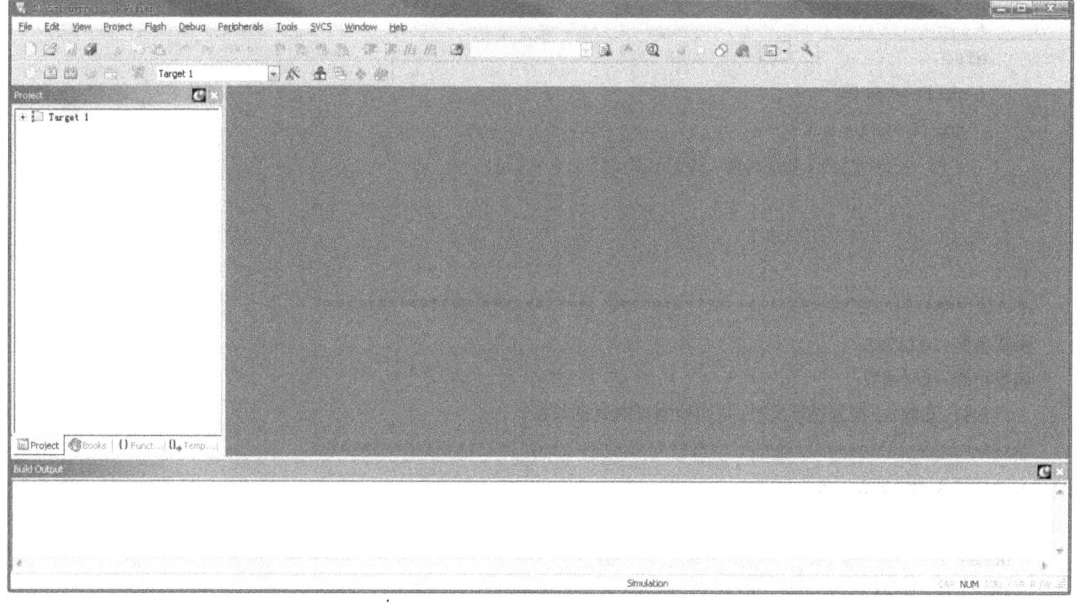

图 5-10　项目管理器中新增 Target 1 文件夹

2. 新建源程序文件

单击菜单 File→New 命令，就可以创建一个源程序文件。该命令会打开一个空的编辑器窗口，默认名为"Text 1"，输入以下源程序。

/**

名称：流水灯控制
模 块 名：AT89S51,74LS373
功能描述：当开关打开时，LED自上而下依次点亮；当开关闭合时，LED从下向上依次点亮
**/

```c
#include<reg51.h>
#define uchar unsigned char      //类型重定义
#define uint unsigned int
sbit Key = P0^0;                 //定义位名称
void DelayMS(uint ms);           //延时函数原型声明
                                 //主程序
void main()
{
  uchar i,keyPre,shift;
  Key = 1;
  while(1)
  {
    keyPre = Key;
    if(keyPre)
    {
      shift=0x01;
      for(i=0;i<8;i++)
      { P1 = ~shift; DelayMS(200); shift<<=1;}
    }
    else
    { shift=0x80;
      for(i=0;i<8;i++)
      { P1 = ~shift; DelayMS(200); shift>>=1;}
    }
  }
}
```

/**
函数名称：DelayMS
函数功能：延时函数
入口参数：参数ms控制循环次数，从而控制延时时间长短
**/

```c
void DelayMS(uint ms)
{
  uchar i;
  while(ms--)
  for(i=0; i<120; i++);
}
```

程序输入完毕后，单击File→Save命令对源程序进行保存，在保存时，文件名可以是字符、字母或数字，并且一定要带扩展名（使用汇编语言编写的源程序，扩展名为.asm；使用单片机C语言编写的源程序，扩展名为.c）。保存好源程序后，源程序窗口中的关键字呈彩色高亮显示。这里保存为"lightwater.c"。

特别注意：源程序扩展名". c"必须手动输入，表示为 C 语言程序，使 Keil C51 采用对应的 C 语言方式来编译源程序。

源程序文件创建好后，可以把这个文件添加到项目管理器中。单击项目管理器中 Target 1 文件夹旁边的"+"按钮，展开后在"Source Group 1"上单击右键，弹出快捷菜单，如图 5-11 所示。选择 Add Existing Files to Group 'Source Group 1'命令，弹出如图 5-12 所示的加载文件对话框。在该对话框中选择文件类型为"C Source file"，找到刚才创建的"lightwater. c"源程序文件，然后单击 Add 按钮，lightwater. c 即被加入到项目中，此时对话框不消失可以继续加载其他文件。单击 Close 按钮将对话框关闭。

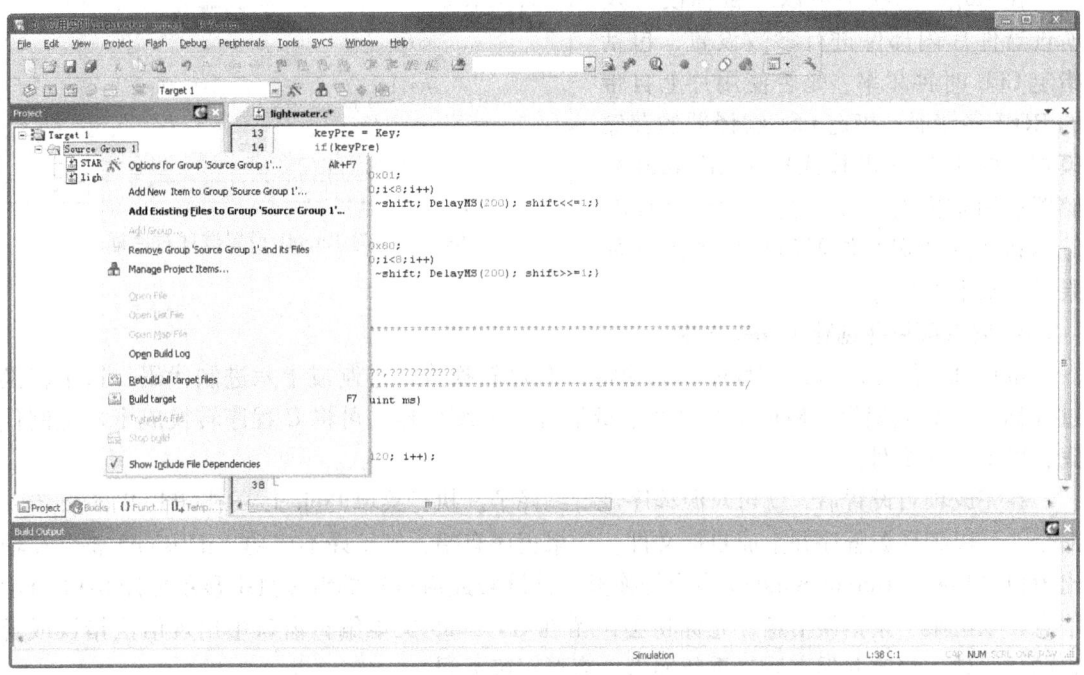

图 5-11　在快捷菜单中选择加载源程序文件命令

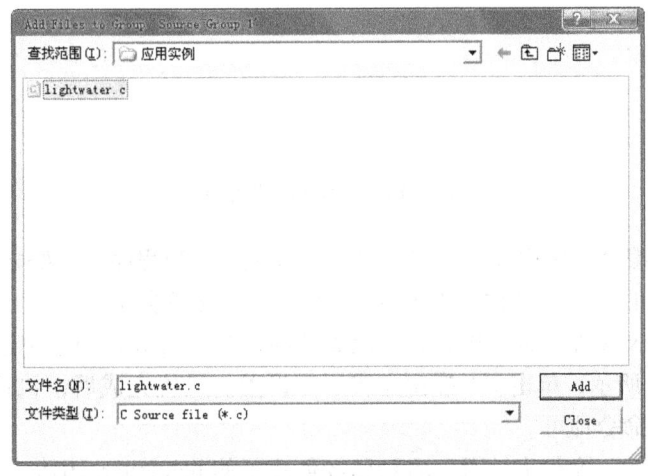

图 5-12　在对话框中选择要添加的文件

此时在 Keil 软件项目管理器的 Source Group 1 文件夹中可以看到新加载的 lightwater.c 文件。

3. 为 Target 1 设置选项

选中 Target 1 文件夹，单击菜单 Project→Options for Target 'Target 1' 命令，弹出为 Target1 设置选项对话框，如图 5-13 所示，共有 11 个选项，其中 Target、Output 和 Debug 选项较为常用，默认打开 Target 选项。

在 Target 选项中可以对目标硬件及所选器件片内部件进行参数设置，包括指定 CPU 时钟频率、是否使用片上自带的 ROM 存储器、指定 C51 编译器的存储模式（默认为 small 模式）、指定 ROM 存储器使用空间的大小、指定片外程序存储器和片外数据存储器的地址范围（如果没有则不填）等。

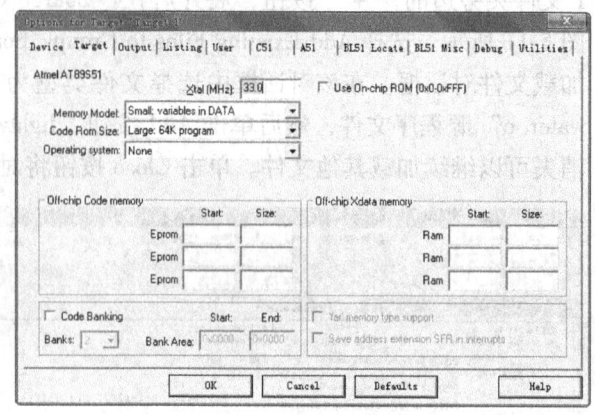

图 5-13　为 Target1 设置选项对话框

4. 编译项目并创建 *.hex 文件

单片机不能处理 C 语言程序，必须将 C 程序转换成二进制或十六进制代码，这个转换过程称为汇编或编译。Keil C51 软件本身带有 C51 编译器，可将 C 程序转换成十六进制代码，即 *.hex 文件。

在完成项目设置后，就可对源程序进行编译了。执行菜单 Project→Rebuild all target files 命令，可以编译源程序并生成目标文件。如果程序有错，则编译不成功，μVision5 将会在输出窗口（View→Output Window 命令切换显示或屏蔽此窗口）的编译页中显示如图 5-14 所示信息，双击某一条错误信息，光标将会停留在 μVision5 文本编辑窗口中出现语法错误或警告的位置处，修改并保存后，重新编译，直至正确无误。

图 5-14　错误和警告信息

若成功创建并编译了应用程序，就可以开始调试了。当程序调试好之后，要求创建一个 *.hex 文件，生成的 *.hex 文件可以下载到 EPROM 或仿真器中。

若要创建 *.hex 文件，必须再为目标设置选项，在 Output 选项卡中选中 Create HEX file 复选框，如图 5-15 所示，单击 OK 按钮完成所需设置。设置完成后，执行菜单 Project→Rebuild all target files 命令即可。

打开"应用实例"文件夹，可以看到已经创建了的 lightwater.HEX 文件。

第 5 章　Keil C51 集成开发环境的使用

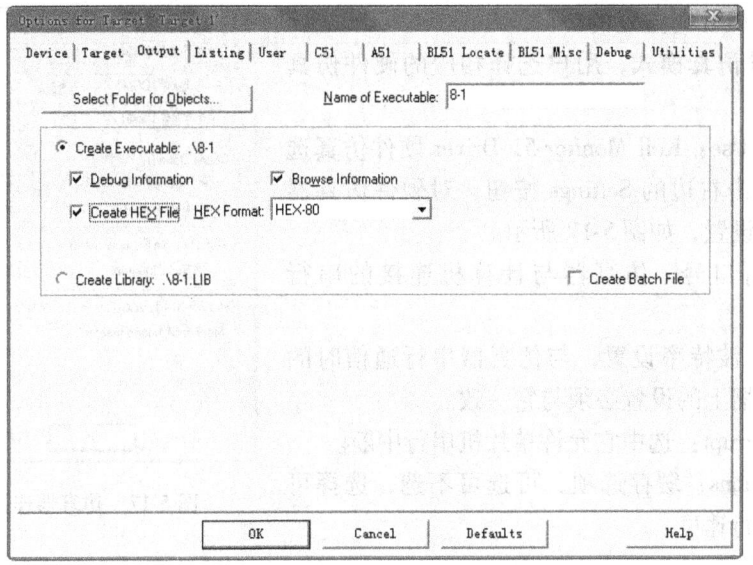

图 5-15　编译时生成 HEX 文件设置

5.3　Keil μVision5 程序调试

1. CPU 仿真

使用 μVision5 可对源程序进行测试，它提供了两种工作模式，这两种模式可以在 Options for Target 'Target 1' 对话框的 Debug 选项卡中进行选择，如图 5-16 所示。

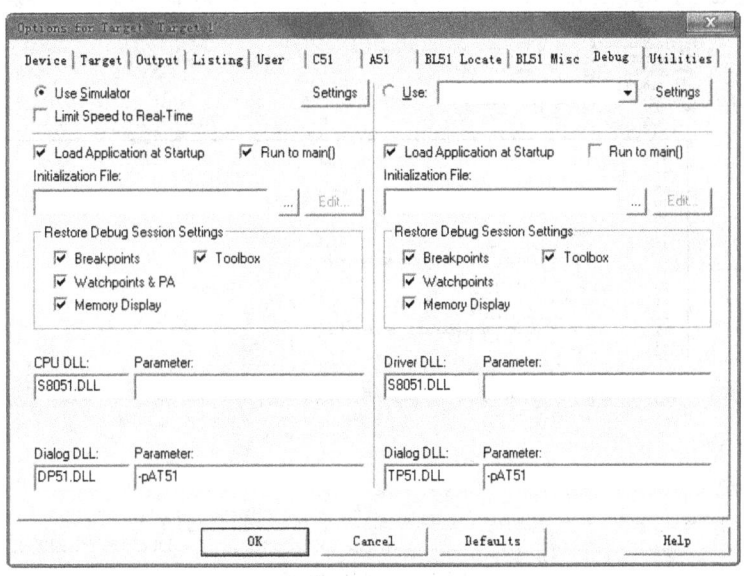

图 5-16　仿真调试设置

Use Simulator：软件仿真模式，将 μVision5 调试器配置成纯软件产品，能仿真 8051 系列的绝大多数功能而不需任何硬件目标板，如串行口、外部 I/O 和定时器等，这些外围部件是在选择单片机 CPU 时选定的。

Use：硬件仿真模式，用户选择相应的硬件仿真器仿真。

如果选中 Use：Keil Monitor-51 Driver 硬件仿真选项，还可以单击右边的 Settings 按钮，对硬件仿真器连接情况进行设置，如图 5-17 所示。

Port：串行口号，仿真器与计算机连接的串行口号。

Baudrate：波特率设置，与仿真器串行通信时的波特率，仿真器上的设置必须与它一致。

Serial Interrupt：选中它允许单片机串行中断。

Cache Options：缓存选项，可选可不选，选择可加快程序的运行速度。

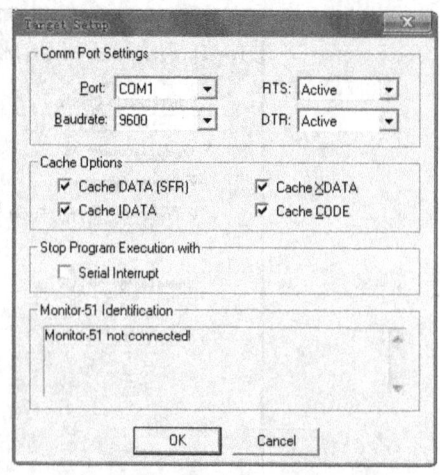

图 5-17　仿真器连接参数设置

2. 启动调试

源程序编译好后，选择相应的仿真操作模式，可启动源程序的调试。单击图标 或执行菜单 Debug→Start/Stop Debug Session 命令，可以启动 μVision5 的调试模式，调试界面如图 5-18 所示。Keil 内建了一个仿真 CPU 用来模拟执行程序，该仿真 CPU 功能强大，可以在没有硬件和仿真器的情况下进行程序的调试。

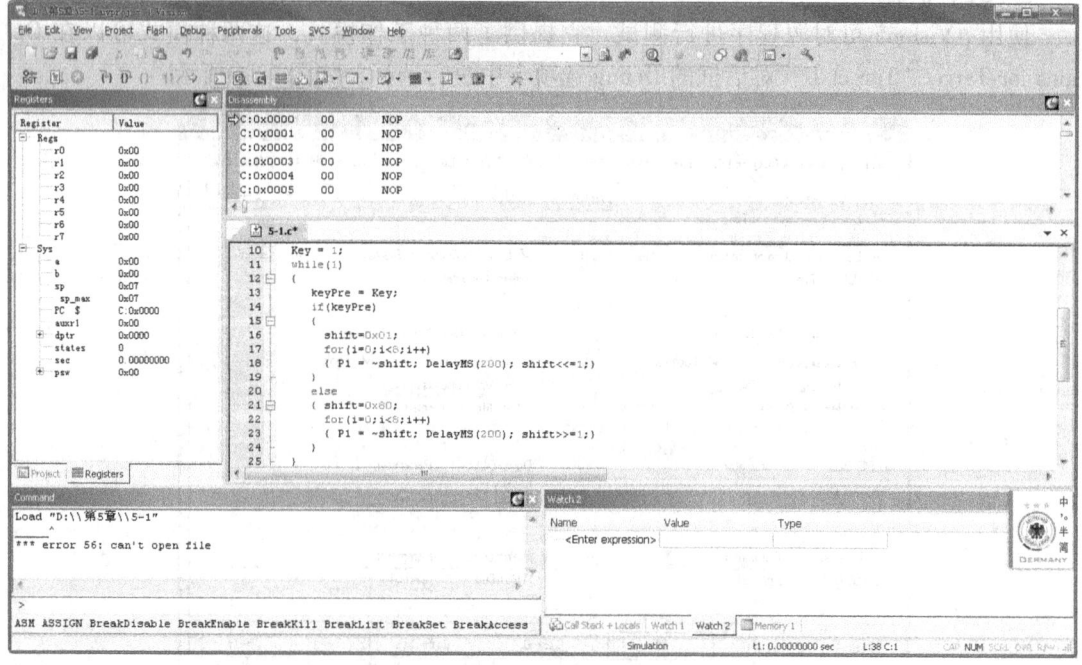

图 5-18　调试界面

进入调试状态后，Debug 菜单项中原来不能用的命令现在已可以使用了，而且工具栏多出一个用于运行和调试的工具条，如图 5-19 所示，Debug 菜单上的大部分命令可以在此找到对应的快捷按钮，从左到右依次是复位、连续运行、暂停运行、单步运行、过程单步运行、执行完当前子程序、运行到当前行、下一状态、打开跟踪、观察跟踪、反汇编窗口、观察窗口、代码作用范围分析、1#串行窗口、内存窗口、性能分析、工具按钮等命令。

图 5-19　运行和调试工具条

3. 断点的设定和删除

在 μVision5 中，用户可以采用以下不同的方法来定义或删除断点。

1）在文本编辑窗口或反汇编窗口中选定所在行，然后单击工具栏的设置断点按钮图标，或执行菜单 Debug→Insert/Remove Breakpoint 命令。

2）在文本编辑窗口或反汇编窗口中选定所在行，单击右键，从打开的快捷菜单中选择 Insert/Remove Breakpoint 命令。

3）利用 Debug 下拉菜单，打开"Breakpoints…"对话框，在这个对话框中可以查看定义或更改断点设置。

4. 目标程序的执行

目标程序的执行可以使用以下方法。

1）使用菜单 Debug→Run 命令或相应的命令按钮或按下功能键 F5 全速执行程序。

2）使用菜单 Debug→Step 命令或相应的命令按钮或功能键 F11 可以单步执行程序。

3）使用菜单 Debug→Step Over 命令或相应的命令按钮或功能键 F10 可以以过程单步形式执行命令。所谓过程单步，是指把 C 语言中的一个函数作为一条语句来全速执行。

按下 F11 键，可以看到源程序窗口的左边出现了一个黄色调试箭头，指向源程序的第一行。每按一次 F11，即执行该箭头所指程序行，然后箭头指向下一行。如果程序有错误，可以通过单步执行来查找错误。但是如果程序已正确，每次进行程序调试都要反复执行这些程序行，会使得调试效率很低，为此可以在调试程序时使用功能键 F10 来替代功能键 F11。

5. 反汇编窗口

在进行程序调试及分析时，经常会用到反汇编。反汇编窗口同时显示目标程序、编译的汇编程序和二进制文件，如图 5-20 所示。利用菜单 View→Disassembly Window 命令切换显示或屏蔽此窗口。

图 5-20　反汇编窗口

当反汇编窗口作为当前活动窗口时，若单步执行指令，所有的程序将按照 CPU 指令及汇编指令来单步执行，而不是 C 语言的单步执行。

6. CPU 寄存器窗口

单击图标 或执行菜单 Debug→Start/Stop Debug Session 命令后，在 Project Workspace 项目窗口中可显示 CPU 寄存器内容，如图 5-21 所示。用户除了可以观察外还可以修改，单击选中一个单元，出现文本框后输入相应的数值按回车键即可。

7. 存储器窗口

在存储器窗口中，可以显示 4 个不同的存储区，每个存储区能显示不同地址存储单元的内容。利用菜单 View→Memory Window 命令切换显示或屏蔽此窗口。

Keil μVision5 IDE 把 MCS-51 内核的存储器资源分成以下 4 个不同区域。

1）内部可直接寻址 RAM 区 DATA，表示为 D：xxxx；
2）内部间接寻址 RAM 区 IDATA，表示为 I：xxxx；
3）外部 RAM 区 XDATA，表示为 X：xxxx；
4）程序存储器 ROM 区 CODE，表示为 C：xxxx。

图 5-21　寄存器窗口

例如，单击 Memory 1 标签切换存储区，在 Address 栏中输入地址值 "D：0000" 后按回车键，显示区域直接显示该地址开始的存储单元内容，如图 5-22 所示。若要更改某地址存储单元的内容，只需要在该地址上双击鼠标并输入新内容即可。

在 Memory 窗口中显示的 RAM 数据可以修改，右击要修改的存储器单元，在弹出的快捷菜单中选择 "Modify Memory at 0x…"，在接着弹出的对话框文本输入栏内输入相应数值后按回车键即可。

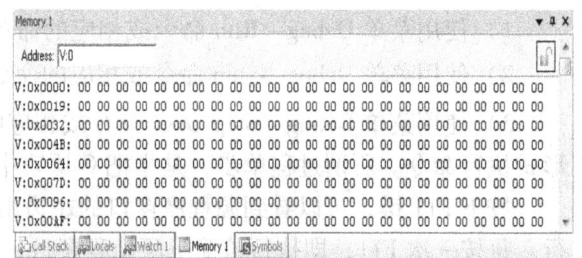

图 5-22　存储器窗口

8. 观察和修改变量窗口

执行菜单 View→Watch & Call stack Window 命令，打开相应的窗口，如图 5-23 所示，选择 Watch 1~3 中的任一窗口，按下 F2 键，在 Name 栏中填入用户变量名即可，但必须是存在的变量，或者使用鼠标直接将变量拖入栏中。如果想修改数值，可单击 Value 栏，出现文本框后输入相应的数值即可。

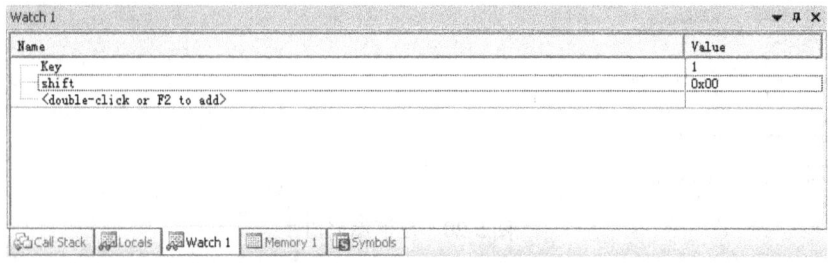

图 5-23　观察和修改变量窗口

9. 串行窗口

μVision5 中提供了 3 个专门用于串行调试输入和输出的窗口,模拟的单片机串行口数据将在该窗口显示。

可选择 UART #0 或 UART #1 或 UART #2 命令打开相应串行窗口。

10. 外围设备窗口

在线调试时,通过菜单 Peripherals 下面的 Interrupt、I/O-Ports、Serial、Timer 命令,可以依次对单片机的外部中断、4 个并行口、串行口、定时器/计数器进行设置。在本任务调试中可以看到 P1 口的状态值随变量 shift 的内容而变化,如图 5-24 所示,修改 P0.0 的值,P1 口的值变化顺序随之翻转。

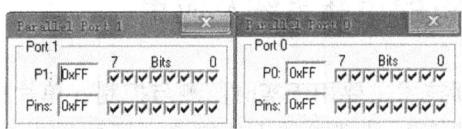

图 5-24 并行口调试窗口

思考与练习题 5

1. 简述 Keil C51 集成开发环境的功能和特点。
2. 如何安装、设置 Keil μVision5?
3. 简述 Keil μVision5 中工程的创建步骤。
4. 简述 Keil μVision5 中程序调试的过程。

第 6 章　AT89S51 单片机的内部模块原理及应用

内容提要：本章主要讲述 AT89S51 单片机的内部模块的工作原理及应用。AT89S51 内部模块包括中断系统、定时器/计数器、全双工的串行口和看门狗。中断管理模块是其中的核心，各模块都可工作在中断模式，从而提高系统处理随机事件的能力。

6.1　AT89S51 单片机的中断系统及应用

在单片机系统中，中断技术主要用于实时监测与控制，单片机要能够及时准确地判断出中断源（发出中断请求的设备）的请求并迅速响应，还要做出及时的处理。这些工作都是由单片机内部的中断管理系统实现的。当中断源发出中断请求后，在单片机未对中断进行屏蔽，即开放中断请求的情况下，单片机会暂时中止正在执行的主程序，自动转到中断服务处理程序处理中断服务请求，在未发生中断嵌套的条件下，执行完中断服务处理程序后再自动返回到中断的主程序处（断点），继续执行被中断的主程序，如图 6-1 所示。

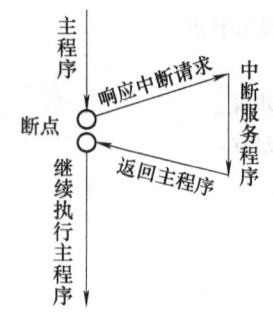

图 6-1　中断响应和处理过程

6.1.1　单片机的中断系统

AT89S51 单片机的中断系统结构示意图如图 6-2 所示，AT89S51 单片机的中断系统有 5 个中断请求源、2 个中断优先级，可以实现两级中断服务程序嵌套。每个中断源可以使用程序独立地控制为允许中断或者关闭中断，每个中断源的中断优先级也可以使用程序独立地设置为高优先级或者低优先级。

由图 6-2 可见，AT89S51 单片机的中断系统共有 5 个中断请求源。

1) $\overline{INT0}$——外部中断请求 0，中断请求信号由 $\overline{INT0}$ 引脚输入，中断请求标志位为 IE0。
2) $\overline{INT1}$——外部中断请求 1，中断请求信号由 $\overline{INT1}$ 引脚输入，中断请求标志位为 IE1。
3) 定时器/计数器 T0 计数溢出发出的中断请求，中断标志位为 TF0。
4) 定时器/计数器 T1 计数溢出发出的中断请求，中断标志位为 TF1。
5) 串行口中断请求，中断请求标志位为发送中断 TI 和接收中断 RI。

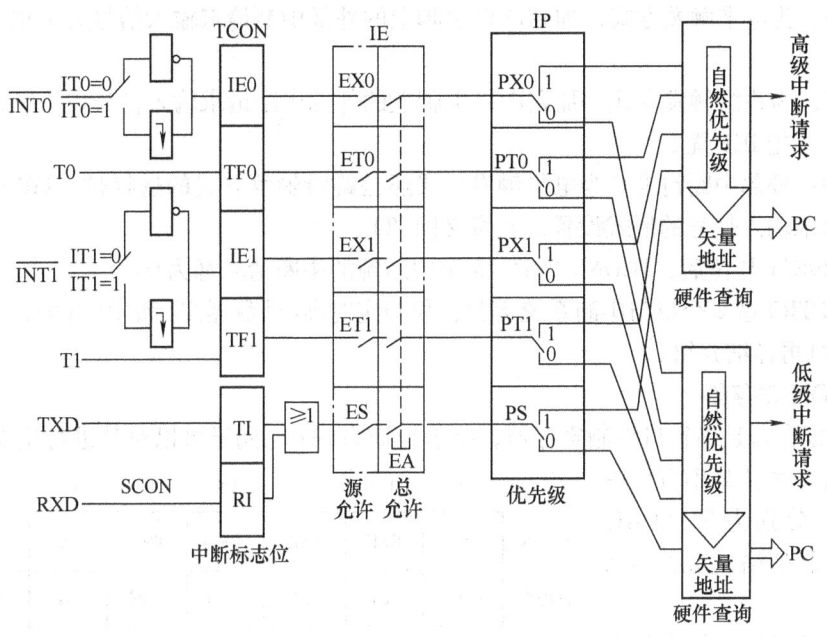

图 6-2 AT89S51 单片机的中断系统结构

6.1.2 单片机的中断请求寄存器

5 个中断源的中断请求标志位分别位于特殊功能寄存器 TCON 和 SCON 的相应位。

1. TCON 寄存器

TCON 为定时器/计数器的控制寄存器,字节地址为 88H,对其可进行位寻址。TCON 寄存器的格式如图 6-3 所示。

TCON 寄存器中与中断系统有关的各个标志位的功能如下。

	D7	D6	D5	D4	D3	D2	D1	D0
TCON	TF1	TR1	TF0	TR0	IE1	IT1	IE0	IT0
位地址	8FH	8EH	8DH	8CH	8BH	8AH	89H	88H

图 6-3 TCON 寄存器的格式

1) TF1:片内定时器/计数器 T1 的溢出中断请求标志位。当启动 T1 计数后,定时器/计数器 T1 从初值开始加 1 计数,当最高位产生溢出时,由硬件自动使 TF1 置 1,向 CPU 申请中断。CPU 响应 TF1 中断时,TF1 标志由硬件自动清 0,TF1 也可以使用指令对其清 0。

2) TF0:片内定时器/计数器 T0 的溢出中断请求标志位。其功能同 TF1。

3) IE1:外部中断请求 1 的中断标志位。当未屏蔽中断请求时,从 INT1 引脚上来的中断请求信号会使 IE1 置 1。

4) IE0:外部中断请求 0 的中断标志位。当未屏蔽中断请求时,从 INT0 引脚上来的中断请求信号会使 IE0 置 1。

5) IT1:外部中断请求 1 为电平触发方式还是跳沿触发方式的选择位。IT1 由用户根据外部中断请求输入信号的形式设置。

IT1=0，为电平触发方式，加到$\overline{INT1}$引脚上的外部中断请求输入信号为低电平有效，并把 IE1 置 1。

IT1=1，为跳沿触发方式，加到$\overline{INT1}$引脚上的外部中断请求输入信号电平从高到低的负跳变有效，并把 IE1 置 1。

6）IT0：外部中断请求 0 为电平触发方式还是跳沿触发方式的选择位。IT0 由用户根据外部中断请求输入信号的形式设置，其意义同 IT1。

当 AT89S51 复位后，TCON=00H，5 个中断源的中断请求都为 0。

TR1 和 TR0 这 2 个位与中断系统无关，仅与定时器/计数器 T1 和 T0 有关，在讲述定时器/计数器时再详细介绍。

2. SCON 寄存器

SCON 寄存器是串行口控制寄存器，字节地址为 98H，同样可以对其进行位操作。SCON 寄存器中有 2 个位是串行口中断标志位，分别为 TI 和 RI。SCON 寄存器的格式如图 6-4 所示。

	D7	D6	D5	D4	D3	D2	D1	D0
SCON	SM0	SM1	SM2	REN	TB8	RB8	TI	RI
位地址	9FH	9EH	9DH	9CH	9BH	9AH	99H	98H

图 6-4 SCON 寄存器的格式

SCON 寄存器中与中断有关的位介绍如下。

1）TI：串行口的发送中断请求标志位。CPU 将 1 个字节的数据写入串行口的发送缓冲器 SBUF 时，就立即启动一帧串行数据的发送，当数据发送完毕后，硬件自动使 TI 置 1，因此 TI=1 表示串行发送缓冲器 SBUF 已空。CPU 响应串行口发送中断时，并不会由硬件自动清除 TI 标志位，换句话说，TI 标志位必须由用户在中断服务程序中使用指令对其清 0。

2）RI：串行口的接收中断请求标志位。串行口接收完一帧数据进入串行接收缓冲器 SBUF 时，硬件自动使 RI 置 1，因此 RI=1 表示串行接收缓冲器 SBUF 已满。CPU 响应串行口接收中断时，并不会由硬件自动清除 RI 标志位，换句话说，RI 标志位必须由用户在中断服务程序中使用指令对其清 0。

6.1.3 单片机的中断允许及优先级控制

实现中断允许控制和中断优先级控制分别由特殊功能寄存器 IE 及 IP 控制，下面详细介绍这两个寄存器。

1. 中断允许寄存器 IE

中断允许寄存器 IE 可以使用户有权限对中断进行开放或者屏蔽，增加了系统的灵活性。IE 寄存器的字节地址是 A8H，可以对其进行位操作，其格式如图 6-5 所示。

中断允许寄存器 IE 对中断的开放和屏蔽实现两级控制。两级控制就是有一个总的控制开关 EA（IE.7 位），当 EA=0 时，对所有的中断请求都进行屏蔽，CPU 不会响应任何中断请求；当 EA=1 时，CPU 开放中断，但是 5 个中断请求源的中断请求是否被响应，还

	D7	D6	D5	D4	D3	D2	D1	D0
IE	EA			ES	ET1	EX1	ET0	EX0
位地址	AFH			ACH	ABH	AAH	A9H	A8H

图 6-5 IE 的格式

要由 IE 寄存器中的低 5 位所对应的 5 个中断请求允许控制位的状态来决定。

IE 寄存器中各个位的功能如下。

1) EA：中断允许总开关控制位。EA＝0，对所有的中断请求进行屏蔽；EA＝1，对所有的中断请求进行开放。

2) ES：串行口中断允许控制位。ES＝0，禁止串行口中断；ES＝1，允许串行口中断。

3) ET1：定时器/计数器 T1 的溢出中断允许控制位。ET1＝0，禁止 T1 溢出中断；ET1＝1，允许 T1 溢出中断。

4) EX1：外部中断 1 中断允许控制位。EX1＝0，禁止外部中断 1 中断；EX1＝1，允许外部中断 1 中断。

5) ET0：定时器/计数器 T0 的溢出中断允许控制位。ET0＝0，禁止 T0 溢出中断；ET0＝1，允许 T0 溢出中断。

6) EX0：外部中断 0 中断允许控制位。EX0＝0，禁止外部中断 0 中断；EX0＝1，允许外部中断 0 中断。

当 AT89S51 单片机复位后，IE 寄存器被清 0，所有的中断请求都被禁止。IE 中各个中断源相应的位可以使用位操作指令置 1 或者清 0，若要使某一个中断请求源被允许中断，除了使 IE 中对应的允许控制位为 1 外，还应该使 EA 位为 1。

2. 中断优先级寄存器 IP

AT89S51 单片机对中断进行两个优先级控制，即高优先级和低优先级，高优先级的中断请求可以中断低优先级的中断服务程序，从而实现中断嵌套，两级中断嵌套的过程如图 6-6 所示。

当 AT89S51 正在执行低优先级的中断服务程序时，可被更高优先级的中断请求所中断，待高优先级的中断请求处理完毕后，再返回低优先级中断服务程序。

关于两级中断源的中断优先级关系，可以总结为下面两条规则。

1) 低优先级可以被高优先级中断，高优先级不可以被低优先级中断。

2) 任何一个中断（不论高低优先级）一旦得到响应，不会再被它的同优先级中断源中

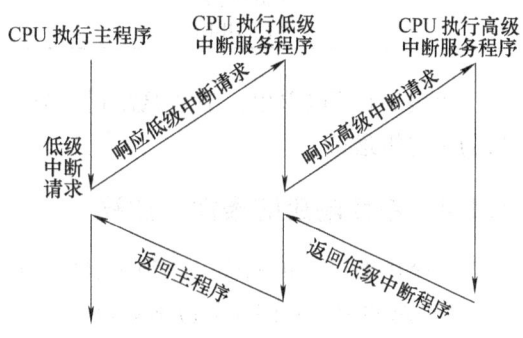

图 6-6　两级中断嵌套的过程

断。如果某一个中断源被设置为高优先级，在执行该中断源的中断服务程序时，则不能被任何其他中断源的中断请求所中断。

AT89S51 单片机内部有一个中断优先级寄存器 IP，字节地址为 B8H，可对其进行位操作。用户可使用指令对其中对应的中断源设置为高优先级或者低优先级。IP 寄存器的格式如图 6-7 所示。

IP 寄存器中各个位的含义如下。

1) PS：串行口中断优先级控制位。PS＝0，串行口中断为低优先级；PS＝1，串行

	D7	D6	D5	D4	D3	D2	D1	D0
IP				PS	PT1	PX1	PT0	PX0
位地址				BCH	BBH	BAH	B9H	B8H

图 6-7　IP 寄存器的格式

口中断为高优先级。

2）PT1：定时器/计数器 T1 中断优先级控制位。PT1＝0，定时器/计数器 T1 中断为低优先级；PT1＝1，定时器/计数器 T1 中断为高优先级。

3）PX1：外部中断 1 中断优先级控制位。PX1＝0，外部中断 1 中断为低优先级；PX1＝1，外部中断 1 中断为高优先级。

4）PT0：定时器/计数器 T0 中断优先级控制位。PT0＝0，定时器/计数器 T0 中断为低优先级；PT0＝1，定时器/计数器 T0 中断为高优先级。

5）PX0：外部中断 0 中断优先级控制位。PX0＝0，外部中断 0 中断为低优先级；PX0＝1，外部中断 0 中断为高优先级。

中断优先级控制寄存器 IP 的各个位可以由用户使用指令对其进行置 1 或者清 0。AT89S51 单片机复位后，IP＝00H，所有的中断请求源的优先级都是低优先级。

需要强调的是，AT89S51 内部还有一个辅助优先级，也称为自然优先级，当同一优先级的多个中断请求到来时，哪一个中断请求优先得到响应，依赖于这个辅助优先级的查询顺序，见表 6-1。

表 6-1 同级中断的查询顺序

中 断 源	中断级别
外部中断 0	最高
T0 溢出中断	↓
外部中断 1	
T1 溢出中断	
串行口中断	最低

由表 6-1 可以看出，中断源在同一个优先级的条件下，外部中断 0 的优先级最高，串行口的优先级最低。

6.1.4 中断响应的条件及过程

一个中断请求被响应，必须满足以下必要条件。

1）总的中断允许开关位 EA＝1；

2）该中断源发出中断请求，即对应的中断标志位为 1；

3）该中断源对应的中断允许控制位为 1；

4）无同级或者更高优先级的中断正在被服务。

当 CPU 查询到有效的中断请求时，如果满足以上条件，CPU 就会结束当前正在执行的指令，转而进行中断响应，进入中断服务程序。

中断响应的主要过程是首先有硬件自动生成一条长调用指令"LCALL addr16"，这里的 addr16 就是程序存储区中响应的中断入口地址。例如，对于外部中断 0 的响应，硬件就会自动生成长调用指令"LCALL 0003H"。生成 LCALL 指令后，紧接着由 CPU 执行该指令。首先将程序计数器 PC 的内容压入堆栈以保护断点，再将中断入口地址装入到 PC 中，使程序转向响应中断请求的中断入口地址。各个中断源的服务程序入口地址都是固定的，见表 6-2。其中两个中断入口地址间只相隔 8 个字节，一般情况下放置一段服务程序是不够的，大部分情况下都是在这 8 个字节空间内放置一条无条件跳转指令，使程序转向执行在其他地址存放的中断服务程序。

表 6-2 中断入口地址

中 断 源	中断入口地址	中 断 源	中断入口地址
外部中断 0	0003H	定时器/计数器 T1	001BH
定时器/计数器 T0	000BH	串行口中断	0023H
外部中断 1	0013H		

中断响应是有条件的，并不是查询到的所有中断请求都能被立即响应，当遇到以下三种情况之一时，中断响应被封锁。

1）CPU 正在处理同级或更高优先级的中断。

2）所查询的机器周期不是当前正在执行指令的最后一个机器周期，设定这个限制的目的是只有在当前指令执行完毕后，才能进行中断响应，以确保当前指令执行的完整性。

3）正在执行的指令是 RETI 或者是访问 IE 或 IP 的指令，当 AT89S51 执行完这些指令后会继续执行一条指令，才能响应新的中断请求。

如果存在上述三种情况之一，CPU 会丢弃中断查询结果，不能对中断进行响应。

6.1.5 外部中断的响应时间

在设计者使用外部中断时，有时需要考虑从外部中断请求有效（外部中断请求标志位置 1）到转向中断入口地址所需要的响应时间。

外部中断的最短响应时间为 3 个机器周期。其中中断请求标志位查询使用 1 个机器周期，而这个机器周期刚好处于指令的最后一个机器周期。在这个机器周期结束后，中断立即被响应，CPU 接着执行一条硬件子程序长调用指令 LCALL 以转到相应的中断服务程序入口，这条指令占用 2 个机器周期。

外部中断的最长响应时间为 8 个机器周期。这种情况发生在 CPU 进行中断查询时，刚好才开始执行 RETI 或者访问 IE 或 IP 的指令，则需要把当前指令执行完再继续执行一条指令后，才能响应中断。执行上述的 RETI 或者访问 IE 或 IP 的指令，最长需要 2 个机器周期，而接着再执行一条指令，按照最长的指令（乘法指令 MUL 和除法指令 DIV）来算，需要 4 个机器周期，再加上硬件子程序调用指令 LCALL 的执行，需要 2 个机器周期，所以，总的外部中断响应所需的最长时间是 8 个机器周期。

如果正在处理同级或者更高优先级的中断，外部中断不会被立即响应，需要处理完当前的中断服务程序，在这种情况下，响应时间就无法计算了。

6.1.6 外部中断的触发方式

AT89S51 的外部中断触发方式有两种：电平触发方式和跳沿触发方式，具体采用何种触发方式可由中断源发出的信号形式来决定，当不能满足单片机的信号要求形式时，可以进行波形变换。

1. 电平触发方式

若外部中断定义为电平触发方式，外部中断申请触发器的状态随着 CPU 在每个机器周期采样外部中断输入引脚的电平变化而变化，这能提高 CPU 对外部中断请求的响应速度。

当外部中断源被设定为电平触发方式时，在中断服务程序返回之前，外部中断请求输入信号必须无效（外部中断请求输入已经由低电平变为高电平），否则 CPU 返回主程序后会再次响应中断。所以，电平触发方式适合于外部中断以低电平输入且中断服务程序能清除外部中断请求源（外部中断输入电平又变为高电平）的情况。

2. 跳沿触发方式

若外部中断定义为跳沿触发方式，外部中断申请触发器能锁存外部中断输入引脚上的负跳变，即便是 CPU 暂时不能响应，中断请求标志位也不会丢失。在这种情况下，如果相继连续两次采样，一个机器周期采样到外部中断输入为高，下一个机器周期采样为低，则中断申请触发器置 1，直到 CPU 响应此中断时，该标志位才清 0。这样不会丢失中断请求，但输入的负脉冲宽度至少要保持 12 个时钟周期，才能被 CPU 采样到。外部中断的跳沿触发方式适合于以负脉冲形式输入的外部中断请求源。

6.1.7 中断请求的撤销

某个中断请求被响应后，就存在着一个中断撤销的问题。

1. 定时器/计数器中断请求的撤销

定时器/计数器中断的中断请求被响应后，硬件会自动把中断请求标志位（TF0 或者 TF1）清 0，因此定时器/计数器中断请求是自动撤销的。

2. 外部中断请求的撤销

（1）跳沿方式外部中断请求的撤销

跳沿方式外部中断请求的撤销包括两项内容：中断标志位清 0 和外部中断信号的撤销。其中，中断标志位（IE0 或者 IE1）是在中断响应后由硬件自动清 0 的，而外部中断请求信号的撤销，由于跳沿信号过后也就消失了，所以跳沿方式的外部中断请求也是自动撤销的。

（2）电平方式外部中断请求的撤销

对于电平方式外部中断请求的撤销，中断请求标志位的清 0 是硬件自动完成的，但中断请求信号的低电平可能继续存在，在以后的机器周期采样时，又会把已清 0 的 IE0 或者 IE1 重新置 1。为此，要彻底解决电平方式外部中断请求的撤销，除了标志位清 0 之外，必要时还需要在中断响应之后把中断请求信号输入引脚从低电平强制变为高电平，可以使用图 6-8 所示的电路。

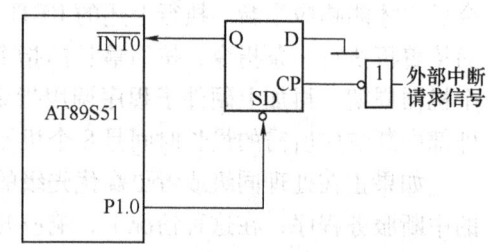

图 6-8 电平方式的外部中断请求撤销电路

由图 6-8 可见，用 D 触发器锁存外来的中断请求低电平，并通过 D 触发器的输出端 Q 来接到 $\overline{INT0}$（或 $\overline{INT1}$）。所以，增加的 D 触发器不影响中断请求。中断响应后，为了撤销中断请求，可利用 D 触发器的直接置 1 端 SD 来实现，即把 SD 端接 AT89S51 的 P1.0 端。因此，只要 P1.0 端输出一个负脉冲就可以使 D 触发器置 1，从而就撤销了低电平的中断请求信号。所需的负脉冲可通过在中断服务程序中先把 P1.0 置 1，再让 P1.0 为 0，再把 P1.0 置 1 得到。

3. 串行口中断请求的撤销

串行口中断请求的撤销只有标志位清 0 的问题。串行口中断的标志位是 TI 和 RI，但对这两个中断标志位 CPU 不进行自动清 0。因为在响应串行口的中断后，CPU 无法知道是接收中断还是发送中断，还需要测试这两个中断标志位的状态，以判断是接收操作还是发送操作，然后才能清除。所以，串行口中断请求的撤销只能使用软件的方法在中断服务程序中进行，即使用软件在中断服务程序中把串行口中断标志位 TI 或者 RI 清 0。

6.1.8 中断函数

为了直接使用 C51 编写中断服务程序，在 C51 中定义了中断函数。由于 C51 编译器在编译时对声明为中断服务程序的函数自动添加了相应的现场保护、阻断其他中断、返回时自动恢复现场等处理的程序段，因而在编写中断函数时可以不必考虑这些问题，降低了用户编写中断服务程序的复杂程度。

中断服务函数的一般形式为：

函数类型　函数名(形式参数表) interrupt　n　using n

关键字 interrupt 后面的 n 是中断号，对于 51 单片机，n 的取值为 0~4，编译器从 $8 \times n + 3$ 处产生中断向量。AT89S51 单片机的中断源对应的中断号和中断向量见表 6-3。

表 6-3　AT89S51 中断号和中断向量

中断号	中断源	中断向量 ($8 \times n + 3$)	中断号	中断源	中断向量 ($8 \times n + 3$)
0	外部中断 0	0003H	3	定时器 1	001BH
1	定时器 0	000BH	4	串行口	0023H
2	外部中断 1	0013H	其他值	保留	$8 \times n + 3$

AT89S51 单片机在内部 RAM 中可以使用 4 个工作寄存器区，每个工作寄存器区包含 8 个工作寄存器（R0~R7）。C51 扩展了一个关键字 using，using 后面的 n 专门用来选择 AT89S51 的 4 个不同的工作寄存器区。using 是一个选项，如果不使用 using，中断函数中的所有工作寄存器的内容都被保存到堆栈段。

关键字 using 对函数目标代码的影响：在中断函数的入口处将当前工作寄存器区的内容保护到堆栈，函数返回之前将被保护的寄存器区的内容从堆栈中恢复。使用关键字 using 在函数中确定一个工作寄存器区时必须小心，要保证任何工作寄存器区的切换都只能在指定的控制区域内发生，否则将产生不正确的函数结果。

例如，外部中断 1 的中断服务函数书写如下：

void int() interrupt 2 using 0 　　　　//中断号 = 2，选择使用 0 区工作寄存器区

中断调用与标准 C 的函数调用是不一样的，当中断事件发生后，对应的中断函数被自动调用，中断函数既没有参数，也没有返回值。中断函数会带来以下影响。

1）编译器会为中断函数自动生成中断向量。

2）退出中断函数时，所有保存在堆栈中的工作寄存器及特殊功能寄存器被恢复。

3）在必要时特殊功能寄存器 Acc、B、DPH、DPL 以及 PSW 的内容被保存到堆栈中。

编写 AT89S51 单片机中断程序时，应该遵循以下规则。

1）中断函数没有返回值，如果定义了一个返回值，将会得到一个不正确的结果。因此建议中断函数定义为 void 类型，以明确说明没有返回值。

2）中断函数不能进行参数传递，如果中断函数中包含任何参数声明都将导致编译错误。

3）在任何情况下都不能直接调用中断函数,否则将产生编译错误。

4）如果在中断函数中调用其他函数,则被调用的函数所使用的寄存器区必须与中断函数所使用的寄存器区不同。

6.1.9　C51 在中断应用中的编程实例

1. 单一外部中断的应用

例 6-1　在 51 单片机的 P1 口上接有 8 个 LED,在外部中断 0 输入引脚 P3.2（$\overline{INT0}$）接有一个按钮 SB1。程序要求将外部中断 0 设置为负跳沿触发。在程序启动时,P1 口上的 8 个 LED 亮,按一次按钮 SB1,使引脚 INT0 接地,产生一个负跳沿触发的外中断 0 的中断请求,在中断服务程序中,让低 4 位的 LED 和高 4 位的 LED 交替闪烁。电路如图 6-9 所示。

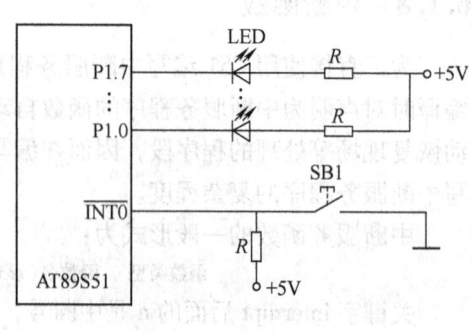

图 6-9　控制 8 个 LED 交替闪烁的电路

解：程序如下。

```
#include <reg51.h>
void Delay(unsigned int i)      //延时函数 Delay(),i 为形式参数,不能赋初值
{unsigned int j;
  for(;i>0;i--)
   for (j=0;j<333;j++)          //晶振为 12MHz,j 的选择和晶振的频率有关
    {;}                         //空语句
}
void main()                     //主函数
{ EA=1;                         //总中断允许
  EX0=1;                        //允许外部中断 0 中断
  IT0=1;                        //选择外部中断 0 为跳沿触发方式
  {P1=0;}                       //P1 口的 8 个 LED 灯全亮
  while(1)                      //循环
}
void int0() interrupt 0 using 0 //外部中断 0 的中断服务函数
{EX0=0;                         //禁止外部中断 0 中断
 P1=0x0f;                       //低 4 位 LED 灯灭,高 4 位 LED 灯亮
 Delay(800);                    //延时 800ms
 P1=0xf0;                       //高 4 位 LED 灯灭,低 4 位 LED 灯亮
 Delay(800);                    //延时 800ms
 EX0=1;                         //中断返回前,打开外部中断 0 中断
}
```

2. 两个外部中断的应用

当需要多个中断源时,只需增加相应的中断服务函数即可。

例 6-2　如图 6-10 所示,在 51 单片机的 P1 口上接有 8 个 LED,在外部中断 0 输入引脚 P3.2（$\overline{INT0}$）接有一个按钮 SB1,在外部中断 1 输入引脚 P3.3（$\overline{INT1}$）接有一个按钮 SB2。程序要求在 SB1 和 SB2 都未按下时,P1 口的 8 个 LED 呈流水灯显示;仅 SB1 按下时,左右 4 个 LED 交替闪烁；仅按下 SB2 时，P1 口的 8 个 LED 全部闪亮。两个外部中断的优先级相同。

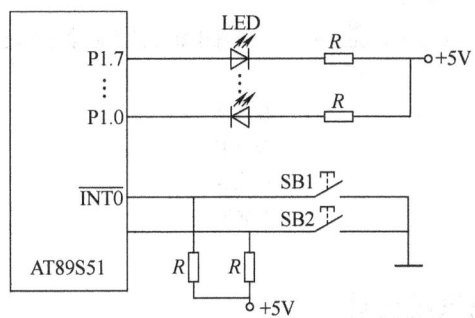

图 6-10　两个外部中断控制 8 个 LED 显示的电路

解：程序如下。

```
#include <reg51.h>
void Delay(unsigned int i)                //延时函数 Delay(),i 为形式参数,不能赋初值
{ unsigned int j;
  for(;i>0;i--)
    for (j=0;j<125;j++)
    {;}                                   //空语句
}
void main()                               //主函数
{
  unsigned char play[9]={0xff,0xfe,0xfd,0xfb,0xf7,0xef,0xdf,0xbf,0x7f};
                                          //定义了流水灯的显示数据
  unsigned char a;
  for(;;)
  { for (a=0;a<9;a++)
    {
      { Delay(500)                        //延时
        P1=play[a];                       //将已经定义的流水灯显示数据送到 P1 口
      }
    EA=1;                                 //总中断允许
    EX0=1;                                //允许外部中断 0 中断
    EX1=1;                                //允许外部中断 1 中断
    IT0=1;                                //选择外部中断 0 为跳沿触发方式
    IT1=1;                                //选择外部中断 1 为跳沿触发方式
    IP=0;                                 //两个外部中断均为低优先级
    }
  }
}
void int0_isr(void) interrupt 0 using 0   //外部中断 0 的中断服务函数
{ for(;;)
  P1=0x0f;                                //低 4 位 LED 灯灭,高 4 位 LED 灯亮
  Delay(500);                             //延时
  P1=0xf0;                                //高 4 位 LED 灯灭,低 4 位 LED 灯亮
```

```
    Delay(500);                             //延时
}
void int1_isr(void) interrupt 2 using 1     //外部中断1的中断服务函数
{   for(;;)
    P1 = 0xff;                              //全灭
    Delay(500);                             //延时
    P1 = 0;                                 //全亮
    Delay(500);                             //延时
}
```

6.1.10 多外部中断源系统设计

AT89S51 为用户提供了 2 个外部中断申请输入端$\overline{INT0}$和$\overline{INT1}$，在实际的应用系统中，往往多于 2 个外部中断请求源，这时需要对中断源进行扩展。本小节介绍一种利用外部中断和查询相结合的扩展外部中断源的方法。

若系统中有多个外部中断请求源 IR0 ~ IR4，可以按它们的轻重缓急进行排队，把其中最高级别的中断源 IR0 直接连接到单片机的一个外部中断输入端$\overline{INT0}$，其余的 4 个中断请求源 IR1 ~ IR4 用"线或"的方法连到另一个中断输入端$\overline{INT1}$，同时还连到 P1 口的 P1.0 ~ P1.3 引脚供 AT89S51 查询，中断源的中断请求由外设的硬件电路产生，这种方法原则上可以处理任意多个外部中断，如图 6-11 所示。IR1 ~ IR4 外部中断源的中断优先级取决于查询顺序，这里假设查询顺序为 P1.0 ~ P1.3，因此中断优先级由高到低的顺序依次为 IR1、…、IR4。

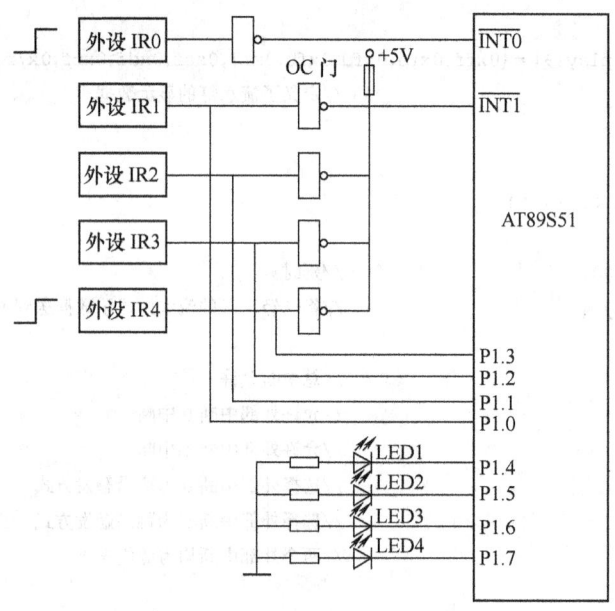

图 6-11 利用外部中断和查询相结合的多外部中断请求源系统

例 6-3 利用外部中断和查询相结合的方法扩展多个外部中断，如图 6-11 所示。

解：参考程序如下。

```
#include <reg51.h>
sbit P1_0 = P1^0;                           //定义位变量
sbit P1_1 = P1^1;
```

```
...
sbit P1_7 = P1^7;
void main()                                //主函数
{P1 = 0xff;                                //LED 灯全灭
EA = 1;                                    //总中断允许
EX0 = 1;                                   //允许外部中断 0 中断
EX1 = 1;                                   //允许外部中断 1 中断
IT0 = 0;                                   //选择外部中断 0 为电平触发方式
IT1 = 0;                                   //选择外部中断 1 为电平触发方式
PX0 = 1;                                   //外部中断 0 为高优先级
PX1 = 0;                                   //外部中断 1 为低优先级
for(;;)                                    //延时等待中断
{;}
}
void int0_isr(void)  interrupt  0          //外部中断 0 的中断服务函数
{P1 = 0x0f;}                               //点亮高 4 位 LED
void int1_isr (void) interrupt  2          //外部中断 1 的中断服务函数
{  if (P1_0 = = 0){P1 = (P1&0xef)}         //如果为 IR1 中断,点亮 LED1
   if (P1_1 = = 0){P1 = (P1&0xdf)}         //如果为 IR2 中断,点亮 LED2
   if (P1_2 = = 0){P1 = (P1&0xbf)}         //如果为 IR3 中断,点亮 LED3
   if (P1_3 = = 0){P1 = (P1&0x7f)}         //如果为 IR4 中断,点亮 LED4
}
```

6.2 AT89S51 单片机的定时器/计数器

6.2.1 定时器/计数器的结构

AT89S51 单片机的定时器/计数器结构如图 6-12 所示,定时器/计数器 T0 由特殊功能寄存器 TH0、TL0 构成,定时器/计数器 T1 由特殊功能寄存器 TH1、TL1 构成。

两个定时器/计数器都具有定时器和计数器两种工作模式,4 种工作方式;两个定时器/计数器都采用加法计数,每次自动加 1。

特殊功能寄存器 TMOD 用于选择定时器/计数器 T0、T1 的工作模式和工作方式;特殊功能寄存器 TCON 用于控制 T0、T1 的

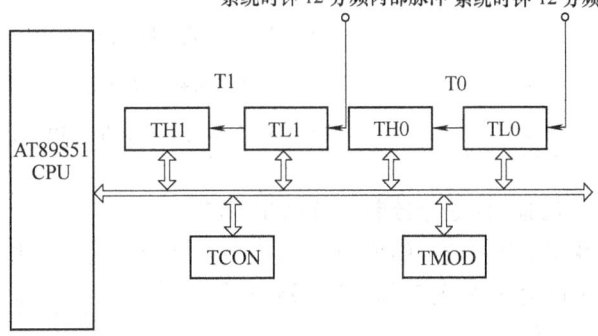

图 6-12 AT89S51 单片机的定时器/计数器结构

启动和停止计数,同时包含了 T0、T1 的状态。T0 和 T1 不论是工作在定时器模式还是计数器模式,实质上都是对脉冲信号进行计数,只不过计数信号的来源不同。计数器工作模式是对加在 T0(P3.4 引脚)和 T1(P3.5 引脚)上的外部脉冲进行计数(见图 6-12),而定时

器工作模式则是对单片机的系统时钟信号经过片内12分频后的内部脉冲信号（机器周期）进行计数。由于系统时钟频率是定值，所以可以根据机器周期计算出定时时间。

计数器从初值开始计数，随着外部脉冲或者机器周期采取自加1计数。单片机复位时计数器初值为0，也可以使用指令给计数器载入新的初值。

6.2.2 定时器/计数器的工作模式、工作方式及控制

1. 工作方式控制寄存器 TMOD

AT89S51单片机的定时器/计数器工作方式寄存器 TMOD 用于选择定时器/计数器的工作模式和工作方式，字节地址是89H，不能位操作。TMOD 寄存器的格式如图6-13 所示。

	D7	D6	D5	D4	D3	D2	D1	D0
TMOD	GATE	C/$\overline{T}$	M1	M0	GATE	C/$\overline{T}$	M1	M0

图6-13 TMOD寄存器的格式

TMOD 寄存器的8个位分为两组，高4位用来设置 T1，低4位用来设置 T0。

1) GATE：门控位。GATE = 0 时，仅由运行控制位 TRx（x = 0，1）来控制定时器/计数器启动；GATE = 1 时，使用外部中断引脚（$\overline{INT0}$或者$\overline{INT1}$）上的高电平与运行控制位 TRx 共同控制定时器/计数器启动。

2) C/$\overline{T}$：计数器模式和定时器模式选择位。C/$\overline{T}$ = 0，定时器工作模式，计数脉冲采用系统时钟，在每个机器周期计数器加1；C/$\overline{T}$ = 1，计数器工作模式，计数脉冲采用外部时钟，计数器对外部输入引脚 T0（P3.4）或 T1（P3.5）上的负跳变加1。

3) M1、M0：工作方式选择位。M1、M0 的4种编码组合对应着定时器/计数器的4种工作方式，见表6-4。

表6-4 M1、M0 工作方式选择

M1	M0	工作方式
0	0	方式0，13位定时器/计数器
0	1	方式1，16位定时器/计数器
1	0	方式2，8位常数自动重载的定时器/计数器
1	1	方式3，仅适用于 T0，此时 T0 被分成两个8位计数器，T1 停止计数

2. 定时器/计数器控制寄存器 TCON

特殊功能寄存器 TCON 在6.1.2 小节已经介绍过，其格式如图6-14 所示。

这里仅介绍和定时器/计数器有关的高4位功能。

	D7	D6	D5	D4	D3	D2	D1	D0
TCON	TF1	TR1	TF0	TR0	IE1	IT1	IE0	IT0
位地址	8FH	8EH	8DH	8CH	8BH	8AH	89H	88H

图6-14 TCON 的格式

1) TF1、TF0：计数溢出中断请求标志位。当计数器计数溢出时，该位被硬件自动置1。使用查询方式时，该位作为状态位供 CPU 查询，当查询有效后，应使用指令及时将该位清0。使用中断时，该位作为中断请求标志位，进入中断服务程序后，该位会被硬件自动清0。

2) TR1、TR0：计数器启动控制位。TR1(或 TR0)＝1，是启动定时器/计数器工作的必要条件，因为定时器/计数器是否启动工作还受 GATE 位的控制；TR1(或 TR0)＝0，停止定时器/计数器工作。TRx(x＝0，1)位可以使用指令置 1 或者清 0。

6.2.3 定时器/计数器的 4 种工作方式

定时器/计数器具有 4 种工作方式，分别介绍如下。

1. 方式 0

当 M1M0＝00 时，定时器/计数器被设置为工作方式 0。这时定时器/计数器工作在 13 位计数模式，其等效电路逻辑结构如图 6-15 所示（以定时器/计数器 T1 为例，此时 TMOD.5TMOD.4＝00）。

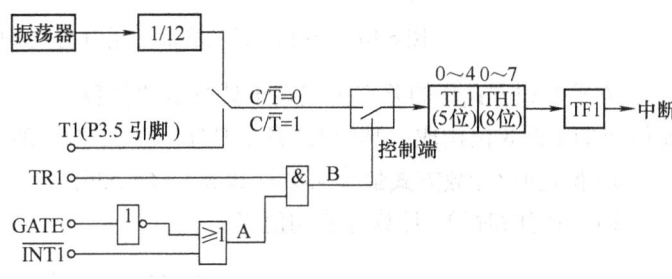

图 6-15 定时器/计数器 T1 工作方式 0 的等效电路逻辑结构

定时器/计数器工作在方式 0 时为 13 位计数器，由 TLx(x＝0，1)低 5 位和 THx(x＝0，1)高 8 位构成，TLx 低 5 位溢出则向 THx 进位，THx 计数溢出后则把 TCON 中的溢出标志位 TFx(x＝0，1)置 1。

C/$\overline{T}$ 位控制的电子开关决定了定时器/计数器的两种工作模式。

1) C/$\overline{T}$＝0，电子开关打在上面的位置，T1(或 T0)为定时器工作模式，把系统时钟频率 12 分频后的脉冲信号作为计数脉冲。

2) C/$\overline{T}$＝1，电子开关打在下面的位置，T1(或 T0)为计数器工作模式，计数脉冲为 P3.5(或 P3.4)引脚上的外部输入脉冲，当引脚上发生负跳变时，计数器加 1。

GATE 位的状态决定定时器/计数器的启动控制位取决于 TRx(x＝0，1)位的状态，还是取决于 TRx 位和 $\overline{INTx}$(x＝0，1)引脚状态这两个条件。

1) GATE＝0 时，A 点（见图 6-15）电位恒为 1，B 点电位取决于 TRx 的状态。TRx＝1，B 点为高电平，控制端控制电子开关闭合，允许 T1(或 T0) 对脉冲计数；TRx＝0，B 点为低电平，电子开关断开，禁止 T1(或 T0) 对脉冲计数。

2) GATE＝1 时，B 点电位由 $\overline{INTx}$(x＝0，1)的输入电平和 TRx 的状态这两个条件来决定。当 TRx＝1，且 $\overline{INTx}$＝1 时，B 点才为高电平，控制端控制电子开关闭合，允许 T1（或 T0）对脉冲计数。故这种情况计数器是否计数是由 TRx 和 $\overline{INTx}$ 两个条件来共同控制的。

13 位定时器/计数器可以最多计数 2^{13}＝8192。

1) 由定时时间 t 计算计数初值 X：

$$X = 8192 - t\left(\frac{f_{osc}}{12}\right)$$

其中 f_{osc} 为系统使用的晶振频率。

2) 由计数次数 S 计算计数初值 X：

$$X = 8192 - S$$

2. 方式 1

当 M1M0＝01 时，定时器/计数器工作于方式 1。这时定时器/计数器的等效电路逻辑结构如图 6-16 所示。

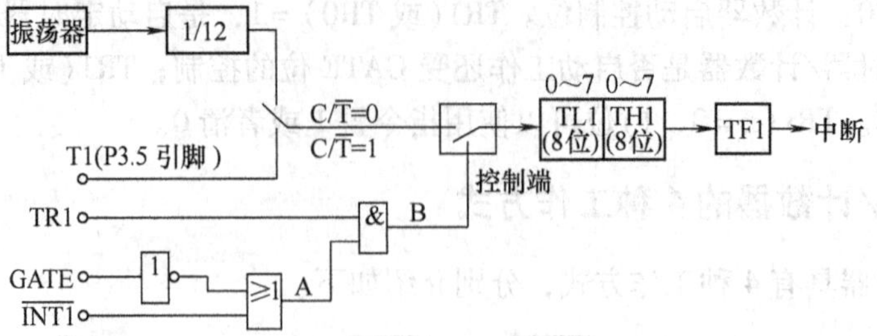

图 6-16 定时器/计数器 T1 工作于方式 1 的等效逻辑结构

方式 1 和方式 0 的差别仅仅在于计数器的位数不同，方式 1 为 16 位计数器，由 THx 高 8 位和 TLx 低 8 位构成，其中 GATE、C/$\overline{\text{T}}$、TRx、TFx 的含义与方式 0 相同。

16 位定时/计数方式最多可以计数 $2^{16} = 65\ 536$。

1）由定时时间 t 计算计数初值 X：

$$X = 65\ 536 - t\left(\frac{f_{osc}}{12}\right)$$

2）由计数次数 S 计算计数初值 X：

$$X = 65\ 536 - S$$

3. 方式 2

方式 0 和方式 1 的特点是计数溢出后，计数器为 0，因此在循环定时或循环计数应用时就存在用指令反复装入计数初值的问题，这不仅影响定时精度，而且也给程序设计带来麻烦。方式 2 可以克服这个问题。

当 M1M0 = 10 时，定时器/计数器就工作于方式 2。这时定时器/计数器的等效电路逻辑结构如图 6-17 所示。

定时器/计数器的工作方式 2 也称为 8 位自动重载方式。THx（x = 0，1）作为常数缓冲器，当 TLx（x = 0，1）计数溢出时，在置溢出标志位 TFx（x = 0，1）为 1 的同时，还自动将 THx 中的常数转载到 TLx 中，使 TLx 重新获得初值并开始计数。定时器/计数器的方式 2 工作过程如图 6-18 所示。

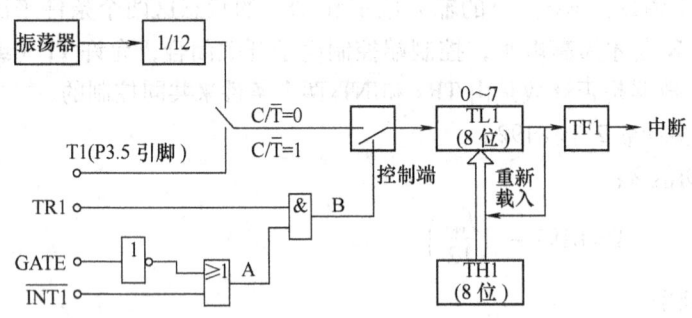

图 6-17 定时器/计数器 T1 工作于方式 2 的等效电路逻辑结构

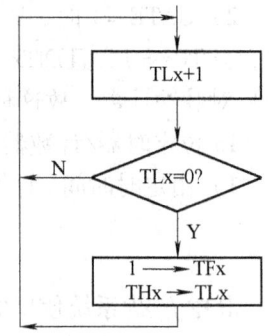

图 6-18 方式 2 工作过程

这种工作方式可以省去用户软件中重装初值指令的执行时间，简化定时初值的计算方法，可以相当精确地确定定时时间。

8 位定时/计数方式最多可以计数 $2^8 = 256$。

1) 由定时时间 t 计算计数初值 X：

$$X = 256 - t\left(\frac{f_{osc}}{12}\right)$$

2) 由计数次数 S 计算计数初值 X：

$$X = 256 - S$$

4. 方式3

方式3是为了增加一个附加的8位定时器/计数器而设置的，从而使AT89S51单片机具有3个定时器/计数器。方式3只适用于定时器/计数器T0，定时器/计数器T1不能工作在方式3。T1处于方式3时相当于TR1=0，T1停止计数。当T0工作于方式3时，T1可以用来作为串行口波特率发生器。

(1) 工作方式3下的T0

当TMOD的低2位为11时，T0的工作方式被设置为方式3，各引脚与T0的逻辑关系如图6-19所示。

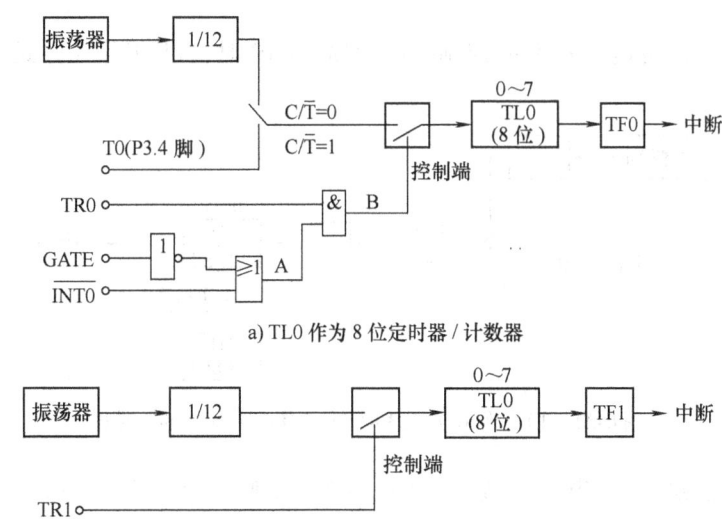

图6-19 定时器/计数器T0工作方式3的逻辑结构

定时器/计数器T0分为两个独立的8位定时器/计数器TL0和8位定时器TH0，TL0使用T0的状态控制位 $C/\overline{T}$、GATE、TR0、TF0、$\overline{INT0}$，而TH0被固定为一个8位定时器（不能作为外部计数器模式），并使用定时器/计数器T1的状态控制位TR1和TF1，同时占用定时器/计数器T1的中断请求源。

(2) T0工作在方式3时T1的各种工作方式

一般情况，当T1用作串行口波特率发生器时，T0才工作在方式3。T0处于工作方式3时，T1可工作在方式0、方式1、方式2，用来作为串行口的波特率发生器，或者用于不需要使用中断的场合。

1) T1工作在方式0。当T1的控制字中M1M0=00时，T1工作在方式0，工作示意图如图6-20所示。

2) T1工作在方式1。当T1的控制字中M1M0=01时，T1工作在方式1，工作示意图

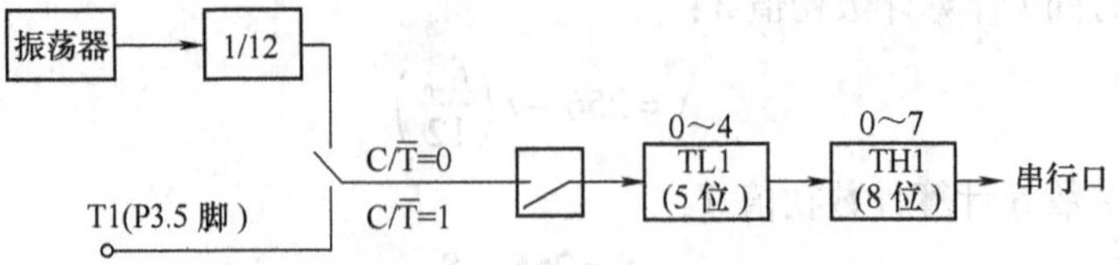

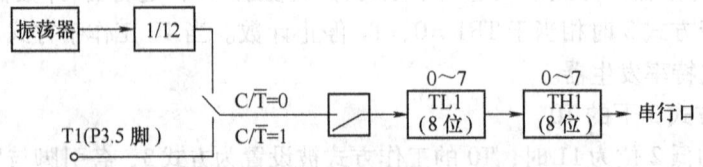

图 6-20　T0 工作在方式 3 时 T1 工作在方式 0 的示意图

如图 6-21 所示。

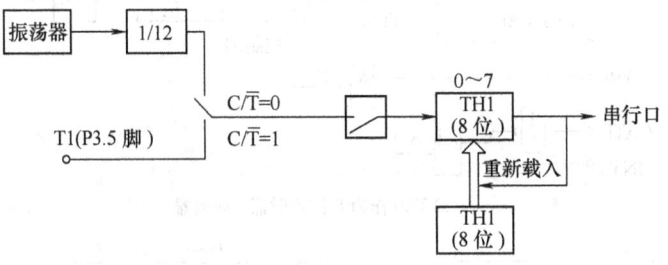

图 6-21　T0 工作在方式 3 时 T1 工作在方式 1 的示意图

3）T1 工作在方式 2。当 T1 的控制字中 M1M0 = 10 时，T1 工作在方式 2，工作示意图如图 6-22 所示。

图 6-22　T0 工作在方式 3 时 T1 工作在方式 2 的示意图

4）T1 设置在方式 3。当 T0 设置在方式 3 时，再把 T1 也设置在方式 3，此时 T1 停止计数。

6.2.4　定时器/计数器对外部计数输入信号的要求

当定时器/计数器工作在计数器模式时，计数脉冲来自于外部输入引脚 T0 或 T1。当输入信号产生由 1 到 0 的负跳变时，计数器加 1。每个机器周期的 S5P2 期间，CPU 都对外部输入引脚 T0 或 T1 进行采样，如在第一个机器周期中采样得到的值为 1，而在下一个机器周期中采样得到的值为 0，则在紧跟着的再下一个机器周期的 S3P1 期间，计数器加 1。由于确定一次负跳变需要使用 2 个机器周期，即 24 个振荡周期，因此外部输入的计数脉冲的最高频率为系统振荡频率的 1/24。

6.2.5　定时器/计数器的编程和应用

在定时器/计数器的 4 种工作方式中，方式 0 和方式 1 基本相同，只是计数器的长度不同。方式 0 为 13 位计数器，方式 1 为 16 位计数器。由于方式 0 是为了兼容 MCS-48 而设的，且其计数初值计算复杂，所以在实际应用中，一般不用方式 0，而采用方式 1。

1. P1 口外接的 8 个 LED 每 0.5s 闪亮一次

例 6-4 在 AT89S51 单片机的 P1 口上接有 8 个 LED，显示规律如图 6-23 所示。

1）设置 TMOD 寄存器。定时器 T0 工作在方式 1，应使 TMOD 寄存器的 M1M0 = 01；设置 C/T̄ = 0 为定时器工作模式，对 T0 的运行权由 TR0 来控制，应使 GATE = 0。定时器 T1 不使用，各个相关的位为 0。所以，TMOD 寄存器的初始值为 0x01。

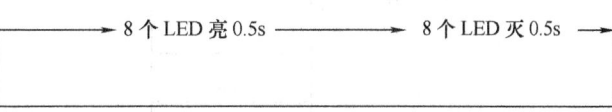

图 6-23 节日彩灯的花样显示规律

2）计算定时器 T0 的计数初值。设定时时间为 5ms，设定时器 T0 的计数初值为 X，设晶振的频率为 11.0592MHz，则计数初值为 $X = 65\,536 - t\left(\dfrac{f_{osc}}{12}\right)$，由此公式计算得 $X = 60\,928$，转换为十六进制后为 0xee00，其中 0xee 装入到 TH0，0x00 装入到 TL0。

3）设置 IE 寄存器。本例采用定时器 T0 中断，因此应将 IE 寄存器中的 EA、ET0 位置 1。

4）启动和停止定时器 T0。将定时器控制寄存器 TCON 中 TR0 置 1，则启动定时器 T0；对 TR0 清 0，则停止定时器 T0 定时。

参考程序如下：

```
#include <reg51.h>
char i = 100;                        //给变量 i 赋初值
void main()
{ TMOD = 0x01;                       //设置定时器 T0 为方式 1
TH0 = 0xee;                          //向 TH0 写入初值的高 8 位
TL0 = 0x00;                          //向 TL0 写入初值的低 8 位
P1 = 0x00;                           //P1 口 8 个 LED 灯点亮
EA = 1;                              //总中断允许
ET0 = 1;                             //定时器 T0 中断允许
TR0 = 1;                             //启动定时器 T0
while(1);                            //无穷循环,等待定时中断
}
void T0_int(void) interrupt1         //定时器 T0 中断服务程序
{ TH0 = 0xee;                        //给 T0 装入 16 位初值,计 4608 个数后,T0 溢出
TL0 = 0x00;
i - -;                               //循环次数减 1
if(i < = 0)
{P1 = ~P1;                           //P1 口按位取反
i = 100;                             //重新设置循环次数
}
}
```

2. P1.0 上产生周期为 2ms 的方波

例 6-5 假设系统时钟为 12MHz，编写程序实现从 P1.0 引脚上输出一个周期为 2ms 的方波，如图 6-24 所示。

分析：要在 P1.0 上产生周期为 2ms 的方波，定时器应产生 1ms 的周期性的定时，定时

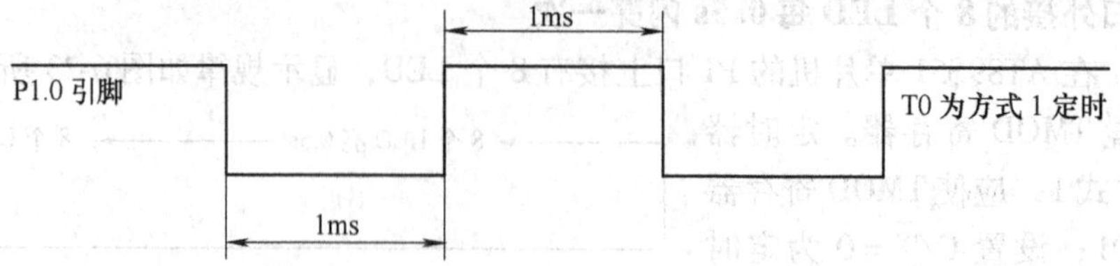

图 6-24 定时器控制 P1.0 输出一个周期为 2ms 的方波

对 P1.0 取反。选择定时器 T0，方式 1 定时，采用中断方式，GATE 不起作用。

计数初值的计算：设 T0 的计数初值为 X，由公式 $X = 65\,536 - t\left(\dfrac{f_{osc}}{12}\right)$ 计算得到 $X = 64\,536$。

参考程序如下：
```
#include <reg51.h>
sbit P1_0 = P1^0;
void main(void)
{TMOD = 0x01;
P1_0 = 0;
TH0 = (65536 - 1000)/256;
TL0 = (65536 - 1000)%256;
ET0 = 1;
EA = 1;
TR0 = 1;
do{} while(1);
}
void T0_int(void) interrupt 1 using 1
{P1_0 = ~ P1_0;
TH0 = (65536 - 1000)/256;
TL0 = (65536 - 1000)%256;
}
```

3. 扩展一个外部中断

方式 2 是一个可以自动重新装载初值的 8 位计数器/定时器。这种工作方式可以省去用户程序中反复装入初值的指令。

当 AT89S51 单片机的某个定时器/计数器不使用时，可以为 AT89S51 扩展一个负跳沿触发的外部中断源。基本思想是把定时器/计数器溢出中断做成外部中断，然后把计数输入信号接到定时器的相应引脚上，即 T0 引脚（或 T1 引脚），并把定时器设置为方式 2 计数工作模式，计数器 TH0、TL0 初值均为 0FFH，并允许 T0 中断，且总是开放中断。当检测到 T0 引脚（或 T1 引脚）电平发生负跳变时，计数器 TF0（或 TF1）溢出置 1，这时将产生一个中断请求，同时把初值重新装载入计数器中。

例 6-6 扩展一个负跳沿触发的外部中断源，把定时器 T0 计数输入引脚作为外部中断请求信号的输入端。

解：参考程序如下。
```
#include <reg51.h>
```

```
void main()
{ …
    TMOD = 0x06;                        //设置定时器 T0 为方式 2 工作方式
    TH0 = 0xff;                         //给 T0 装入初值
    TL0 = 0xff;
    ET0 = 1;                            //允许 T0 中断
    EA = 1;                             //开放总中断
    TF0 = 0;                            //T0 溢出标志位清 0
    TR0 = 1;                            //启动 T0 计数
    while(1)                            //无限循环等待
}
void T0_int(void) interrupt 1 using 0   //定时器 T0 中断服务程序
{…}                                     //中断处理部分
```

6.2.6 门控位 GATE 的应用——测量脉冲宽度

以 T1 为例,介绍门控位 GATE 的应用。

门控位 GATE = 1 时,TR1 = 1,只有INT1引脚输入高电平时,T1 才启动计数,利用 GATE 的这个特性,可以测量INT1引脚上的正脉冲的宽度(机器周期数)。同样,利用这个原理也可以测量加在引脚INT0上的正脉冲的宽度。其方法如图 6-25 所示。

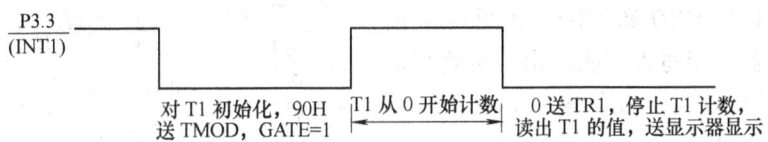

图 6-25 利用 GATE 位测量正脉冲的宽度

参考程序如下:

```
#include < reg51.h >
sbit P3_3 = P3^3;                       //位变量定义
unsigned char count_high;               //定义计数变量,用来读取 TH1
unsigned char count_low;                //定义计数变量,用来读取 TL1
void read_count();                      //读计数器函数
void main()
{ TMOD = 0x90;                          //设置定时器 T1 为方式 1 定时
    TH1 = 0;                            //向定时器 T1 写入计数初值
    TL = 0;
    while(P3_3 = = 1);                  //等待INT1变低
    TR1 = 1;                            //如果INT1为低,启动 T1 (未真正开始计数)
    while(P3_3 = = 0)                   //等待INT1变高,变高后 T1 真正开始计数
    while(P3_3 = = 1)                   //等待INT1变低,变低后 T1 停止计数
    TR1 = 0;
    read_count()                        //读取计数寄存器内容的函数
}
void read_count()                       //读取计数寄存器的内容
```

```
{ do
    { count_high = TH1;              //读高字节
      count_low = TL1;               //读低字节
      ...                            //可将两字节的机器周期数进行显示处理
    }
  while(count_high! = TH1);
}
```

执行以上程序，使INT1引脚上出现的正脉冲宽度以机器周期的形式读入到 count_high 和 count_low 两个单元，如果编写了显示程序，可将其显示在显示器上。

6.3 AT89S51 的串行口及应用

AT89S51 片内有一个全双工的串行异步通信接口（UART），有4种工作方式实现单片机和外部设备之间串行数据的双向传输，可以同时发送和接收数据。

6.3.1 串行口的结构及工作原理

串行口的内部主要由两个物理上独立的接收/发送串行口缓冲器 SBUF、串行口控制寄存器 SCON、发送控制器、接收控制器、输入移位寄存器等组成，使用 P3 口的 P3.0 和 P3.1 引脚作为串行口的 RXD 和 TXD，如图 6-26 所示。发送缓冲器只能写入不能读出，接收缓冲器只能读出不能写入，两个缓冲器共用一个 SFR 字节地址 99H。

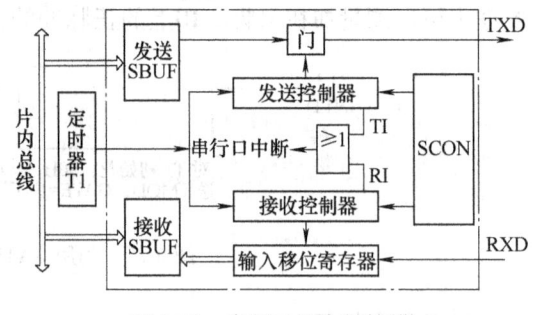

图 6-26　串行口的内部结构

串行通信的过程：发送时，CPU 把发送的数据送到发送缓冲器 SBUF，在串行口内发送控制器的控制下，以设定的波特率串行发送出去；接收时，在串行口内接收控制器的控制下，外设以设定的波特率发来的串行数据先移入输入移位寄存器，再装入接收缓冲器 SBUF，等待 CPU 取走数据。

和串行口工作有关的 SFR 包括 SCON、SBUF 和 PCON，串行通信还和定时器/计数器 T1 的溢出率有关。SCON 是串行口的工作方式控制寄存器，SBUF 是串行口接收/发送数据的缓冲器，PCON 和 T1 与串行通信的波特率有关。

1. 串行口控制寄存器 SCON

SCON 用于设定串行口的工作方式、进行收发控制和监控串行口的工作过程。它的字节地址为 98H，可以进行位寻址，位地址为 98H ~ 9FH。其格式如图 6-27 所示。

	D7	D6	D5	D4	D3	D2	D1	D0
SCON	SM0	SM1	SM2	REN	TB8	RB8	TI	RI
位地址	9FH	9EH	9DH	9CH	9BH	9AH	99H	98H

图 6-27　SCON 的格式

SCON 中各位的功能如下。

1) SM0、SM1：串行口 4 种工作方式选择位。SM0、SM1 两位可以由软件置 1 或清 0，其取值组合所对应的串行口 4 种工作方式见表 6-5。

表 6-5　串行口的 4 种工作方式

SM0	SM1	方　式	工作方式说明	SM0	SM1	方　式	工作方式说明
0	0	0	同步移位寄存器方式	1	0	2	9 位异步 UART
0	1	1	8 位异步 UART	1	1	3	9 位异步 UART

4 种工作方式都可以完成双机通信，方式 0 还可以用于扩展片外并行 I/O 口，方式 2 和方式 3 也可以用于实现多机通信。

2) SM2：多机通信控制位。该位可以由软件置 1 或清 0。在方式 0 时，SM2 必须为 0。在方式 1 时，如果 SM2 = 1，则只有收到有效的停止位时才会将 RI 置 1，发出中断请求。在方式 2 或方式 3 时，如果 SM2 = 1，则只有当接收到的第 9 位数据（RB8）为 1 时，才将 RI 置 1，发出中断请求，并将接收到的前 8 位数据送入 SBUF；当接收到的第 9 位数据（RB8）为 0 时，则将接收到的前 8 位数据丢弃。当 SM2 = 0 时，则不论第 9 位是什么，都将前 8 位数据送入 SBUF 中，并将 RI 置 1，发出中断请求。

3) REN：允许串行接收位。该位可以由软件置 1 或清 0。REN = 1 时，允许串行口接收数据；REN = 0 时，禁止串行口接收数据。

4) TB8：发送的第 9 位数据。该位可以由软件置 1 或清 0。在方式 0 和方式 1 时，不使用 TB8。在方式 2 和方式 3 时，TB8 是要发送的第 9 位数据。在双机串行通信时，TB8 一般作为奇偶校验位使用；在多机串行通信中 TB8 用来表示主机发送的是地址帧还是数据帧，TB8 = 1 为地址帧，TB8 = 0 为数据帧。

5) RB8：接收的第 9 位数据。在方式 0 时，不使用 RB8。在方式 1 时，如 SM2 = 0，RB8 是接收到的停止位。在方式 2 和方式 3 时，RB8 存放接收到的第 9 位数据。

6) TI：发送中断标志位。该位由硬件置 1，必须由软件清 0。TI = 1，表示一帧数据发送结束。TI 的状态可供软件查询，也可申请中断。在方式 0 时，串行发送的第 8 位数据结束时 TI 由硬件置 1；在其他方式时，串行口发送停止位的开始时将 TI 置 1。

7) RI：接收中断标志位。该位由硬件置 1，必须由软件清 0。RI = 1，表示一帧数据接收完毕。RI 的状态可供软件查询，也可申请中断。在方式 0 时，接收完第 8 位数据时 RI 由硬件置 1；在其他工作方式中，串行口接收到停止位时将 RI 置 1。

2. 电源控制寄存器 PCON

特殊功能寄存器 PCON 的字节地址为 87H，不能位寻址，其最高位 SMOD 与串行口的工作有关。PCON 寄存器的格式如图 6-28 所示。

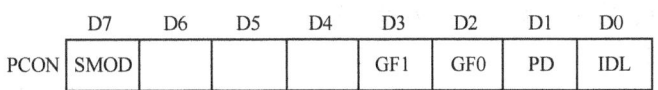

图 6-28　PCON 寄存器的格式

SMOD：波特率选择位，用来确定串行通信数据的波特率。

例如，方式 1 的波特率计算公式为

$$\text{方式 1 波特率} = (2^{SMOD}/32) \times \text{定时器 T1 的溢出率}$$

当 SMOD = 1 时，要比 SMOD = 0 时的波特率加倍，所以也称 SMOD 为波特率倍增位。

6.3.2 串行口的 4 种工作方式

串行口有 4 种工作方式，分别称为方式 0、方式 1、方式 2、方式 3，由 SCON 中的 SM0、SM1 位取值决定。

1. 方式 0

方式 0 一般不用于两个 AT89S51 之间的异步串行通信，通常用来外接移位寄存器，用作扩展并行 I/O 口。方式 0 工作时，串行数据通过 RXD 输入和输出，串行同步移位脉冲通过 TXD 输出，波特率固定为 $f_{osc}/12$。工作时发送和接收的数据低位在前，高位在后，8 位数据为一帧。方式 0 的发送和接收时序如图 6-29、图 6-30 所示。

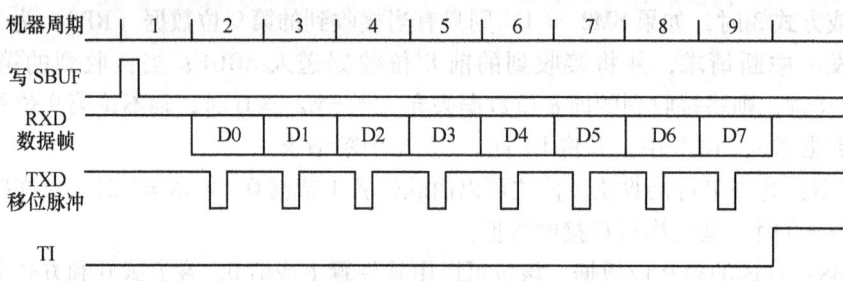

图 6-29　方式 0 的发送时序

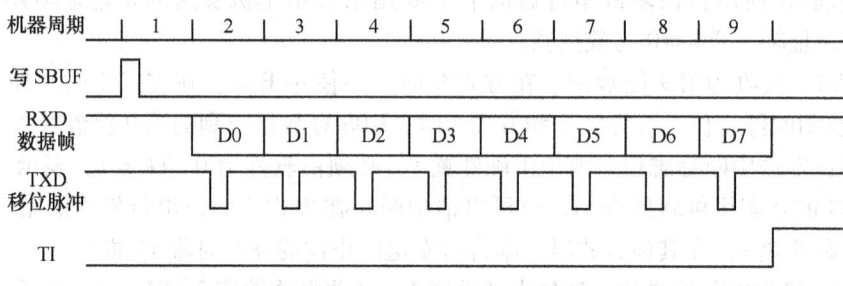

图 6-30　方式 0 的接收时序

（1）发送过程

在 TI = 0 时，当 CPU 执行完一条向 SBUF 写数据的指令后，串行口就启动发送过程。经过一个机器周期，写入发送数据缓冲器中的数据按低位在前，高位在后，从 RXD 依次串行输出，串行同步移位脉冲从 TXD 输出。8 位数据（一帧）发送完毕后，由硬件自动将发送中断标志位 TI 置 1，表示一帧数据已发送完毕。

（2）接收过程

在 RI = 0 时，将 SCON 的 REN 位置 1 就启动一次接收过程。串行数据通过 RXD 输入，同步移位脉冲通过 TXD 输出。在移位脉冲的控制下，RXD 上的串行数据依次移入接收缓冲器。当 8 位数据（一帧）全部移入后，由硬件自动将接收中断标志位 RI 置 1，表示一帧数据接收完毕。

2. 方式1

方式1可用于两个AT89S51之间的异步串行通信。在方式1时,TXD为数据发送端,RXD为数据接收端。发送和接收的一帧数据为10位:1位起始位0、8位数据位(低位在前)和1位停止位1,如图6-31所示。波特率是可变的,由定时器/计数器T1的溢出率和电源控制寄存器PCON中的SMOD位决定,即

$$波特率 = \frac{2^{SMOD}}{32} \times (T1\text{的溢出率})$$

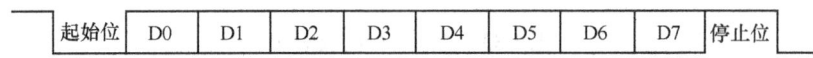

图6-31 方式1的帧格式

(1) 发送过程

在TI=0时,当CPU执行完一条向SBUF写数据的指令后,就启动了发送过程。数据由TXD引脚输出,发送移位脉冲由定时器/计数器T1送来的计数溢出信号经过16分频或32分频后得到。在发送移位脉冲的作用下,先通过TXD端送出一个起始位0,然后是8位数据(低位在前),其后是一个停止位1。当一帧数据发送完毕后,由硬件将发送中断标志位TI置1,表示一帧数据发送完毕。方式1的发送时序如图6-32所示。

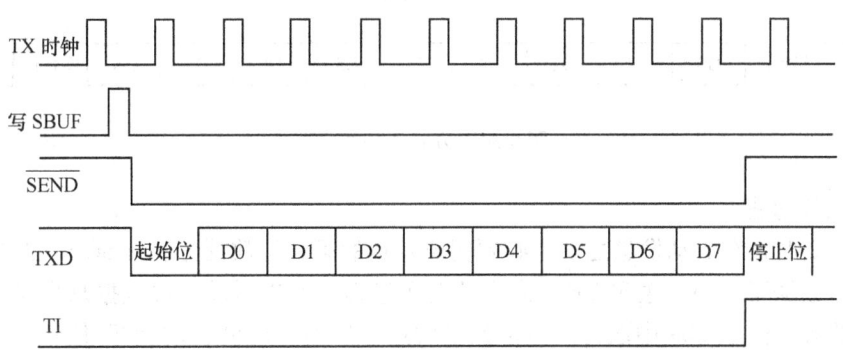

图6-32 方式1的发送时序

(2) 接收过程

当允许接收控制位REN被置1后,接收控制器就开始工作,由接收控制器以所选波特率的16倍速率对RXD引脚上的电平进行采样。当采样到从1到0的负跳变时,就启动接收控制器开始接收数据。在接收移位脉冲的控制下依次把所接收的数据移入输入移位寄存器,当8位数据及停止位全部移入后,根据以下情况进行后续操作。

1) 如果RI=0、SM2=0,接收控制器将输入移位寄存器中的8位数据装入接收数据缓冲器SBUF,停止位装入RB8,并把RI置1,表示一帧数据接收完毕。

2) 如果RI=0、SM2=1,那么只有接收到的停止位为1时才进行上述操作。

3) 如果RI=0、SM2=1且停止位为0,所接收的数据就不装入SBUF,直接丢弃。

4) 如果RI=1,则所接收的数据在任何情况下都不装入SBUF,即数据丢失。

方式1的接收时序如图6-33所示。

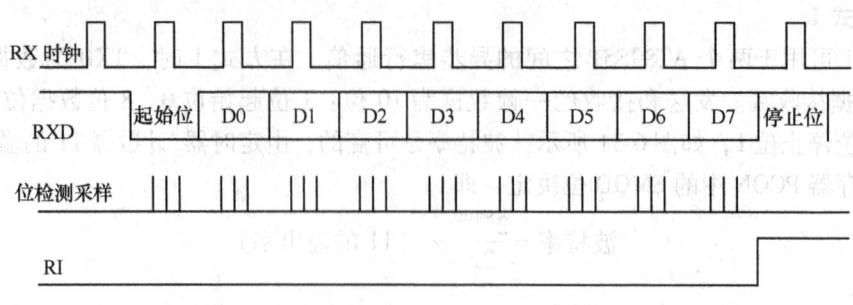

图 6-33 方式 1 的接收时序

3. 方式 2

方式 2 可用于多个 AT89S51 之间的异步串行通信，即多机通信。在方式 2 时，RXD 为数据接收端，TXD 为数据发送端。发送和接收一帧数据为 11 位：1 个起始位 0、8 位数据位、第 9 位 TB8/RB8、1 个停止位 1，如图 6-34 所示。发送的第 9 位数据放于 TB8 中，接收的第 9 位数据放于 RB8 中。方式 2 的波特率只有两种：$f_{osc}/32$ 或 $f_{osc}/64$，由 f_{osc} 和 SMOD 位决定，即

$$波特率 = \frac{2^{SMOD}}{64} \times f_{osc}$$

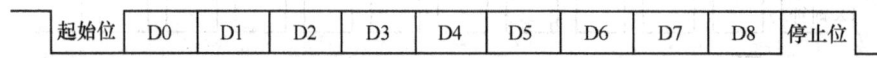

图 6-34 方式 2 的帧格式

（1）发送过程

在方式 2 时，在启动发送之前，必须把要发送的第 9 位数据先装入 SCON 的 TB8 中，再把要发送的数据写入到发送 SBUF 中来启动发送过程。发送时前 8 位数据从发送 SBUF 中取得，发送的第 9 位从 TB8 中取得。一帧数据发送完毕后，硬件自动把 TI 位置 1，表示一帧数据发送完毕。

（2）接收过程

方式 2 的接收过程与方式 1 类似，当把 REN 位置 1 时也启动接收过程，所不同的是接收的第 9 位数据是发送过来的 TB8 位，而不是停止位，接收后存放到 SCON 的 RB8 中，是否接收数据是用收到的第 9 位来判断，而不是用停止位，其余情况与方式 1 的相同。

4. 方式 3

方式 3 与方式 2 只有波特率不同，其他都相同。方式 3 的波特率与方式 1 相同，由定时器/计数器 T1 的溢出率和 PCON 中的 SMOD 位决定，即

$$波特率 = \frac{2^{SMOD}}{32} \times (T1\ 的溢出率)$$

方式 2 和方式 3 都可用于双机通信或者多机通信，它们的区别在于各自的波特率不同。方式 2 和方式 3 的发送和接收时序如图 6-35 和图 6-36 所示。

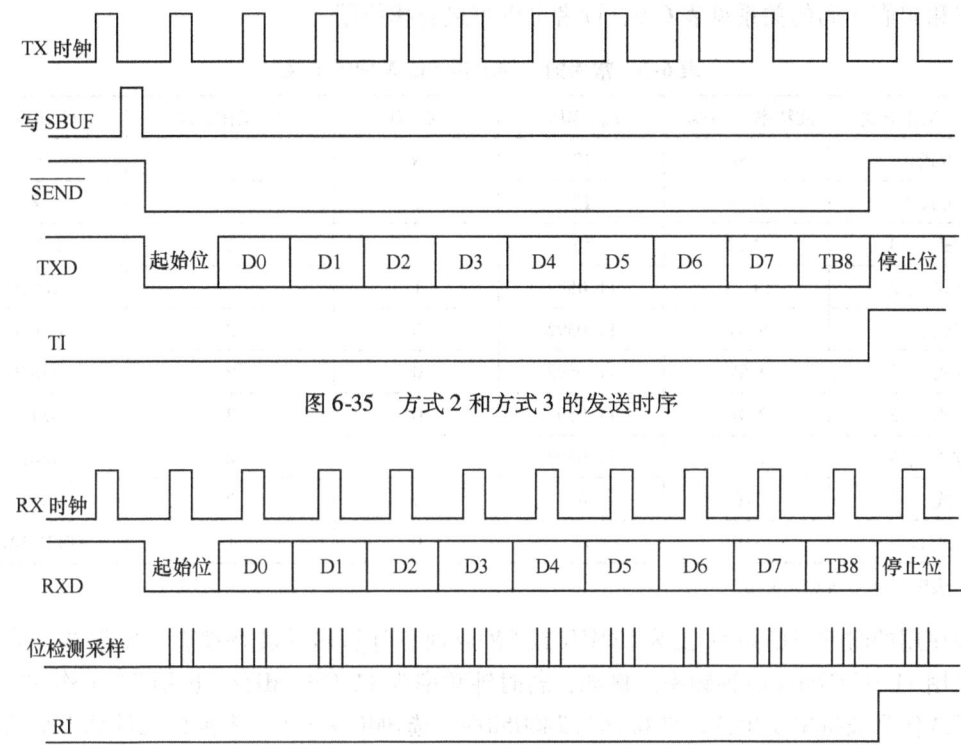

图 6-35 方式 2 和方式 3 的发送时序

图 6-36 方式 2 和方式 3 的接收时序

6.3.3 串行通信波特率的制定

波特率是串行口每秒发送（或接收）的串行数据的位数，表示串行数据的传输速率，是串行通信的重要指标。串行通信时，发、收双方发送和接收的波特率必须一致。AT89S51 串行口的 4 种工作方式中，方式 0 和方式 2 的波特率是两种固定的，方式 1 和方式 3 的波特率是可变的，由 SMOD 的值和 T1 的溢出率决定。因此，在使用串行口之前，必须先对 T1 进行初始化。

定时器/计数器 T1 作为波特率发生器时，常工作在方式 2 定时（自动重装初值），即 TL1 作为 8 位计数器，TH1 作为计数初值常数寄存器，对时钟信号的 12 分频（$f_{osc}/12$）进行计数。这种方式操作方便，硬件能够自动重装初值，可以避免因软件重装初值带来的定时误差。设定时器 T1 方式 2 的初值为 X，则有

$$定时器\ T1\ 的溢出率 = \frac{计数速率}{256-X} = \frac{f_{osc}/12}{256-X}$$

则串行通信方式 1 和方式 3 的波特率为

$$波特率 = \frac{2^{SMOD}}{32} \times \frac{f_{osc}}{12(256-X)}$$

由此式可知，波特率随 f_{osc}、SMOD 和初值 X 而变化。

在进行双机或多机通信时，为保证通信的稳定和可靠，收发双方的波特率常设定为一些特定数值。实际使用时，经常根据已知的波特率和时钟频率 f_{osc} 来计算 T1 的初值 X，常用的

波特率和初值 X 间的关系见表 6-6，读者可以直接查找使用。

表 6-6 常用的波特率和初值 X 间的关系

串行口工作方式	波特率/(bit/s)	f_{osc}/MHz	SMOD	T1 工作方式	T1 初值 X
方式 0	1 M	12	×	×	×
方式 2	375k	12	1	×	×
方式 1、3	62.5k	12	1	2	0FFH
方式 1、3	19.2k	11.0592	1	2	0FDH
方式 1、3	9.6k	11.0592	0	2	0FDH
方式 1、3	4.8k	11.0592	0	2	0FAH
方式 1、3	2.4k	11.0592	0	2	0F4H
方式 1、3	1.2k	11.0592	0	2	0E8H
方式 1、3	110	6	0	2	72H
方式 1、3	110	12	0	1	0FEEBH

注：表中"×"表示无关的。

在使用的时钟振荡频率 f_{osc} 为 12MHz 或 6MHz 时，计算出的波特率有一定误差，消除误差可采用 11.0592MHz 时钟频率。例如，若时钟频率为 11.0592MHz，选用 T1 工作在方式 2 定时模式作为波特率发生器，波特率为 2400bit/s，选 SMOD = 0，根据公式计算出来的初值 $X = 244 = 0F4H$。只要把 0F4H 装入 TH1 和 TL1，则 T1 产生的波特率就为 2400bit/s。该初值也可直接从表 6-6 中查到。这里时钟振荡频率选为 11.0592MHz，就可使初值为整数，从而产生精确的波特率。

6.3.4 串行口的应用举例

利用串行口可实现单片机间的点对点串行双机通信、多机通信以及单片机与计算机间的单机或多机通信，另外还可以完成片外并行 I/O 口的扩展。当进行串行通信时，需先设计好串行通信接口的硬件电路，再编制串行通信程序。

单片机的串行口信号为 TTL 标准，串行通信的距离短，不超过 1.5m。为满足实际应用需要，常把串行口的 TTL 标准的信号转换为通用的串行通信标准接口 RS-232C、RS-422A、RS-485 信号进行串行通信，以实现更长距离的串行数据传输。RS-232C 接口通信距离可达到 15m，RS-422A 和 RS-485 接口通信距离可达到 1200m，抗干扰性强，适合工业场合应用。TTL 接口和 RS-232C、RS-422A、RS-485 接口标准存在差异，需要中间的转换电路完成信号标准转换，常用的转换电路有 RS-232C 接口芯片 MAX232、RS-485 接口芯片 MAX485 等，用以实现 TTL 电平和 RS-232C、RS-485 电平之间的相互转换。

串行通信的硬件电路设计好后，再编制串行通信程序。程序设计步骤如下：

1) 确定使用的波特率：根据硬件电路和系统的要求确定串行通信的波特率是使用固定的波特率还是可变的波特率。当使用可变波特率时（方式 1、方式 3），应先计算 T1 的计数初值。

2) 确定串行口工作方式：填写 SCON 控制字，设定串行口工作方式。如果是接收程序或双工通信程序，需要把 REM 置 1（允许接收）；如果是多机通信需要对 SM2 置 1，同时也将 TI、RI 清 0。

3）串行通信程序工作方式：查询方式或中断方式。TI 和 RI 是一帧数据发送完毕或接收完毕的标志，可以用于查询，如果设置允许中断，也可以用于向 CPU 申请中断。

- 查询方式发送过程：发送一个数据→查询 TI→对 TI 清 0→发送下一个（先发后查）。
- 查询方式接收过程：查询 RI→读入一个数据→对 RI 清 0（先查后收）。
- 中断方式发送过程：发送一个数据→等待发送中断→响应中断时对 TI 清 0→发送下一个数据。
- 中断方式接收过程：等待接收中断→响应中断时接收一个数据→对 RI 清 0。

两种方式中，当发送或接收数据后都要通过软件对 TI 或 RI 清 0。

4）画出程序流程图：根据系统任务要求画出主程序、子程序的流程图。

5）编写程序代码：使用 C51 语言编写串行通信程序代码。

1. 方式 0 的应用举例

方式 0 是同步工作方式，主要用于片外扩展并行 I/O 口。方式 0 发送时，通过串行口外接 8 位串行输入并行输出移位寄存器 74LS164，扩展两个 8 位并行输出口；方式 0 接收时，通过串行口外接 8 位并行输入串行输出移位寄存器 74LS165，扩展两个 8 位并行输入口，具体内容参见第 7 章串/并行和并/串行转换芯片的扩展。

2. 方式 1 的应用举例

方式 1 可用于双机串行通信方式，硬件电路如图 6-37、图 6-38 所示。图 6-37 所示为 TTL 电平接口，通信距离不超过 1.5m；图 6-38 所示为达到 1.5~15m 的通信距离而采用 RS-232C 接口的硬件电路。

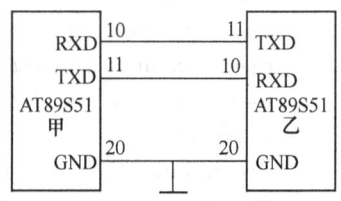

图 6-37 方式 1 的 TTL 电平接口双机通信电路

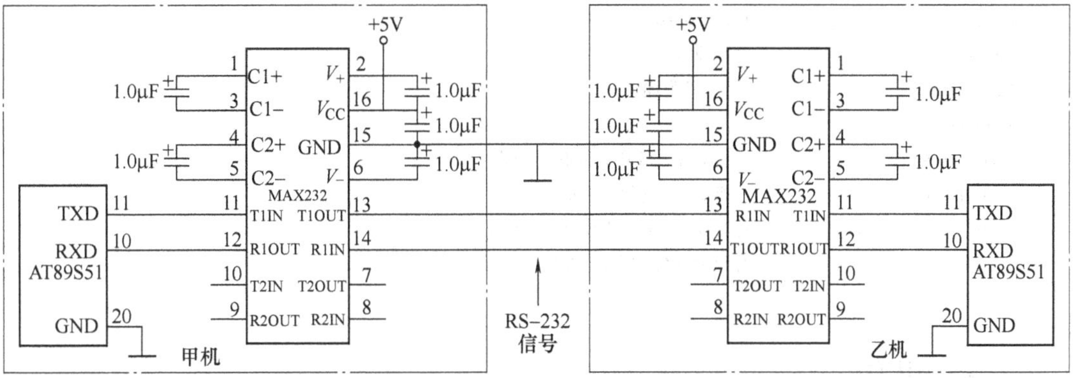

图 6-38 方式 1 的 RS-232C 接口双机通信电路

例 6-7 如图 6-39 所示，单片机甲、乙双机进行串行通信，双机的 RXD 和 TXD 相互交叉连接，甲机的 P1 口接 8 个开关，乙机的 P1 口接 8 个发光二极管。甲机设置为只能发送不能接收的单工方式。要求甲机读入 P1 口的 8 个开关的状态后，通过串行口发送到乙机，乙机将接收到的甲机的 8 个开关的状态数据送入到 P1 口，由 P1 口的 8 个发光二极管来显示 8 个开关的状态。双方均采用 11.0592MHz 的晶振。

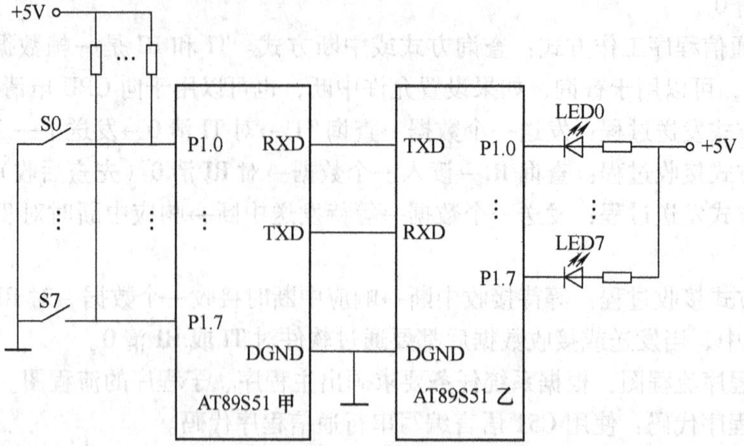

图 6-39 单片机方式 1 双机通信的连接

解： 参考程序如下。

```c
//甲机串行发送
#include <reg51.h>
#define uchar unsigned char
#define uint unsigned int
void main()
{ uchar temp=0;
    TMOD=0x20;           //设置定时器 T1 为方式 2
    TH1=0xfd;            //波特率为 9600bit/s
    TL1=0xfd;
    SCON=0x40;           //方式 1 只发送,不接收
    PCON=0x00;           //SMOD=0
    TR1=1;               //启动 T1
    P1=0xff;             //P1 口为输入
    while(1)
    { temp=P1;           //读入 P1 口开关的状态数据
      SBUF=temp;         //数据送串行口发送
      while(TI==0);      //如果 TI=0,未发送完,循环等待
      TI=0;              //已发送完,把 TI 清 0
    }
}
//乙机串行接收
#include <reg51.h>
#define uchar unsigned char
#define uint unsigned int
void main()
{ uchar temp=0;
    TMOD=0x20;           //设置定时器 T1 为方式 2
    TH1=0xfd;            //波特率为 9600bit/s
    TL1=0xfd;
    SCON=0x50;           //设置串行口为方式 1 接收,REN=1
```

```c
    PCON = 0x00;              //SMOD = 0
    TR1 = 1;                  //启动 T1
    while(1)
      { while(RI = = 0);      //若 RI = 0,未接收到数据
        RI = 0;               //接收到数据,则把 RI 清 0
        temp = SBUF;          //读取数据存入 temp
        P1 = temp;            //接收到的数据送 P1 口,控制 8 个 LED 灯的亮与灭
      }
  }
```

例 6-8 如图 6-37 所示,甲乙两机以方式 1 进行串行通信,其中甲机发送信息,乙机接收信息,双方晶振频率均为 11.0592MHz,波特率为 2400bit/s。

当串行通信开始时,双方约定,甲机首先发送信号 AAH,乙机收到后应答 BBH,表示同意接收,甲机收到 BBH 后,即可以发送数据。如果乙机发现数据出错,就向甲机发送 FFH,甲机收到 FFH 后,重新发送数据给乙机。

设发送的字节块的数据长度为 10 个字节,数据缓冲区为 buf,数据发送完毕后要立即发送校验和,进行数据发送准确性验证。乙机接收到数据存储到数据缓冲区 buf,收到一个数据块后,再接收甲机发送过来的校验和,并将其与乙机求得的校验和比较。若相等,说明接收正确,乙机回答 00H;若不等,说明接收不正确,乙机回答 FFH,请求甲机重新发送。

选择定时器 T1 为方式 2 定时,波特率不倍增,即 SMOD = 0。查表 6-6,可得到写入 T1 的初值为 0F4H。

以下为双机通信程序,该程序可以在甲乙两机中运行,但在程序运行之前,要人为地选择 TR。若 TR = 0,表示该机为发送方;若 TR = 1,表示该机为接收方。程序根据 TR 的设置,利用发送函数 send ( ) 和接收函数 receive ( ) 分别实现发送和接收功能。

参考程序如下:

```c
#include <reg51.h>
#define uchar unsigned char
#define TR 1                  //接收、发送的区别值,TR = 0,为发送
uchar sum;                    //校验和
//串口初始化函数
void init (void)
{ TMOD = 0x20;                //T1 方式 2 定时
  TH1 = 0xf4;                 //波特率为 2400bit/s
  TL1 = 0xf4;
  PCON = 0x00;                //SMOD = 0
  TR1 = 1;                    //启动 T1
  SCON = 0x50;
}
//主程序
void main(void)
{ init();
  if(TR = = 0)                //TR = 0,为发送
  {send();}                   //调用发送函数
  else
```

```c
    {receive();}                          //调用接收函数
}
//发送函数
void send()
{   uchar i;
    do
        { SBUF=0xAA;                      //发送联络信号
          while(TI= =0);                  //等待数据发送完毕
          TI=0;
          while(RI= =0);                  //等待乙机应答
          RI=0;
        }
    while(SBUF^0xBB! = =0);               //乙机未准备好,继续等待
    do
        { sum=0;                          //校验和变量清0
          for(i=0;i<16;i++)
            { sum+=buf[i];                //求校验和
              while(TI= =0);
              TI=0;
            }
          SBUF=sum;
          while(TI= =0);TI=0;
          while(RI= =0);RI=0;
        }
    while(SBUF! =0);                      //出错,重新发送
}
//接收函数
void receive()
{   uchar i;
    do {}
    while(RI= =0);RI=0;
    while(SBUF^0xAA! =0);                 //判甲机是否发出请求
    SBUF=0xBB;                            //发送应答信号
    while(TI= =0);
    TI=0;
    while(1)
      { sum=0;                            //清校验和
        for(i=0;i<16;i++)
        while(RI= =0);RI=0;               //接收校验和
        buf[i]=SBUF;                      //接收一个数据
        sum+=buf[i]                       //求校验和
      }
        while(RI= =0);RI=0;               //接收甲机校验和
        if((SBUF^sum)= =0);               //比较校验和
        {SBUF=0x00;break;}                //校验和相等,则发00H
        else
```

```
    { SBUF = 0xFF                    //出错发 FFH,重新接收
      while(TI = = 0);TI = 0;
    }
}
```

3. 方式 2 和方式 3 的应用

方式 2 和方式 3 只有波特率不同，都可以用来实现双机通信和多机通信。在实现双机通信时和方式 1 类似，这里主要介绍多机通信。

多机通信是指两个以上的单片机利用串行口进行相互通信。双机通信是两个单片机之间点对点的相互通信，而多机通信是任一单片机都能够实现一点对多点的相互通信。多机通信经常采用如图 6-40 所示的主从式结构。系统中有一个主机（单片机或其他有串行接口的微机）和多个单片机组成的从机系统，主机的 RXD 与所有从机的 TXD 端相连，主机的 TXD 与所有从机的 RXD 端相连。主机发送的信息可以被所有从机接收，任何一个从机发送的信息只能由主机接收。从机

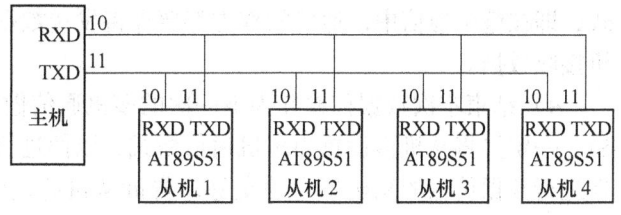

图 6-40 多机通信系统示意图

和从机之间不能进行直接通信，只能通过主机才能实现。

在多机通信时必须要保证主机与所选择的那一个从机进行通信，而不是同时和所有的从机都进行通信，因此需保证串行口有识别功能。SCON 中的 SM2 位就是为满足这一条件而设置的多机通信控制位，其工作原理是在串行口以方式 2（或方式 3）接收时，若 SM2 为 1，则表示进行多机通信，按以下两种情况工作。

1) 从机接收到的主机发来的第 9 位数据 RB8 为 1 时，前 8 位数据才装入 SBUF，并对中断标志位 RI 置 1，向 CPU 发出中断请求。在中断服务程序中，从机把接收到的 SBUF 中的数据存入数据缓冲区中。

2) 如果从机接收到的第 9 位数据 RB8 为 0，则前 8 位数据不装入 SBUF，不对中断标志位 RI 置 1，不申请中断，从机不接收主机发来的数据。

若 SM2 为 0，则接收的第 9 位数据不论是 0 还是 1，从机都将对 RI 置 1，接收到的数据装入 SBUF 中。

应用 SM2 的这种功能，可实现 AT89S51 单片机的多机通信。多机通信的工作过程如下：

1) 在设计多机通信系统时，参与多机通信的主机和所有从机都分配一个唯一的地址代号，代表各自的身份。各从机初始化时允许从机的串行口中断，将串行口设定为方式 2 或方式 3 接收，即 9 位异步 UART 方式，且 SM2 和 REN 位置 1，使从机处于多机通信且只接收地址帧（传送地址代号的那一帧数据）的状态。

2) 在主机和某个从机进行通信之前，先将这个从机的地址代号（地址帧）发送给所有从机，接着才传送数据（或命令）。主机发出的地址帧的第 9 位必须为 1（地址帧标志），数据（或命令）帧的第 9 位为 0（数据帧标志）。当主机向各个从机发送地址帧时，各个从机的串行口接收到的第 9 位数据 RB8 为 1，且由于各个从机的 SM2 为 1，则对 RI 置 1，提出中断申请，各从机响应中断，在中断服务子程序中，首先判断主机送来的地址是否和本机地址

一致。若是本机地址，则该从机对 SM2 位清 0，准备接收主机的数据或命令，此从机即是主机欲和它进行通信的从机；若不是本机地址，则保持 SM2 为 1，仍处于多机通信只接收地址帧的状态。

3）主机发送数据（或命令）帧，数据帧的第 9 位为 0。此时，各从机接收到的第 9 位 RB8 为 0。只有与前面地址帧中的地址一致的从机（该从机的 SM2 位已清 0，也就是主机欲和它进行通信的从机）才能对 RI 置 1，提出中断申请，CPU 响应中断从而进入中断服务程序，接收主机发来的数据（或命令）；与主机发来的地址不一致的从机，由于 SM2 保持为 1，并且收到的 RB8 为 0，因此不能对 RI 置 1，就不会接收主机发来的数据帧，从而保证主机与从机间通信的正确性。此时，主机与建立通信联系的从机已经设置为点对点双机通信模式，即在整个通信中，通信的双方都要保持发送数据的第 9 位（TB8 位）为 0，防止其他从机接收数据。

4）结束本次数据传输并为下一次的多机通信做好准备。当主机与从机的数据通信结束后，一定要将从机再设置为多机通信模式，以便进行下一次的多机通信。这时要求主机和正在进行数据传输的从机事先约定好，告诉从机此次传输的数据数量或者数据传输结束的标志，一旦从机接收完主机传输的数据，便将从机的通信模式再设置成多机通信模式，为下一次的多机通信做好准备。

限于篇幅，不再列举多机通信的实例，请读者参考相关文献资料。

6.4 看门狗定时器的应用

看门狗定时器 WDT 包含了一个 14 位计数器和看门狗定时器复位寄存器 WDTRST。WDTRST 是只写寄存器，而 WDT 中的计数器既不可写，也不可读，一旦溢出，便停止计数。看门狗定时器的功能是通过使用 WDT 计数器不断计数来监控程序的运行，当计数器计满溢出时，将在片内送给 AT89S51 的 RST 引脚一个持续 98 个时钟周期的正脉冲信号使单片机复位，使系统重新从头开始执行程序。因此，当程序陷入"死循环"或"跑飞"状态时，WDT 可以使程序恢复正常执行。

1. WDT 的启动

单片机复位后，WDT 默认为禁止工作。当用户想启动 WDT 时，只要向寄存器 WDTRST 先写入 1EH，紧接着再写入 0E1H，WDT 计数器就启动开始工作。WDTRST 的地址为 0A6H。

当使用 C 语言编程时要增加一个声明语句，在 AT89X51.h 声明文件中增加一行：

```
sfr WDTRST = 0xA6;
```

WDT 启动的 C 语言程序如下：

```
Main()
{
WDTRST = 0x1E;
WDTRST = 0xE1;
}
```

看门狗启动后，14 位计数器会自动对机器周期计数，每 16 384（2^{14}）个机器周期溢出一次，并产生一个高电平信号送给 RST 引脚，使系统复位。对于 12MHz 的时钟信号每 16 384μs（约 0.016s）产生一次溢出。

2. WDT 的停止

WDT 计数器一旦启动计数，就只能通过复位（硬件复位或 WDT 溢出复位）来停止 WDT 工作。WDT 可以通过程序执行启动工作，却不能通过执行程序停止工作。

3. WDT 的复位

WDT 一旦启动，只能通过系统复位来停止工作。在系统正常工作时，经过 16 384 个机器周期，WDT 就会溢出使系统复位，使系统重新从头开始执行程序。因此，在系统正常运行中，应该防止 WDT 计数器启动后产生不必要的溢出而使系统复位。

WDT 启动后虽然不能用程序停止工作，但却可以通过执行程序使 WDT 复位（清 0），俗称"喂狗"。WDT 复位和启动的方法是一样的，即通过执行程序先后连续向 WDTRST 写入数据 1EH 和 0E1H，把 WDT 计数器清 0 使 WDT 复位。所以，在系统正常运行中，应在 WDT 启动后的 16 384 个机器周期内必须使 WDT 复位一次，即"喂狗"一次，使 WDT 不会计满溢出而使系统复位。对于 12MHz 时钟信号的系统，在 0.016s 内必须"喂狗"一次。当系统超过 0.016s 后没有动作（程序"跑飞"或"死循环"），也就不会"喂狗"，WDT 计满溢出自动复位，使系统回到正常运行状态，这就是 WDT 提高系统可靠性的作用。

所以，在系统程序正常运行中，在看门狗定时器启动后和在每次"唤醒"后的 16 384 个机器周期内必须再"唤醒"一次，也就是在系统正常运行中不断地定期"喂狗"，对 WDT 清 0。因此，在进行系统程序设计时会把 WDT 启动和复位的程序设计成一个子程序，在系统启动和程序执行过程中不断地调用执行。

WDT 复位即"喂狗"指令如下：

{
WDTRST = 0x1E;
WDTRST = 0xE1;
}

4. 在空闲和掉电工作方式时 WDT 的用法

在进入空闲工作方式时，WDT 的工作状态由 AUXR 中的 WDIDLE 位的值决定。当 WDIDLE 位为 1 时，WDT 在空闲方式下暂停计数，在 CPU 退出空闲方式后，WDT 才恢复计数，所以在进入空闲工作方式前应先把 WDIDLE 位置 1。

在掉电工作方式时，时钟振荡器停止工作，意味着 WDT 也就停止计数。为防止 WDT 在掉电工作方式退出过程中溢出复位，在系统进入掉电工作方式前应先对 WDT 复位。

综上所述，使用 WDT 时要注意以下几点。

1) AT89S51 的 WDT 必须由程序启动后才开始工作，所以必须保证 CPU 有可靠的上电复位，否则看门狗也无法工作。

2) AT89S51 的 WDT 使用的是单片机的时钟振荡器，在时钟振荡器停振时看门狗也无效。

3) AT89S51 的 WDT 只有 14 位计数器，在 16 384 个机器周期内必须至少"喂狗"一次，而且这个时间是固定的，无法更改。当时钟频率为 12MHz 时，16 384 个机器周期约为 0.016s（16ms）。

4) AT89S51 的 WDT 只能通过单片机复位来停止工作。

5) AT89S51 的 WDT 启动指令和"喂狗"指令是一样的。

思考与练习题 6

1. 简述 AT89S51 中断系统的组成。
2. AT89S51 的中断源有哪些？是怎样进行中断管理的？涉及哪几个 SFR？
3. 中断响应的条件和过程是怎样的？中断请求是怎样撤销的？
4. 请用自己语言描述 AT89S51 的串行口。
5. 串行口的工作涉及哪几个 SFR？都起什么作用？
6. AT89S51 的串行口有哪几种工作方式？工作方式如何设定？
7. 在实际应用中串行口有什么具体用途？
8. AT89S51 的串行口每一种工作方式的具体情况是什么样？串行数据帧格式和波特率是什么样？
9. 串行通信接口有几种？如何使用？
10. T1 作为波特率发生器时如何使用？若已知时钟频率和拟使用的串行通信波特率，如何计算 T1 的计数初值？
11. 为什么 T1 用作波特率发生器时常采用方式 2 工作？
12. 若时钟信号为 11.0592MHz，串行口工作在方式 1，波特率为 4800bit/s，写出用 T1 作为波特率发生器的方式控制字和计数初值。
13. 设单片机时钟频率为 12MHz，请利用定时器 T0 编出在 P1.0 引脚上输出周期为 2ms 的矩形波程序，要求一周期内高低电平占空比为 1∶3（高电平时间短）。
14. 为什么 AT89S51 串行口的方式 0 帧格式没有起始位 0 和停止位 1？
15. 使用 AT89S51 进行串行数据通信，串行口工作在方式 1，波特率为 2400bit/s，以中断方式传送数据，请编写全双工通信程序。
16. 简述 AT89S51 的串行口进行多机通信的工作原理。
17. 简述 WDT 的结构与工作特性。
18. WDT 是如何启动的？又是怎样停止的？
19. 为什么 WDT 要进行复位？"喂狗"是什么意思？
20. 请用 C 语言编制 WDT 的启动程序和"喂狗"程序。

第 7 章 AT89S51 单片机的通用外围电路的扩展

内容提要：本章介绍 AT89S51 单片机常用的通用外围电路的扩展，包括键盘、显示器、串/并行和并/串行转换模块、I/O 端口、BCD 拨码盘、ISP 编程接口等的基本原理和典型实用电路。

对于大多数单片机系统在构建时，除了充分利用单片机芯片内部功能模块和端口外，一般都会根据需要扩展一部分的外围电路。本章针对常用的外围扩展电路和所用芯片结构进行讲解。

7.1 键盘的扩展

在单片机应用系统中，为了有效控制系统的工作状态并实现向系统内部传递数据和命令等功能，应用系统应设置键盘或按键。

单片机所用键盘分为全编码键盘和非编码键盘。全编码键盘其键盘上闭合键的识别由专用的硬件编码器实现，并产生键编码号或键值，如计算机键盘。这种键盘使用方便，但要求硬件资源多，价格较贵，在一般的单片机应用系统中较少采用。非编码键盘多采用矩阵方式，利用软件识别键码及完成各种键功能处理。其结构简单实用，价格低廉，被广泛应用于单片机应用系统中。本节将针对非编码键盘进行介绍。

7.1.1 键盘的基本原理

键盘实际上是一组开关的集合，通过外界作用力，使开关断开或闭合实现电路通断的控制是按键的基本机械原理。由于机械弹性的影响，机械触点在闭合及断开瞬间均有抖动现象发生，从而使电压信号的变化不同于理想状况而出现波动，如图 7-1 所示。波动的出现一般在按键按下和释放两个阶段，时间长短与按键的机械特性相关，一般为 5~10ms。按键中间的稳定闭合时间，由操作人员的按键动作确定，一般为几百毫秒到几秒。

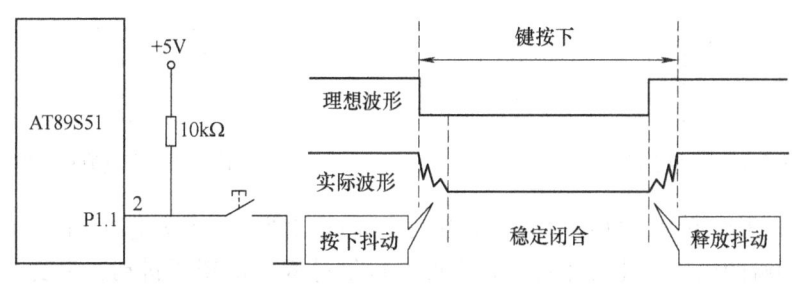

a) 按键开关   b) 按键闭合及断开电压波形

图 7-1 按键开关及电压波形

单片机系统在检测键盘按键是否被按下时,是通过对其相应端口上的高低电平进行检测的。如图7-1a所示,按键断开时,P1.1端口为高电平;按键闭合时,P1.1则变为低电平。所以,通过端口的高低电平状态就可以检测按键按下与否。同时为了保证CPU对一次按键动作只确认一次按键,必须消除抖动的影响。

通常消除抖动影响的措施有硬、软件两种。硬件上采取的措施是在按键输入端加RS触发器或双稳态电路构成消抖电路。软件上采取的措施是在检测到有按键按下时,先检测电平状态,执行一个10ms左右延时程序后,再检测一次电平状态,若两次检测都处于闭合时的电平状态,则说明按键闭合,反之为抖动影响。下面介绍几种消抖动方法。

1. 硬件消抖

常见的硬件消抖电路包括双稳态消抖电路和滤波消抖电路。

(1) 双稳态消抖电路

图7-2所示为双稳态消抖电路。图中用两个与非门构成一个RS触发器。当按键未按下(开关S位于a点)时,输出为1。当按键按下(开关S位于b点)时,输出为0。此时,即使因按键的机械弹性产生瞬间不闭合(抖动跳开b),只要按键不返回a点,双稳态电路的状态就不会改变,输出保持为0,不产生抖动的波形。也就是说,即使按键在闭合时,b点处电压波形产生抖动,但经双稳态电路之后,其输出变为图7-1b中所示理想波形,这一点可通过分析RS触发器的工作过程得到验证。

(2) 滤波消抖电路

RC积分电路具有吸收干扰脉冲的作用,通过选择适当的电阻值和电容值可以调整时间常数,当按键的抖动通过此滤波电路时,便可消除抖动的影响,如图7-3所示。在选取R_1、R_2、C的值时,必须保证C由稳态电压的充电到开启电压或放电到关闭电压的延迟时间大于或等于10ms。

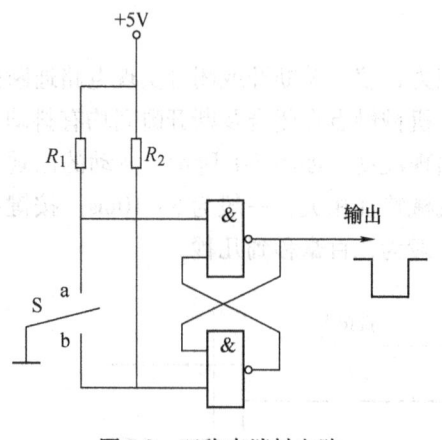

图7-2 双稳态消抖电路

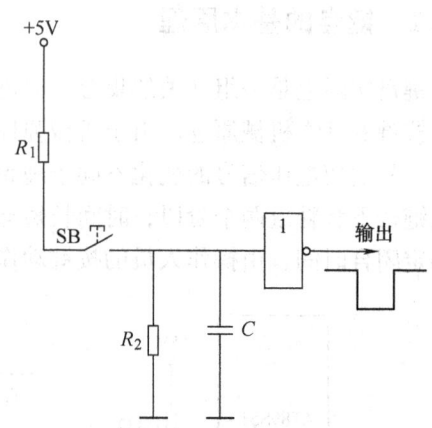

图7-3 滤波消抖电路

当按键SB未按下时,电容两端电压为0,非门输出为1。当按键按下时,由于电容的特性,电容C两端的电压不能发生突变,即使在接触过程中出现了抖动,只要C两端的放电电压波动不超过非门的开启电压(TTL为0.8V左右),非门的输出将不会改变。在按键SB断开的过程中,也是一样,即使出现抖动,由于C两端电压不能突变,要经过RC放电,只要C两端的放电电压波动不超过非门的关闭电压,非门的输出也不会改变。

2. 软件消抖

如果按键较多，采用硬件消抖，会提高成本，增加电路的复杂性，因此常采用软件的方法进行消抖。

软件消抖可以减少开发系统的成本，简化键盘的电路设计。软件消抖的过程：在检测出键闭合后，执行一个10ms左右的延时程序，再确认该键电平是否仍保持闭合状态电平，如果保持闭合状态电平则确认为真正有键按下，然后判断是否是按下的同一个键，如果仍然是按下的同一个键，则说明是键盘真的按下，根据系统设计执行相应的处理程序，从而消除抖动的影响。其流程如图7-4所示。

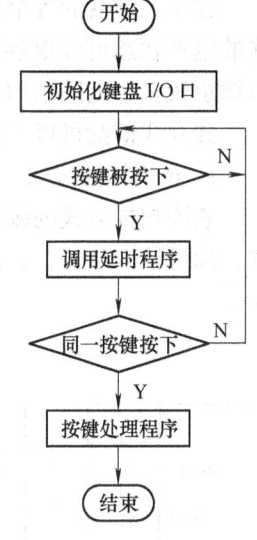

图7-4 软件消抖流程

单片机系统中使用的非编码键盘的按键扫描、识别等都由键盘扫描子程序完成，键盘扫描子程序一般应具备以下几个功能。

1）判断键盘上有无按键按下；
2）消除按键的抖动影响；
3）扫描键盘，得到按下键的键号；
4）键闭合一次仅进行一次处理。

7.1.2 键盘的工作方式

单片机是通过扫描键盘的方式识别键盘输入的。当单片机系统忙于各项工作任务时，既要保证及时响应按键操作，又不要过多占用CPU的工作时间。通常，键盘的工作方式有两种：查询扫描方式和中断扫描方式。

1. 查询扫描方式

查询扫描方式也称编程扫描方式，分为随机查询和定时查询扫描方式。

随机查询扫描方式是利用单片机的工作间隙，调用键盘扫描子程序，反复扫描键盘，来响应键盘的输入请求。

定时查询扫描方式是每隔一定的时间对键盘扫描一次。在这种方式中，通常利用单片机内的定时器产生的定时中断，进入中断子程序来对键盘进行扫描，在有键按下时识别出该键，并执行相应键的处理程序。由于每次按键的时间一般不会小于100ms，定时中断的周期一般应小于100ms，所以一般不会漏判有效按键。

对于查询扫描方式，如单片机查询频率过高，虽能及时响应键盘的输入，但也会影响其他任务的进行；如查询的频率过低，可能出现键盘输入漏判。所以要根据单片机系统的繁忙程度和键盘的操作频率，来调整键盘扫描的频率。

2. 中断扫描方式

为进一步提高单片机扫描键盘的工作效率，可采用中断扫描方式，即只有在按键按下时，才会向单片机发出中断请求信号，单片机响应中断，执行键盘扫描中断服务子程序，识别出按下的按键，并跳向该按键的处理程序。如果无键按下，单片机将不理睬键盘。此方式的优点是只有按键按下时，才进行处理，所以实时性强，占用CPU时间少，工作效率高。

7.1.3 独立式键盘

独立式键盘的各个按键之间彼此是独立的,每个按键连接一根 I/O 口线,通过检测输入线的电平状态可以很容易地判断是哪个按键被按下。当键盘按键数量比较多时,需要的 I/O 口线也较多,电路结构也较为复杂,因此独立式键盘只适合于按键较少的应用场合。

独立式键盘可以工作在查询扫描方式和中断扫描方式。

1. 查询扫描方式

查询扫描方式的键盘接口电路设计简单,可采用按键与单片机的 I/O 口线直接相接的方式,通过读 I/O 口,判断各 I/O 口线的电平状态,即可识别按下的键。其接口电路如图 7-5a 所示。

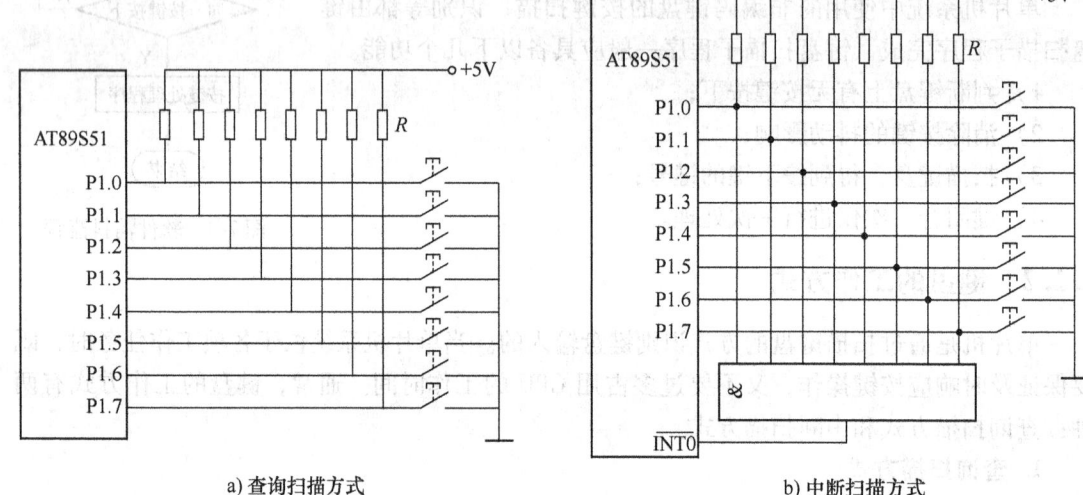

a) 查询扫描方式 b) 中断扫描方式

图 7-5 独立式键盘接口电路

例 7-1 采用查询扫描方式对图 7-5a 中键盘的键值进行读取(P1.0~P1.7 分别控制 0~7 号键)。

解:参考程序如下。

```
#include <reg51.h>
void main(void)
{   unsigned char keyvalue;
    do
    {   P1 = 0xff;
        keyvalue = P1;
        keyvalue = ~keyvalue;
        switch(keyvalue)
        {   case 1:……;           /* 处理 0 号键*/
                    break;
            case 2:……;           /* 处理 1 号键*/
                    break;
            case 4:……;           /* 处理 2 号键*/
                    break;
```

```
        case 8:......;              /* 处理 3 号键*/
                break;
        case 16:......;             /* 处理 4 号键*/
                break;
        case 32:......;             /* 处理 5 号键*/
                break;
        case 64:......;             /* 处理 6 号键*/
                break;
        case 128:......;            /* 处理 7 号键*/
        default:
                break;              /* 无按下键处理*/
        }
    }
    while(1)
}
```

2. 中断扫描方式

查询扫描方式要求单片机不断地对键盘进行扫描工作，以监视键盘的输入情况，直到有键按下为止。扫描期间 CPU 不能做任何其他工作，效率较低。为了提高 CPU 的工作效率，可采用中断扫描方式。中断扫描方式在有键按下时就会发出中断请求，CPU 响应中断，查询各按键对应的 I/O 口线状态识别按键，并执行按键所对应的处理程序。其独立式键盘接口电路如图 7-5b 所示。将每个按键所对应的 I/O 口线与与门相连接，与门的输出连接到中断接口。当有按键按下时，对应的 I/O 口线电平变为低电平，与门的输出也为低电平，向单片机发出中断请求，在中断服务程序中对按下的键进行识别。

上述各种独立式键盘电路中，各按键均采用了上拉电阻，这是为了保证在按键断开时，各 I/O 口线有确定的高电平。如果输入口线内部已有上拉电阻，则外围电路上的上拉电阻可省去。此外也可用扩展的 I/O 口作为独立式键盘接口电路，其基本电路结构和上面相同，设计时可参照图 7-5 中的电路结构。

例 7-2 键盘接口电路如图 7-5b 所示，编写中断扫描方式的独立式键盘处理程序（P1.0 ~ P1.7 分别控制 0 ~ 7 号键）。

解： 参考程序如下。

```
#include <reg51.h>
#include <absacc.h>
#define uchar unsigned char
#define TRUE 1
#define FALSE 0
bit key_flage;
uchar key_value;
void delay_10ms(void);          /* 延时 10ms 函数*/
void main(void)
{   IE = 0x81;
    IP = 0x01;
    key_flag = 0;               /* 设置中断标志为 0*/
```

```
        do{
        if(key_flag)                    /* 如果按键有效*/
            { switch(key_value)         /* 根据按键分支*/
                { case 1: ......;       /* 处理0号键*/
                    break;
                  case 2: ......;       /* 处理1号键*/
                    break;
                  case 4: ......;       /* 处理2号键*/
                    break;
                  case 8: ......;       /* 处理3号键*/
                    break;
                  case 16: ......;      /* 处理4号键*/
                    break;
                  case 32: ......;      /* 处理5号键*/
                    break;
                  case 64: ......;      /* 处理6号键*/
                    break;
                  case 128: ......;     /* 处理7号键*/
                  default:
                    break;              /* 无效按键,如多个键同时按下*/
                }
            key_flag = 0;}
        }
        while(TRUE);
    }
    void int0( ) interrupt 0
    {   uchar reread_key;
        IE = 0x80;                      /* 屏蔽中断*/
        key_flag = 0;                   /* 设置中断标志*/
        P1 = 0xff;                      /* P1口锁存器置1*/
        key_value = P1;                 /* 读入P1口的状态*/
        delay_10ms(void);               /* 延时10ms*/
        reread_key = P1;                /* 再次读取P1口的状态*/
        if(key_value = = reread_key)
        {   key_flag = 1;               /* 设置中断标志为1*/
        }
        IE = 0x81;                      /* 中断允许*/
    }
```

7.1.4 矩阵式键盘

矩阵式键盘是一种扫描式键盘,由行线、列线及位于行列交叉点上的按键等部分组成。按键数等于矩阵行数与列数的乘积。在按键数目较多的场合,矩阵式键盘与独立式键盘相比,要节省很多的I/O口线。

如图7-6所示,首先判断键盘有无键按下,即把所有行线P1.0~P1.3均置为低电平,然后检查各列线的状态,若列线不全为高电平,则表示键盘中有键按下;若所有列线均为高电平,则表示键盘中无键按下。

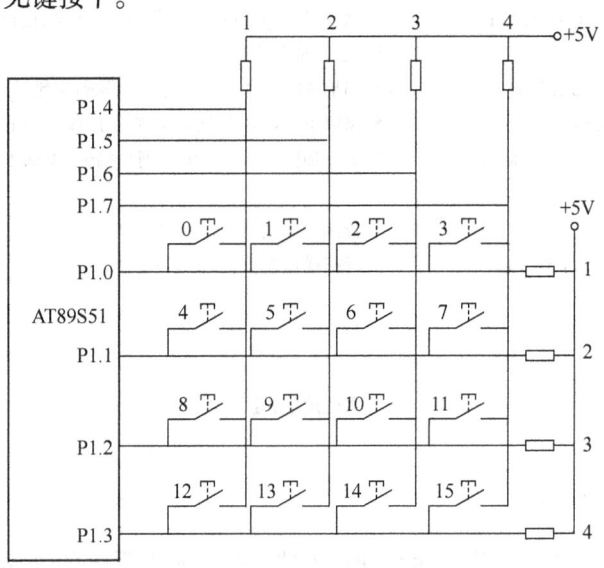

图 7-6 矩阵式键盘结构

在确认有键按下后,即可进入确定具体闭合键的过程。判断闭合键所在的位置,其方法是依次将行线置为低电平,再逐行检查各列线的电平状态,若某列为低,则该列线与行线交叉处的按键就是闭合的按键。

例 7-3 对图 7-6 所示的矩阵式键盘,编写查询式的键盘处理程序,判断有无键按下,以及按下键的位置。

解:参考程序如下。

```
#include <reg51.h>
#define uchar unsigned char
#define uint unsigned int
void main(void)
{   uchar key;
        while(1)
{key = keyscan();              /* 调用键盘扫描函数,返回的键值送变量 key* /
delay();                        /* 延时* /
}
void delay(void);               /* 延时函数* /
{   uchar i;
    for(i = 0;i < 200;i + +){ }
}
uchar keyscan(void)             /* 键盘扫描函数* /
{   uchar code_h;               /* 行扫描值* /
    uchar code_l;               /* 列扫描值* /
    P1 = 0xf0;                  /* P1.0~P1.3 输出都为 0,准备读列状态* /
    if((P1&f0)! = 0xf0)         /* 如果 P1.4~P1.7 不全为 1,可能有键按下* /
{       delay();                /* 延时消抖* /
```

```
        if((P1&f0)!=0xf0)              /* 重读 P1.4~P1.7,若还是不全为1,一定有键按下*/
        {       code_h=0xfe;           /* P1.0置为0,开始行扫描*/
            while((code_h&0xf0)=0xf0); /* 判断是否为最后一行,若不是,继续扫描*/
            {   P1 = code_h;           /* P1口输出行扫描值*/
                if((P1&f0)!=0xf0);     /* 如果P1.4~P1.7不全为1,该行有键按下*/
                {   code_l = (P1&0xf0|0x0f); /* 保留P1高4位,低4位变为1,作为列值*/
                    return((~code_h)+(~code_l)); /* 键扫描值=行扫描值+列扫描值,返回主程序*/
                }
                else                   /* 若该行无键按下,往下执行*/
                    code_h = (code_h<<1)|0x01; /* 行扫描值左移,扫描下一行*/
            }
        }
        else}
            return(0);                 /* 无键按下,返回0*/
}
```

7.1.5 双功能键的设计

在单片机的应用系统中,为了简化硬件电路,缩小整个系统的规模,总希望以最少的按键获得最多的控制功能。矩阵式键盘与独立式按键键盘相比,硬件电路大大节省,在此基础上还可以增加一个上/下挡键,使同一键盘具有两个键盘的功能,这就是双功能键的设计。如图7-7所示,当上/下挡控制开关处于上挡（开关断开）时,按键为上挡功能；当上/下挡控制开关处于下挡（开关闭合）时,按键为下挡功能。

在软件程序设计过程中,键盘扫描子程序应不断测试P1.0口线的电平状态,根据此电平状态的高低,赋予同一个键两个不同的键码,从而由不同的键码转入不同的键处理子程序；或者同一个键只赋予一个键码,但根据上/下挡标志,相应转入上/下挡功能子程序。

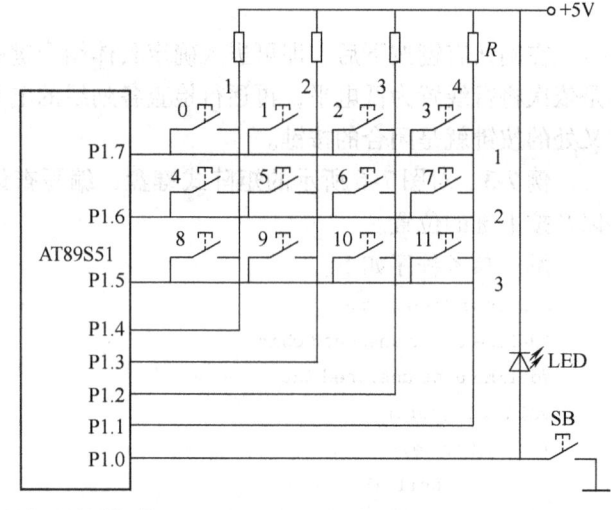

图7-7 双功能键原理图

上述双功能键的实现是由硬件完成的,根据上/下挡开关的状态决定是执行上挡功能还是下挡功能。其中发光二极管作为指示之用,以区分当前键盘是上挡状态还是下挡状态。

7.2 显示器的扩展

为方便观察和监视单片机的运行情况,通常把显示器作为单片机的重要输出设备,用来显示单片机应用系统的键输入值、中间信息以及运算结果等。

在单片机应用系统中,常用的显示器主要有LED、LCD两种。这两种显示器具有低功耗、低成本、配置灵活、电路简单、安装方便等优点。但因其显示内容有限，不能显示图形，所以应用有局限性，对某些要求较高的单片机应用系统都配置简易的 CRT 接口。

7.2.1 LED 显示器的扩展

LED（Light Emiting Diode）是发光二极管的英文缩写。LED 显示器是由发光二极管构成的，所以在显示器前面冠以 LED，其在单片机应用系统中应用十分普遍。

1. LED 显示器的结构

LED 显示器是由发光二极管按一定结构组合起来显示字段的显示器件，也称作数码管，常用的有 7 段或 8 段（8 段比 7 段多了一个小数点 dp 段）式 LED 数码显示器。这种类型显示器有共阳极和共阴极两种，其外形结构与原理如图 7-8 所示。共阴极 LED 显示器的发光二极管的阴极连接在一起，通常此公共阴极接地。当某个发光二极管的阳极为高电平时，发光二极管被点亮，相应的段被显示。同样，共阳极 LED 显示器的发光二极管的阳极连接在一起，通常此公共阳极接正电压，当某个发光二极管的阴极被置为低电平时，发光二极管被点亮，相应的段被显示。

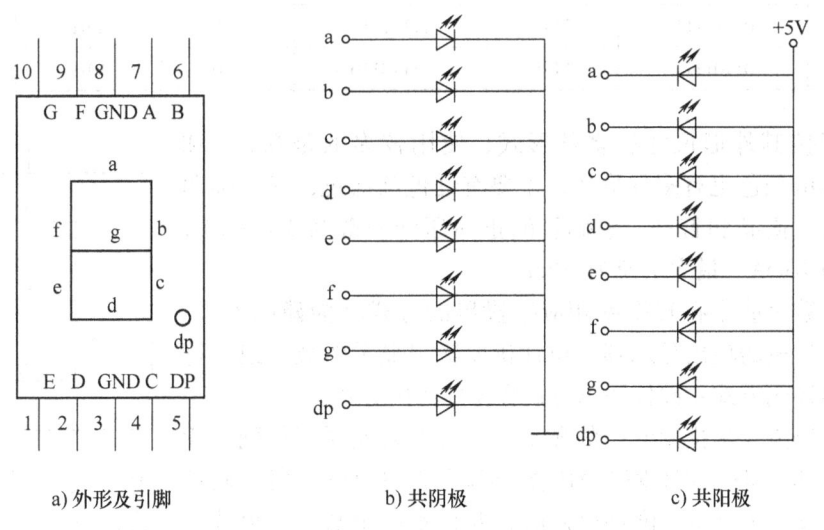

图 7-8 7 段（8 段）LED 结构及外形

图 7-8a 所示为常见的 7 段发光二极管，加上一个小数点位共计 8 段，分别用 a~g 及 dp 表示。图 7-8b、c 所示为其共阴极和共阳极的两种结构。在让数码管显示字型时，除要求点亮其内部发光二极管外，还要注意其点亮的位置，能显示成所需要的字型。实际也就是要求送一个用不同电平组合代表的数据至数码管。这种装入数码管中显示字形的数据称为字形码（也称段码）。

对照图 7-8c，段码各位定义见表 7-1。

表 7-1 段码各位定义

代码位	D7	D6	D5	D4	D3	D2	D1	D0
显示位	dp	g	f	e	d	c	b	a

D0～D7 为数据线。D0 与 a 字段对应，D1 与 b 字段对应，以此类推。如要显示"7"字，对应的 a、b、c 应送低电平，才能使该字段发光二极管点亮，段码为 11111000B。7 段 LED 的常用段码见表 7-2。

表 7-2 数字的共阴极和共阳极的字段码

显示数字	共阴顺序小数点暗		共阴逆序小数点暗		共阳顺序小数点亮	共阳顺序小数点暗
	dp g f e d c b a	十六进制	a b c d e f g dp	十六进制		
0	00111111	3FH	11111100	FCH	40H	C0H
1	00000110	06H	01100000	60H	79H	F9H
2	01011011	5BH	11011010	DAH	24H	A4H
3	01001111	4FH	11110010	F2H	30H	B0H
4	01100110	66H	01100110	66H	19H	99H
5	01101101	6DH	10110110	B6H	12H	92H
6	01111101	7DH	10111110	BEH	02H	82H
7	00000111	07H	11100000	E0H	78H	F8H
8	01111111	7FH	11111110	FEH	00H	80H
9	01101111	6FH	11110110	F6H	10H	90H

数码管按其外形尺寸有多种形式，使用较多的是 0.5″ 和 0.8″，显示的颜色也有多种形式，主要有红色和绿色，亮度强弱可分为超亮、高亮和普亮。数码管的正向压降一般为 1.5～2V，额定电流为 10mA，最大电流为 40mA。

由显示数字或字符转换到相应字段码的方式称为译码方式。数码管是单片机的输出显示器，单片机要输出显示的数字或字符通常有两种译码方式：硬件译码方式和软件译码方式。

硬件译码方式是指用专门的显示译码芯片来实现字符到字段码的转换，如 BCD 码-七段码译码器 74LS447、CD4511 等。硬件译码电路如图 7-9 所示。硬件译码时，要显示一个数字，单片机只需送出这个数字的 4 位二进制编码，经 I/O 接口电路并锁存，然后通过显示译码器，就可以驱动 LED 显示器中的相应字段发光。硬件译码由于使用的硬件较多（显示器的段数和位数越多，电路越复杂），因此缺乏灵活性，且只能显示十六进制数，硬件电路也较为复杂。

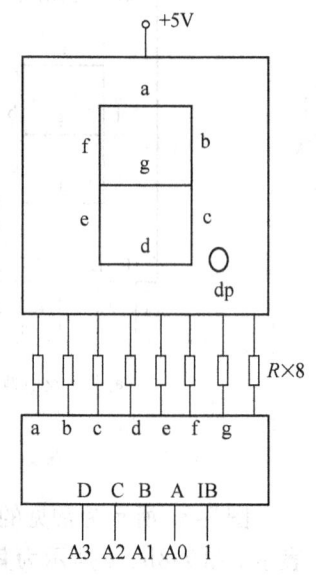

图 7-9 硬件译码电路

软件译码方式就是通过编写软件译码程序（通常为查表程序）来得到要显示字符的字段码。由于软件译码不需要外接显示译码芯片，则硬件电路简单，并且能显示更多的字符，因此在实际应用系统中经常采用。

2. LED 显示器的显示方式

LED 数码管的显示方式有静态显示方式和动态显示方式两种。

（1）静态显示方式

静态显示方式是指当显示器显示某个字符时，相应的字段（发光二极管）一直导通或截止,直到显示另一个字符为止。数码管工作在静态显示方式时,其公共端直接接地(共阴极)或接电源(共阳极),每位的字段选线(a~g,dp)与一个 8 位的并行接口相连,要显示字符,直接在 I/O 接口发送相应的字段码。这里的并行接口可以采用并行 I/O 接口,也可以采用串入/并出的移位寄存器或其他具有三态功能的锁存器等。

图 7-10 为 4 位数码管静态显示图。图中数码管为共阴极,公共端接地,若要显示一组 4 位的数字,则需通过 4 个 8 位的输出口分别控制每个数码管的字段码,因此在同一时刻 4 个数码管可以显示不同的字符。

静态显示接口电路在位数较多时,电路比较复杂。例如,N 位静态显示器要求有 $N \times 8$ 根 I/O 接口线,占用 I/O 接口线较多或者需要的接口芯片较多,成本也较高,因而在实际应用中常常采用动态显示方式。

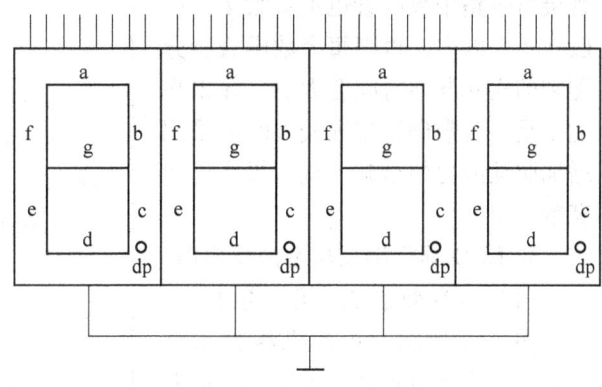

图 7-10 4 位共阴极数码管静态显示图

(2)动态显示方式

LED 动态显示是将所有数码管的字段选线(a~g,dp)都并联接在一起,接到一个 8 位的 I/O 接口上,每个数码管的公共端(称为位线)分别由相应的 I/O 接口线控制,图 7-11 为一个 8 位数码管动态显示图。

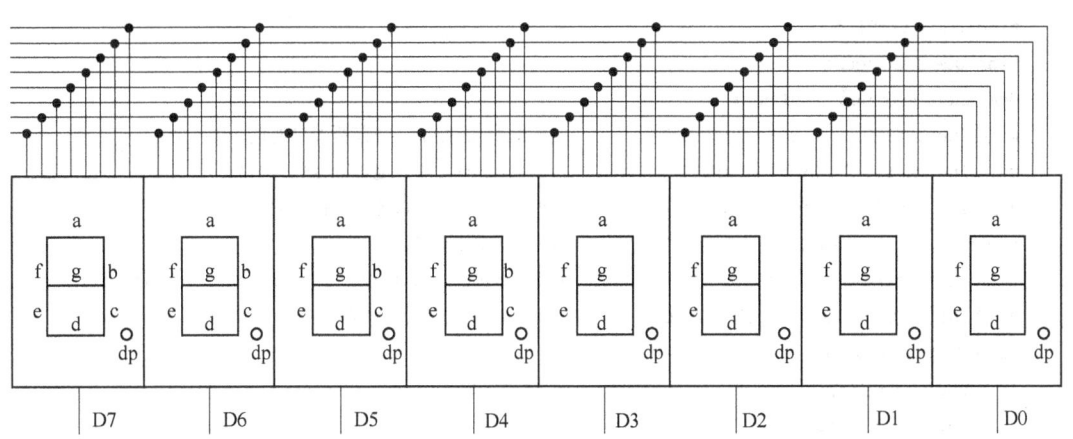

图 7-11 8 位数码管动态显示图

在图 7-11 中,由于每一位数码管的字段选线都接在同一个 I/O 接口上,所以每送一个字段码,8 位数码管就显示同一个字符。为了能得到在 8 个数码管上显示不同字符的显示效果,利用人眼的视觉惰性,采用分时轮流点亮各个数码管的动态显示方式。具体方法是从段选 I/O 接口上按位分别送显示字符的字段码,在位线控制端口按相应次序分别选通相应的显示位(共阴极送低电平,共阳极送高电平),被选通位就显示相应字符(保持几毫秒的延时),没选通的位不显示字符(LED 熄灭),依次不断循环。从单片机工作的角度看,在一个瞬间只有一位数码管显示字符,其他位都是熄灭的。但因为人眼的视觉惰性,只要循环扫描的速度在一定频率以上，这种动态变化人眼是觉察不到的。从效果上看，就像8个数码管能连续和稳定地同时显示8个不同的字符。

LED动态显示方式由于各个数码管共用一个段码输出端口，分时轮流选通，从而大大简化了硬件电路。但这种方法的数码管接口电路中数码管也不宜太多，一般在8个以内，否则每个数码管所分配到的实际导通时间会太少，显得亮度不足。若数码管位数较多时应采用增加驱动能力的措施，从而提高显示亮度。

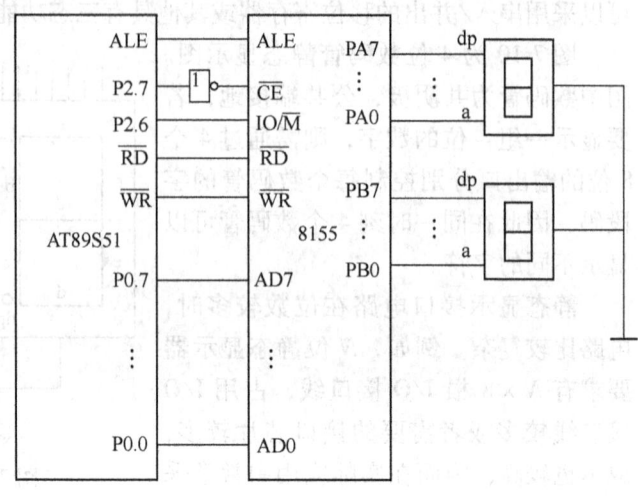

图7-12 静态显示接口电路

3. LED显示接口典型应用电路

（1）LED静态显示接口电路

图7-12所示为单片机通过8155与2个共阴极数码管显示器连接的静态显示接口电路。图中8155的A口、B口及控制口的端口地址分别为FFF9H、FFFAH、FFF8H。

例7-4 如图7-12所示的电路，编写程序在2个显示器上显示数字"1"、"2"（按照A口、B口的顺序）。

解： 参考程序如下。

```
#include <reg51.h>
#include <absacc.h>
#define uchar unsigned char
#define COM8155   XBYTE[0xFFF8]      /* 8155的控制字寄存器端口地址0xFFF8 */
#define PA8155    XBYTE[0xFFF9]      /* 8155的A端口地址0xFFF9 */
#define PB8155    XBYTE[0xFFFA]      /* 8155的B端口地址0xFFFA */
uchar idata dis_buf[2];              /* 显示缓冲区 */
uchar code table[18] = {0x3f, 0x06, 0x5b, 0x4f, 0x66, 0x6d, 0x07d, 0x07, 0x7f, 0x6f, 0x77, 0x7c,
0x39, 0x5e, 0x79, 0x71, 0x40, 0x00}; /* 共阴极数码管段码表 */
void display(void)
{   uchar segcode;
    segcode = dis_buf[0];
    segcode = table[segcode];        /* 段码 */
    PA8155 = segcode;                /* 段码送A口的数码管显示 */
    segcode = dis_buf[1];
    segcode = table[segcode];        /* 段码 */
    PB8155 = segcode;                /* 段码送B口的数码管显示 */
}
void main(void)
{   COM8155 = 0x00;                  /* 向8155控制寄存器写入控制字 */
    dis_buf[2] = {1, 2};
    display();
```

```
        while(1);
}
```

注：例题中显示数字"1"、"2"，如需要改变显示的内容只需要改变显示缓冲区的内容即可。

(2) LED 动态显示接口电路

图 7-13 所示为单片机通过 8155 控制 6 位共阴极显示器的动态显示接口电路。图中的 7407 为驱动电路芯片，8155 的 A 口、B 口、C 口及控制口的端口地址分别为 FFF9H、FFFAH、FFFBH、FFF8H。

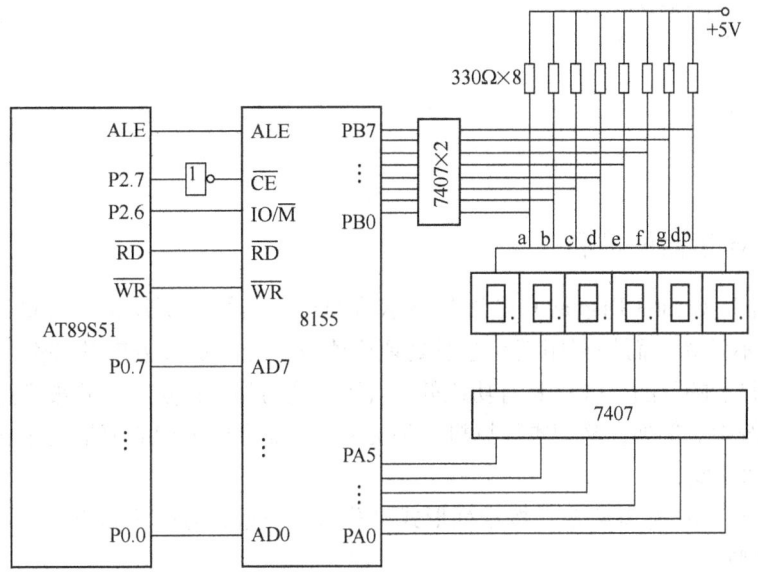

图 7-13 动态显示接口电路

例 7-5 如图 7-13 所示的电路，编写程序将 6 位待显示字符从左到右依次放在 dis_buf 数组中，并按从右向左顺序进行显示。

解：参考程序如下。

```c
# include < absacc.h >
# include < reg51.h >
#define uchar unsigned char
# define COM8155   XBYTE[ 0xFFF8 ]      /* 8155 的控制字寄存器端口地址 0xFFF8 */
# define PA8155    XBYTE[ 0xFFF9 ]      /* 8155 的 A 端口地址 0xFFF9 */
# define PB8155    XBYTE[ 0xFFFA ]      /* 8155 的 B 端口地址 0xFFFA */
uchar idata dis_buf[6] = { 2,4,6,8,10,12 };   /* 显示缓冲区*/
uchar code table[18 ] = { 0x3f,0x06,0x5b,0x4f,0x66,0x6d,0x7d,0x07,0x7f,0x6f,0x77,0x7c,0x39,
0x5e,0x79,0x71,0x40,0x00 };              /* 共阴极数码管段码表*/
void display ( void );
{ uchar segcode,bitcode,i ;
    bitcode = 0xef;                       /* 点亮最左边的显示器位控码*/
    for( i = 0 ;i < 6;i + + )
    { segcode = dis_buf[i];
```

```
            PB8155 = table[segcode];           /* 段码从 B 口输出* /
            PA8155 = bitcode;                  /* 位控码从 A 口输出* /
            delay (1);
            bitcode = bitcode > >1;            /* 位控码右移 1 位* /
            bitcode = bitcode |0x80;           /* 左移 1 位* /
        }
    }
    void main(void)
    {   COM8155 = 0x00;
        dis_buf[6] = {1,2,3,4,5,6};
        while(1)
        {
        display();
        }
    }
```

7.2.2 液晶显示器的扩展

LCD（Liquid Crystal Display）是液晶显示器的英文缩写。LCD 是一种被动式的显示器，即液晶本身并不发光，而是利用液晶经过处理后能改变光线通过方向的特性，而达到白底黑字或黑底白字显示的目的。LCD 具有功耗低、抗干扰能力强等优点，因此被广泛地应用在仪器仪表和控制系统中。例如，笔记本计算机、手机和计算器上所采用的都是液晶显示屏幕。

1. LCD 的分类

当前市场上 LCD 种类繁多，按排列形式可分为笔段型、点阵字符型和点阵图形型。

（1）笔段型

笔段型是以长条状显示像素组成一位显示。该类型主要用于数字显示，也可以用于显示西文字母或某些字符。这种段型显示通常有 6 段、7 段、8 段、9 段、14 段和 16 段等，在形状上总是围绕数字"8"的结构变化，其中以 7 段显示最为常用，广泛用于电子表、数字仪表和计算器中。

（2）点阵字符型

点阵字符型 LCD 模块是专门用来显示字母、数字、符号等的点阵型液晶显示模块。它由若干个 5×7 或 5×10 点阵组成，每个点阵显示一个字符。这类模块广泛应用于各类单片机应用系统中。

（3）点阵图形型

点阵图形型是在一平板上排列多行或多列，形成矩阵形式的晶格点，点的大小可根据显示的清晰度来设计。这类 LCD 可广泛用于图形显示如游戏机、笔记本计算机等设备中。

2. 点阵字符型液晶显示模块介绍

单片机应用系统中，常使用点阵字符型 LCD，需要有相应的 LCD 控制器、驱动器来对 LCD 进行扫描、驱动，还需要 RAM 和 ROM 来存储单片机写入的命令和显示字符的点阵。由于 LCD 的面板较为脆弱，制造商已将 LCD 控制器、驱动器，以及 RAM、ROM 和 LCD 用 PCB 连接到一起，称为液晶显示模块（LCD Module，LCM），只需购买现成的 LCM 即可使用。单片机控制 LCM 时，只要向 LCM 送入相应的命令和数据就可显示需要的内容。下面介绍常见的点阵字符型 LCM：1602 字符型 LCM（两行，每行 16 个字符）。

(1) 基本结构

1) 液晶显示板。在液晶显示板上排列着若干 5×7 或 5×10 点阵的字符显示位，从规格上分为每行 8、16、20、24、32、40 位，有 1 行、2 行及 4 行等，根据需要，选择购买。

2) 模拟电路框图。图 7-14 为字符型 LCM 的电路框图，它由日立公司生产的控制器 HD44780、驱动器 HD44100 及几个电阻和电容组成。HD44100 是扩展显示字符位用的（例如，16 字符×1 行模块就可不用 HD44100，16 字符×2 行模块就要用一片 HD44100）。

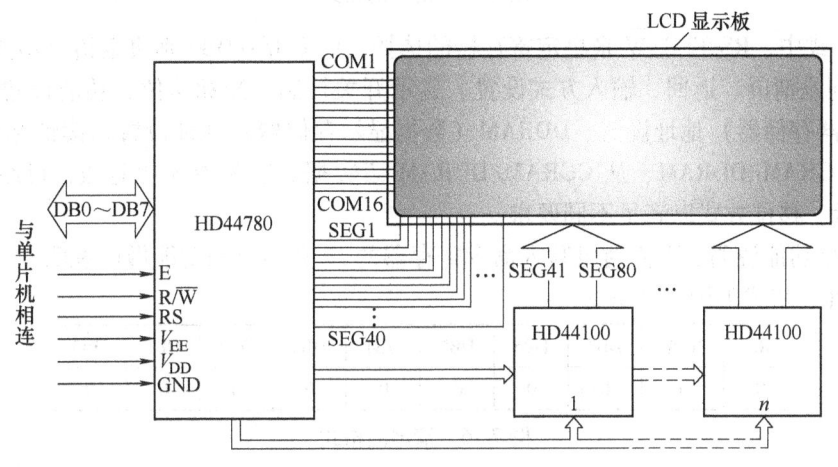

图 7-14 字符型 LCM 的电路框图

3) LCM 的引脚。LCM 上有 16 个引脚，也有少数的为 14 个引脚，其中包括 8 条数据线、3 条控制线和 3 条电源线，见表 7-3。通过单片机写入模块的命令和数据，就可对显示方式和显示内容做出选择。

表 7-3 LCM 的部分引脚

引脚号	符号	引脚功能
1	GND	电源地
2	V_{DD}	+5V 逻辑电源
3	V_{EE}	液晶驱动电源（用于调节对比度）
4	RS	寄存器选择（1—数据寄存器，0—命令/状态寄存器）
5	R/$\overline{W}$	读/写操作选择（1—读，0—写）
6	E	使能（下降沿触发）
7~14	DB0~DB7	数据总线，与单片机的数据总线相连，三态
15	E1	背光电源，通常为 +5V，并串联一个电位器，调节背光亮度
16	E2	背光电源地

(2) 指令格式及指令功能说明

1) 指令格式。LCD 控制器 HD44780 内有多个寄存器，RS 和 R/$\overline{W}$ 引脚上的电平共同决定选择哪一个寄存器，见表 7-4。

表 7-4 寄存器选择

RS	R/W̄	操作	RS	R/W̄	操作
0	0	指令寄存器写入	1	0	数据寄存器写入
0	1	忙标志和地址计数器读出	1	1	数据寄存器读出

指令的格式如图 7-15 所示。

| RS | R/W̄ | DB7 | DB6 | DB5 | DB4 | DB3 | DB2 | DB1 | DB0 |

图 7-15 指令的格式

指令格式中，RS 和 R/W̄ 来决定寄存器的选择，而 DB7～DB0 则决定指令功能。指令共 11 种，分别是清屏、返回、输入方式设置、显示开关控制、光标移位、功能设置、CGRAM（字符发生器存储器）地址设置、DDRAM（数据显示存储器）地址设置、读忙标志和地址、写数据到 CGRAM/DDRAM、从 CGRAM/DDRAM 读数据。这些指令功能强，可组合成各种输入、显示、移位方式以满足不同要求。

2）指令功能说明。下面对可写入命令寄存器的 11 条指令的功能做以说明。

① 清屏，格式如图 7-16 所示。

RS	R/W̄	DB7	DB6	DB5	DB4	DB3	DB2	DB1	DB0
0	0	0	0	0	0	0	0	0	0

图 7-16 清屏的格式

功能：清除屏幕显示，并将地址计数器 AC 置为 0。

② 返回，格式如图 7-17 所示。

RS	R/W̄	DB7	DB6	DB5	DB4	DB3	DB2	DB1	DB0
0	0	0	0	0	0	0	0	0	×

图 7-17 返回的格式

功能：置 DDRAM 及显示 RAM 的地址为 0，显示返回到原始位置。

③ 输入方式设置，格式如图 7-18 所示。

RS	R/W̄	DB7	DB6	DB5	DB4	DB3	DB2	DB1	DB0
0	0	0	0	0	0	0	1	I/D	S

图 7-18 输入方式设置的格式

功能：设置光标的移动方向，并指定整体显示是否移动。其中，I/D = 1 为增量方式，I/D = 0 为减量方式；S = 1 表示移位，S = 0 表示不移位。

④ 显示开关控制，格式如图 7-19 所示。

RS	R/W̄	DB7	DB6	DB5	DB4	DB3	DB2	DB1	DB0
0	0	0	0	0	0	1	D	C	B

图 7-19 显示开关控制的格式

功能：D 位（DB2）控制整体显示的开与关，D = 1 开显示，D = 0 则关显示；C 位（DB1）控制光标的开与关，C = 1 光标开，C = 0 则光标关；B 位（DB0）控制光标处字符的闪烁，B = 1 字符闪烁，B = 0 字符不闪烁。

⑤ 光标移位，格式如图 7-20 所示。

RS	R/$\overline{W}$	DB7	DB6	DB5	DB4	DB3	DB2	DB1	DB0
0	0	0	0	0	1	S/C	R/L	×	×

图 7-20　光标移位的格式

功能：移动光标或整体显示，DDRAM 中内容不变。其中，S/C = 1 时显示移位，S/C = 0 时光标移位；R/L = 1 时向右移位，R/L = 0 时向左移位。

⑥ 功能设置，格式如图 7-21 所示。

RS	R/$\overline{W}$	DB7	DB6	DB5	DB4	DB3	DB2	DB1	DB0
0	0	0	0	1	DL	N	F	×	×

图 7-21　功能设置的格式

功能：DL 位设置接口数据位数，DL = 1 为 8 位数据接口，DL = 0 为 4 位数据接口；N 位设置显示行数，N = 0 单行显示，N = 1 双行显示；F 位设置字型大小，F = 1 为 5 ×10 点阵，F = 0 为 5 ×7 点阵。

⑦ CGRAM 地址设置，格式如图 7-22 所示。

RS	R/$\overline{W}$	DB7	DB6	DB5	DB4	DB3	DB2	DB1	DB0
0	0	0	1	A	A	A	A	A	A

图 7-22　CGRAM 地址设置的格式

功能：设置 CGRAM 的地址，地址范围为 0 ~ 63。

⑧ DDRAM 地址设置，格式如图 7-23 所示。

RS	R/$\overline{W}$	DB7	DB6	DB5	DB4	DB3	DB2	DB1	DB0
0	0	1	A	A	A	A	A	A	A

图 7-23　DDRAM 地址设置的格式

功能：设置 DDRAM 的地址，地址范围为 0 ~ 127。

⑨ 读忙标志 BF 及地址计数器，格式如图 7-24 所示。

RS	R/$\overline{W}$	DB7	DB6	DB5	DB4	DB3	DB2	DB1	DB0
0	1	BF	AC						

图 7-24　读忙标志 BF 及地址计数器的格式

功能：BF 位为忙标志。BF = 1，表示忙，此时 LCM 不能接收命令和数据；BF = 0，表示 LCM 不忙，可接收命令和数据。AC 位为地址计数器的值，范围为 0 ~ 127。

⑩ 向 CGRAM/DDRAM 写数据，格式如图 7-25 所示。

RS	R/$\overline{W}$	DB7	DB6	DB5	DB4	DB3	DB2	DB1	DB0
1	0	DATA							

图 7-25　向 CGRAM/DDRAM 写数据的格式

功能：将数据写入 CGRAM 或 DDRAM 中，应与 CGRAM 或 DDRAM 地址设置命令结合使用。

⑪ 从 CGRAM/DDRAM 中读数据，格式如图 7-26 所示。

RS	R/W	DB7	DB6	DB5	DB4	DB3	DB2	DB1	DB0
1	1	DATA							

图 7-26 从 CGRAM/DDRAM 中读数据的格式

功能：从 CGRAM 或 DDRAM 中读出数据，应与 CGRAM 或 DDRAM 地址设置命令结合使用。

(3) 有关说明

1) 显示位与 DDRAM 地址的对应关系见表 7-5。

表 7-5 显示位与 DDRAM 地址的对应关系

显示位		1	2	3	4	5	6	7	8	9	…	39	40
DDRAM 地址（H）	第 1 行	00	01	02	03	04	05	06	07	08	…	26	27
	第 2 行	40	41	42	43	44	45	46	47	48	…	66	67

2) 标准字符库。1602 内部字符库具有 192 个 5×7 点阵字符。图 7-27 所示为字符库的内容、字符码和字型的对应关系。

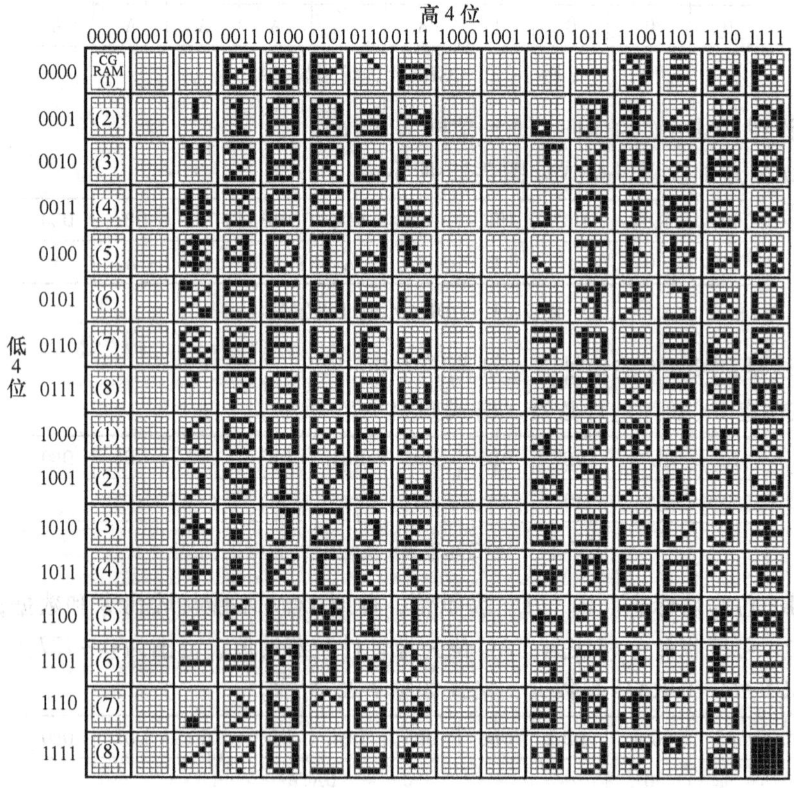

图 7-27 字符库的内容、字符码和字型的对应关系

3) 字符码（DDRAM DATA）、CGRAM 地址与自定义点阵数据（CGRAM 数据）之间的关系见表 7-6。

表 7-6 字符"¥"的点阵数据

DDRAM	CGRAM 地址		CGRAM 数据（字符"¥"的点阵数据）
7 6 5 4 3 2 1 0	5 4 3	2 1 0	7 6 5 4 3 2 1 0
0 0 0 0 × a a a	a a a	0 0 0	× × × 1 0 0 0 1
		0 0 1	× × × 0 1 0 1 0
		0 1 0	× × × 1 1 1 1 1
		0 1 1	× × × 0 0 1 0 0
		1 0 0	× × × 1 1 1 1 1
		1 0 1	× × × 0 0 1 0 0
		1 1 0	× × × 0 0 1 0 0
		1 1 1	× × × 0 0 0 0 0

字符码的高 4 位 DB4～DB7 为 0 时，即为自编字型码，其低 3 位 DB0～DB2 即 aaa 共寻址 1～8 个自编字符，并与 CGRAM 地址的 DB3～DB5 三位相对应，而 CGRAM 地址的低 3 位 DB0～DB2 则用来寻址自编字型点阵数据，即 CGRAM DATA。点阵数据每字符 8 个字节，每字节低 5 位有效。

3. AT89S51 与 LCM 的接口及软件编程

（1）AT89S51 与 LCM 的接口

AT89S51 与 LCM 的接口电路如图 7-28 所示，也可以将 LCM 挂接在 AT89S51 的总线上，通过对数据总线的读/写实现对 LCM 的控制。

（2）软件编程

1）初始化。用户所编写的显示程序，开始必须进行初始化，否则模块无法正常显示。下面介绍初始化的一般过程。

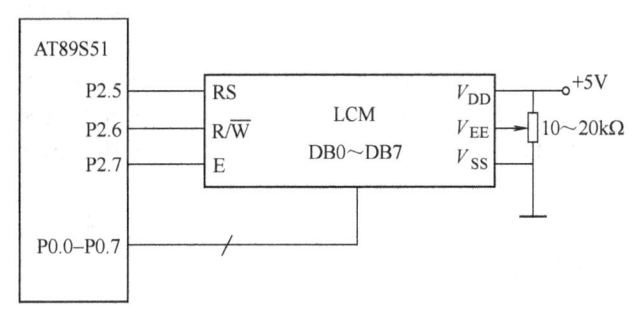

图 7-28 AT89S51 与 LCM 的接口电路

延时 15ms。

写指令 38H（不检测忙信号）。

延时 5ms。

写指令 38H（不检测忙信号）。

延时 5ms。

写指令 38H（不检测忙信号）。

以后每次写指令、读/写数据操作均需要检测忙信号。

写指令 38H：显示模式设置。

写指令 08H：显示关闭。

写指令 01H：显示清屏。

写指令 06H：显示光标移动设置。

写指令 0CH：显示开及光标设置。

2）编程实例。

例 7-6 编写程序在 LCD 第 2 行第 1 个字符的位置显示字母"W"。

解：参考程序如下。

```c
#include <reg51.h>
#include <intrins.h>          /* 内部函数,包含_nop_( )空函数指令*/
#define uchar unsigned char
#define uint unsigned int
Sbit RS = P2^5;                /* 定义 LCM 控制引脚*/
Sbit RW = P2^6;
Sbit E = P2^7;
#define DataPort P0            /* 定义 LCM 数据端口*/
#define Busy 0x80              /* 忙标志,D7 位为 1 说明忙*/
uchar Xpos;                    /* 列方向地址指针*/
uchar Ypos;                    /* 行方向地址指针*/
void Delay5ms(void)            /* 短延时函数*/
{
    uint i = 5552;
    while(i - -);
}
void CheckBusy( void )         /* 读忙状态函数,即在正常读/写操作之前检测 LCM 的忙状态,*/
                               /* D7 = 0 为 LCD 控制器闲;D7 = 1 为 LCD 控制器忙*/
{
    DataPort = 0xff;           /* P0 口写 1*/
    RS = 0;                    /* 选择指令寄存器*/
    RW = 1;                    /* 选择读模式*/
    _nop_();
    E = 1;                     /* 使能 LCD*/
    _nop_();
    _nop_();
    while( DataPort&Busy );    /* 若 D7 = 1,则 DataPort&Busy = 1,说明忙,等待*/
    E = 0;                     /* 若 D7 = 0,说明不忙,令 E = 0*/
}
void WriteIR(uchar CMD,uchar AttribC)  /* 写寄存器命令函数,向 LCM 写入命令 CMD*/
{
    if (AttribC) CheckBusy();  /* 若 AttribC = 1,检测忙;若 AttribC = 0,检测不忙,顺序执
                                  行*/
    RS = 0;                    /* 选择指令寄存器*/
    RW = 0;                    /* 选择写模式*/
nop_();
DataPort = CMD;                /* 将命令送数据端口*/
    _nop_();
    E = 1;                     /* 使能 LCD*/
    _nop_();
    _nop_();
    E = 0;                     /* 禁止 LCD*/
}
```

```c
void WriteDDR( char c )                 /* 写 DDR 寄存器函数,在光标位置显示一个字符*/
{
    CheckBusy();                        /* 检测忙信号*/
    RS = 1;                             /* 选择数据寄存器*/
RW = 0;                                 /* 选择写模式*/
_nop_();
DataPort = c;                           /* 将显示字符送往数据口*/
_nop_();
    E = 1;                              /* 写使能*/
_nop_();
_nop_();
E = 0;                                  /* 禁止 LCD*/
}
void LcdPos(uchar Xpos,uchar Ypos)      /* 光标定位函数*/
{
uchar tmp;                              /* 定义 tmp 为指令码
    Xpos& = 0x0f;                       /* 16xx 型液晶的范围是 0~15*/
    Ypos& = 0x01;                       /* Y 的范围是 0~1*/
    tmp = Xpos;
    if(Ypos = = 1)
    tmp | = 0xc0;                       /* 若 Ypos 为1(显示第 2 行),地址码+0xc0*/
    tmp | = 0x80;                       /* 若 Ypos 为 0(显示第 1 行),地址码+0x80*/
    WriteIR (tmp,0);
    }
    void LcdInt ( void )                /* 初始化函数,即向 LCM 写入不同初始化命令*/
    {
        WriteIR( 0x38, 0);              /* 功能设置指令,8 位接口,显示 2 行,5×7 字符*/
        WriteIR( 0x38, 1);              /* 设置显示模式(以后均检测忙信号) */
        WriteIR( 0x08, 1);              /* 显示开关控制指令,显示关闭*/
        WriteIR( 0x01, 1);              /* 清屏指令,将 DDRAM 数据全部填入"空白"*/
        WriteIR( 0x06, 1);              /* 输入方式设置指令,字符不动,光标自动右移一格*/
        WriteIR( 0x0f, 1);              /* 显示开关控制指令,显示器开,光标开,光标闪烁*/
    }
    void WriteChar(uchar Xpos,uchar Ypos,char c)   /* 在指定行列显示字符函数*/
    {   LcdPos(Xpos,Ypos);
        WriteDDR(c);
    }
    void main(void)                     /* 主函数*/
    {   LcdInt( );                      /* LCM 初始化*/
        Delay5ms( );                    /* 延时等待复位*/
    WriteChar(0,1,'W');                 /* Xpos=0(第 1 列),Ypos=1(第 2 行),显示字符 W*/
    for(;;)
    {;}
    }
```

7.3 串/并行和并/串行转换芯片的扩展

串/并行转换芯片能够完成串行数据到并行数据的转换，常用的芯片如 74LS164；并/串行转换芯片能够完成并行数据到串行数据的转换，常用的芯片如 74LS165。

7.3.1 串/并行转换芯片的扩展

图 7-29 所示为利用 74LS164 扩展两个 8 位并行输出口的接口电路。当单片机串行口工作在方式 0 的发送状态时，串行数据由 P3.0（RXD）送出，移位时钟由 P3.1（TXD）送出。在移位时钟的作用下，串行口发送缓冲器的数据一位一位地移入 74LS164 中。由于 74LS164 无并行输出控制端，因而在串行输入过程中，其输出端的状态会不断变化，故在某些应用场合，在 74LS164 的输出端应加接输出三态门控制，以便保证串行输入结束后再并行输出数据。

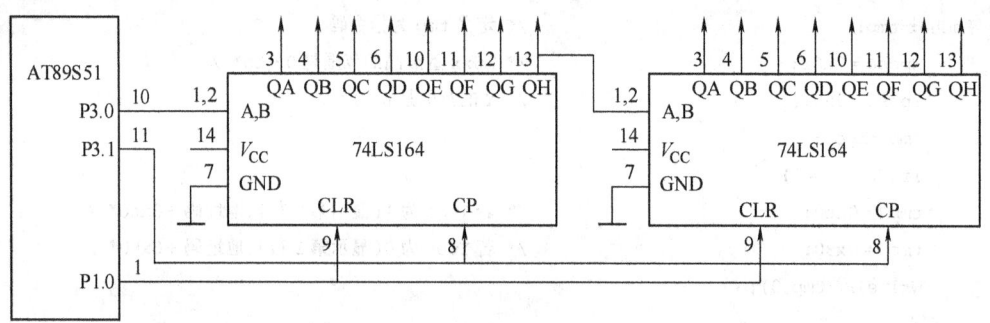

图 7-29 利用 74LS164 扩展两个 8 位并行输出口的接口电路

例 7-7 如图 7-29 所示，编写程序将内部 RAM 缓冲区的 8 个字节内容经过串行口由 74LS164 并行输出。

解：参考程序如下。

```
#include <reg51.h>
typedef unsigned char BYTE;
BYTE i;                         /* i 为右边的 74LS164 的输出* /
BYTE j;                         /* j 为左边的 74LS164 的输出* /
BYTE data[8] = {0x01,0x02,0x03,0x04,0x05,0x06,0x07,0x08 }
/* 主程序* /
void main(void)
{    SCON = 0x00;               /* 设置串行口方式 0* /
     { for(i = 0; i < = 8; i + +)    /* 输出 8 个字节数据* /
{    for(j = 0; j < = 8; j + +);
          SBUF = data[j]
while(TI = =0);TI = 0;
SBUF = data[i]
while(TI = =0);TI = 0;
}
}
```

```
        while(1);
    }
    test_flag = 1;                      /* 奇偶标志初始值为1,表示读的是奇数字节*/
        {   if(test_flag = =1)
        {   P1_0 = 0;                   /* 并行置入2字节数据*/
            P1_0 = 1;}                  /* 允许串行移位读入*/
            rx_data[i] = receive( );    /* 接收1字节数据*/
            test_flag = ~ test_flag;    /* 改写读入字节的奇偶性,以决定是否重新并行置入*/
        }
    }
```

7.3.2 并/串行转换芯片的扩展

74LS165 是 8 位并行置入/串行输出移位寄存器。图 7-30 所示为串行口外接两片 74LS165 扩展 2 个 8 位并行输入口的接口电路。当 74LS165 的 S/$\overline{\text{L}}$ 端电平由高到低时,并行输入端数据被置入寄存器;当 S/$\overline{\text{L}}$ = 1,且时钟禁止端(15 脚)为低电平时,允许 TXD (P3.1) 移位时钟输入,这时在时钟脉冲作用下,数据由右向左方向移动。

图 7-30 中,TXD(P3.1)作为移位脉冲输出端与所有 74LS165 的移位脉冲输入端 CP 相连;RXD(P3.0)作为串行输入端与 74LS165 的串行输出端 QH 相连;P1.0 与 S/$\overline{\text{L}}$ 相连,用来控制 74LS165 的移位或并行输入;74LS165 的时钟禁止端(15 脚)接地,表示允许时钟输入。当扩展多个 8 位输入口时,两芯片的首尾相连。

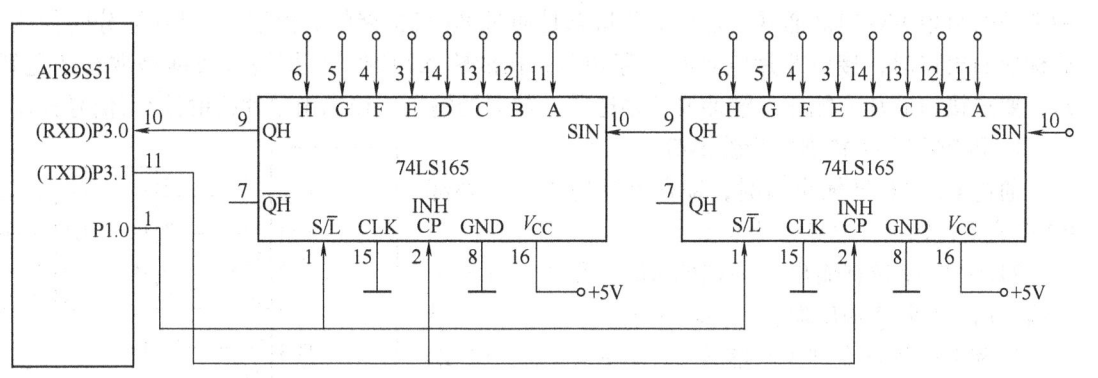

图 7-30 利用 74LS165 扩展并行输入口

例 7-8 如图 7-30 所示,编写程序从 16 位扩展口读入 4 组(每组 2B)数据,并存入到内部 RAM 缓冲区。

解: 参考程序如下。

```
#include <reg51.h>
typedef unsigned char BYTE;
BYTE rx_data[4][2];
sbit P1_0 = P1^0;                       /* 定义工作状态控制端*/
/* 读入数据函数*/
BYTE receive(void)
{   BYTE temp;
```

```
        while(RI = =0); RI =0; temp = SBUF;
        return temp;
}
/* 主程序* /
void main(void)
{    BYTE i,j;
    for(i=0; i<4; i++)          /* 循环读入 8 个字节数据* /
    {    for(j=0;j<2;j++)
    {  P1_0 =0;                  /* 并行置入 2 字节数据* /
       P1_0 =1;}                 /* 允许串行移位读入* /
       SCON = 0x10;              /* 设置串行口方式 0* /
       IE = 0x90;
       rx_data[i] = receive();   /* 接收 1 字节数据* /
    }
}
```

7.4 单片机外部 I/O 端口的扩展

7.4.1 简单 I/O 端口的扩展

在 AT89S51 系列单片机中，采用 TTL 电路、CMOS 电路锁存器或三态门电路也可构成各种类型的简单 I/O 口。通常，这种 I/O 口都是通过 P0 口扩展的。由于 P0 口只能分时使用，故构成输出口时，接口芯片应具有锁存功能；构成输入口时，根据输入数据是常态还是暂态，要求接口芯片应能三态缓冲或锁存选通。数据的输入、输出由单片机的读/写信号控制。

1. 用 74LS377 扩展并行输出口

通过 P0 口扩展输出口时，锁存器被视为一个外部 RAM 单元，输出控制信号为 $\overline{WR}$。

74LS377 是带有输出允许端的 8D 锁存器，有 8 个 D 输入端、8 个 Q 输出端、1 个时钟输入端 CP（上升沿有效）和 1 个锁存允许控制信号 $\overline{E}$。当 $\overline{E}=0$ 时，CP 端的上升沿便把 8 位 D 输入端的数据送入 8 位锁存器，这时在 Q 输出端将保持 D 端输入的 8 位数据。利用 74LS377 的这些特性，可以将其作为 AT89S51 系统中的一个 8 位输出口，接口电路如图 7-31 所示。

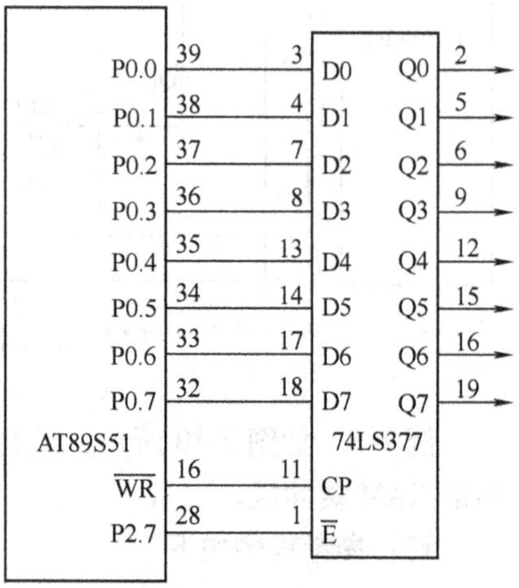

图 7-31 中，AT89S51 的 P0 口与 74LS377 的 D 端口相连，$\overline{WR}$ 与 CP 相连，P2.7 作为 74LS377 的片选信号。当 P2.7 低电平有效时，在 $\overline{WR}$ 的上升沿，P0 口输出的数据将被 74LS377 锁存起来，并在 Q 端输出。

图 7-31 AT89S51 单片机和 74LS377 的接口电路

2. 用 74LS373 扩展 8 位并行输入口

74LS373 是一个三态 8D 锁存器，可以作为 AT89S51 单片机的一个扩展输入口，接口电路如图 7-32 所示。74LS373 是一个带输出三态门的 8 位锁存器，有 8 个输入端 D0 ~ D7 和 8

个输出端 Q0~Q7；G 为数据锁存控制端，当 G 为高电平时，则把输入端的数据锁存于内部的锁存器；$\overline{OE}$ 为输出允许端，低电平时把锁存器中的内容通过输出端输出。

接口电路的工作原理：当外设把数据准备好后，发出一个控制信号 XT 加到 74LS373 的 G 端，即锁存控制端，使输入数据锁存在 74LS373 中。同时，XT 信号加到 AT89S51 单片机的中断请求 $\overline{INT0}$ 端，单片机响应中断。当 P2.6 = 0，$\overline{RD}$ 有效时，通过或门后加到 74LS373 的 $\overline{OE}$ 端，即 74LS373 的三态门控制端，使三态门畅通，锁存的数据读入到累加器 A 中。

3. 用三态门扩展 8 位并行输入口

对于常态数据的输入，只需采用 8 位三态门控制电路芯片即可。74LS244 为单向总线缓冲器，带两个控制端 $\overline{1G}$ 和 $\overline{2G}$，当它们为低电平时，输入端 D0~D7 的数据输出到 Q0~Q7，只能一个方向传输数据。图 7-33 所示为用 74LS244 通过 P0 口扩展的 8 位并行输入口。图中数据的输入由 P2.6 和 $\overline{RD}$ 经或门形成的三态门控制信号控制。

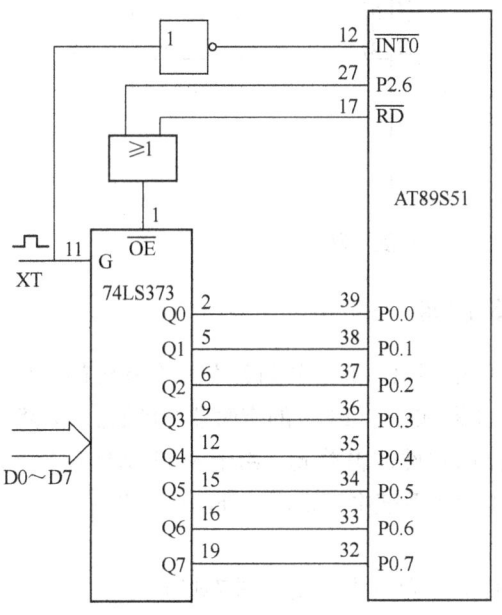

图 7-32 用 74LS373 扩展并行输入口

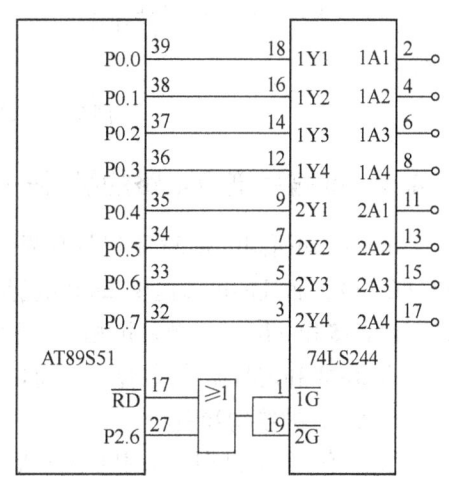

图 7-33 用 74LS244 扩展并行输入口

例 7-9 图 7-34 所示为利用 74LS373 和 74LS244 扩展的简单 I/O 接口电路，要求实现 S0~S7 开关的状态通过 LED0~LED7 发光二极管显示，请编程实现。

解：由图 7-34 可知，74LS373 为扩展的并行输出端口，74LS244 为扩展的并行输入端口。参考程序如下。

```
#include <reg51.h>
#include <absacc.h>
#define uchar unsigned char
uchar i;
void main(void)
{
    ...
    i = XBYTE[0X7FFF];
```

```
XBYTE[0X7FFF] = i;
    ...
}
```

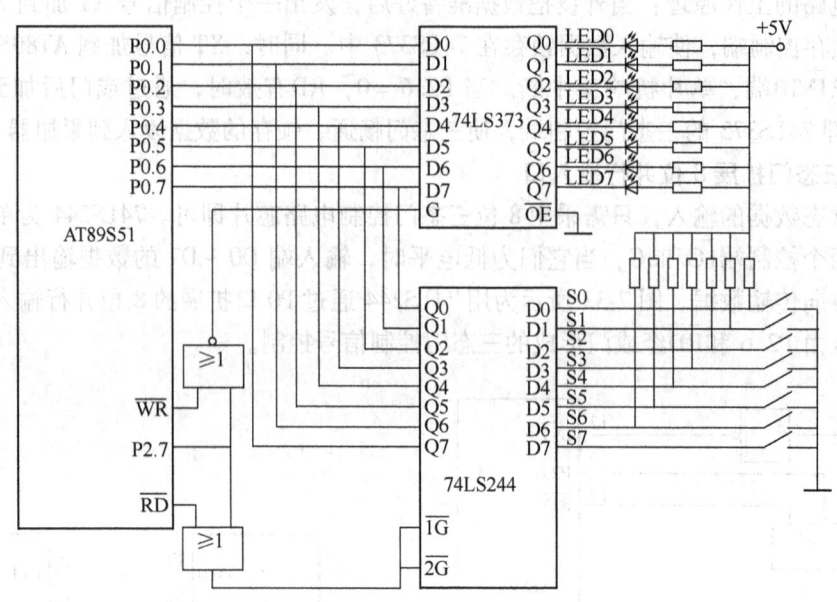

图 7-34　单片机简单 I/O 接口扩展电路

7.4.2　可编程接口电路的扩展——用 8155 扩展

Intel 公司研制的 8155 不仅具有两个 8 位的 I/O 端口（A 口、B 口）和一个 6 位的 I/O 端口（C 口），而且还可以提供 256B 的静态 RAM 存储器和一个 14 位的定时器/计数器。8155 芯片可以直接和 AT89S51 单片机相连，不需要增加任何硬件逻辑单元。由于 8155 既具有 I/O 口又具有 RAM 和定时器/计数器，因而是 AT89S51 单片机系统中最常用的外围接口芯片之一。

1. 8155 的结构和引脚

8155 有 40 个引脚，采用双列直插式封装，其引脚和组成框图如图 7-35 所示。

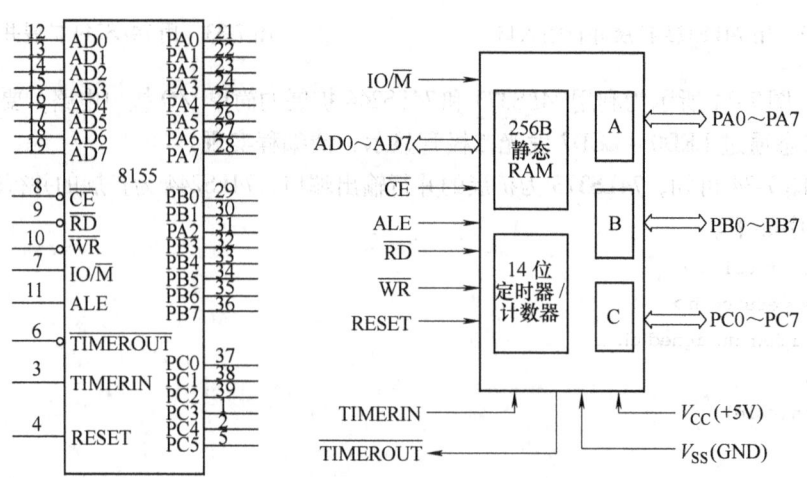

图 7-35　8155 芯片引脚和组成框图

对 8155 的引脚分类说明如下。

1) 地址/数据线 AD0~AD7（8 条）：低 8 位地址线和数据线的共用输入总线，常和 51 单片机的 P0 口相连，用于分时传送地址/数据信息，当 ALE=1 时，传送的是地址。

2) I/O 口总线（22 条）：PA0~PA7、PB0~PB7 分别为 A、B 口线，用于和外设之间传递数据；PC0~PC5 为 C 口线，既可与外设传送数据，也可以作为 A、B 口的控制联络线。

3) 控制总线（8 条），具体如下所述。

RESET：复位线，通常与单片机的复位端相连，复位后，8155 的 3 个端口都为输入方式。

$\overline{WR}$、$\overline{RD}$：读/写线，控制 8155 的读、写操作。

ALE：地址锁存线，高电平有效。它常和单片机的 ALE 端相连，在 ALE 的下降沿将单片机 P0 口输出的低 8 位地址信息锁存到 8155 内部的地址锁存器中。因此，单片机的 P0 口和 8155 连接时，无需外接锁存器。

$\overline{CE}$：片选线，低电平有效。

IO/$\overline{M}$：RAM 或 I/O 口的选择线。当 IO/$\overline{M}$=0 时，选中 8155 的 256B RAM；当 IO/$\overline{M}$=1 时，选中 8155 片内 3 个 I/O 端口以及命令/状态寄存器和定时器/计数器。

TIMERIN、$\overline{TIMEROUT}$：定时器/计数器的脉冲输入、输出线。TIMERIN 为脉冲输入线，其输入脉冲对 8155 内部的 14 位定时器/计数器减 1；$\overline{TIMEROUT}$为脉冲输出线，当计数器计满回 0 时，8155 从该线输出脉冲或方波，波形形状由计数器的工作方式决定。

2. 8155 的地址编码及工作方式

在单片机应用系统中，8155 是按外部数据存储器统一编址的，为 16 位地址，其高 8 位由片选线 $\overline{CE}$ 提供，$\overline{CE}$=0 时，选中该芯片。

当 $\overline{CE}$=0，IO/$\overline{M}$=0 时，选中 8155 片内 RAM，这时 8155 只能作为片外 RAM 使用，其 RAM 的低 8 位编址为 00H~FFH；当 $\overline{CE}$=0，IO/$\overline{M}$=1 时，选中 8155 的 I/O 口，其端口地址的低 8 位由 AD7~AD0 确定，见表 7-7，这时 A、B、C 口的端口地址低 8 位分别为 01H、02H、03H（设地址无关位为 0）。

表 7-7 8155 芯片的 I/O 口地址

AD7~AD0								选择 I/O 口
A7	A6	A5	A4	A3	A2	A1	A0	
×	×	×	×	×	0	0	0	命令/状态寄存器
×	×	×	×	×	0	0	1	A 口
×	×	×	×	×	0	1	0	B 口
×	×	×	×	×	0	1	1	C 口
×	×	×	×	×	1	0	0	定时器低 8 位
×	×	×	×	×	1	0	1	定时器高 6 位及方式

8155 的 A 口、B 口可工作于基本 I/O 方式或选通 I/O 方式；C 口可工作于基本 I/O 方式，也可作为 A 口、B 口在选通工作方式时的状态控制信号线。当 C 口作为状态控制信号时，其每位线的作用如下。

PC0：AINTR（A 口中断请求线）。

PC1：ABF（A 口缓冲器满信号）。
PC2：$\overline{\text{ASTB}}$（A 口选通信号）。
PC3：BINTR（B 口中断请求线）。
PC4：BBF（B 口缓冲器满信号）。
PC5：$\overline{\text{BSTB}}$（B 口选通信号）。

8155 的 I/O 工作方式选择是通过对 8155 内部命令寄存器设定控制字实现的。命令寄存器只能写入，不能读出。命令寄存器的格式如图 7-36 所示。

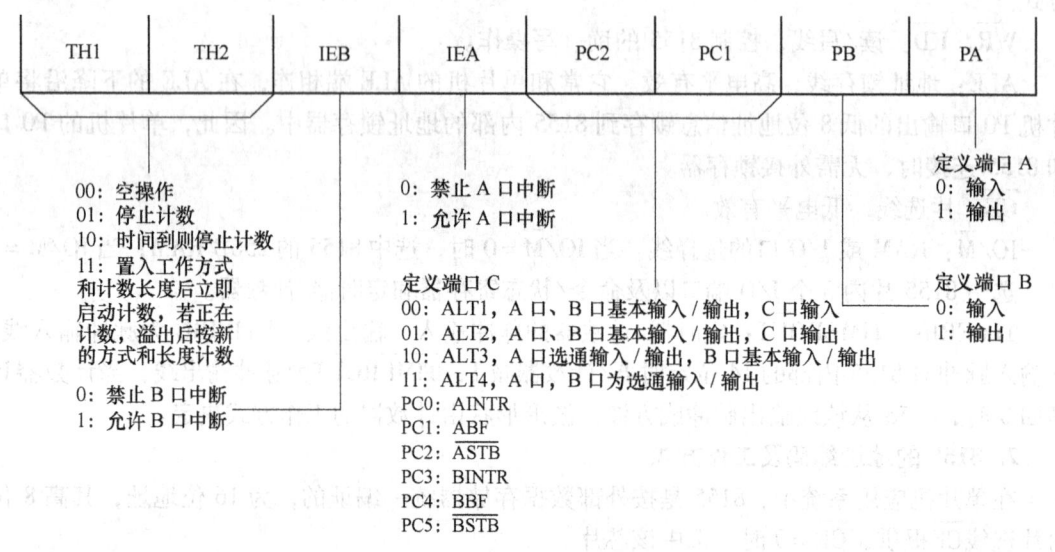

图 7-36 8155 命令寄存器的格式

在 ALT1～ALT4 的不同方式下，A 口、B 口及 C 口的各位工作方式如下。

ALT1：A 口、B 口为基本输入/输出，C 口为输入方式。

ALT2：A 口、B 口为基本输入/输出，C 口为输出方式。

ALT3：A 口为选通输入/输出，B 口为基本输入/输出。PC0 为 AINTR，PC1 为 ABF，PC2 为 $\overline{\text{ASTB}}$，PC3～PC5 为输出。

ALT4：A 口、B 口为选通输入/输出。PC0 为 AINTR，PC1 为 ABF，PC2 为 $\overline{\text{ASTB}}$，PC3 为 BINTR，PC4 为 BBF，PC5 为 $\overline{\text{BSTB}}$。

8155 内还有一个状态寄存器，用于锁存 I/O 口和定时器/计数器的当前状态，供 CPU 查询用。状态寄存器的端口地址与命令寄存器相同，低 8 位也是 00H，状态寄存器的内容只能读出不能写入。所以可以认为 8155 的 I/O 口地址 00H 是命令/状态寄存器，对其写入时作为命令寄存器，而对其读出时则作为状态寄存器。

状态寄存器的格式如图 7-37 所示。

3. 8155 的定时器/计数器

8155 内部的定时器/计数器实际上是一个 14 位的减法计数器，它对 TIMERIN 端输入脉冲进行减 1 计数，当计数结束（减 1 计数回 0）时，由 TIMEROUT 端输出方波或脉冲。当 TIMERIN 接外部脉冲时，为计数方式；接系统时钟时，可作为定时方式。

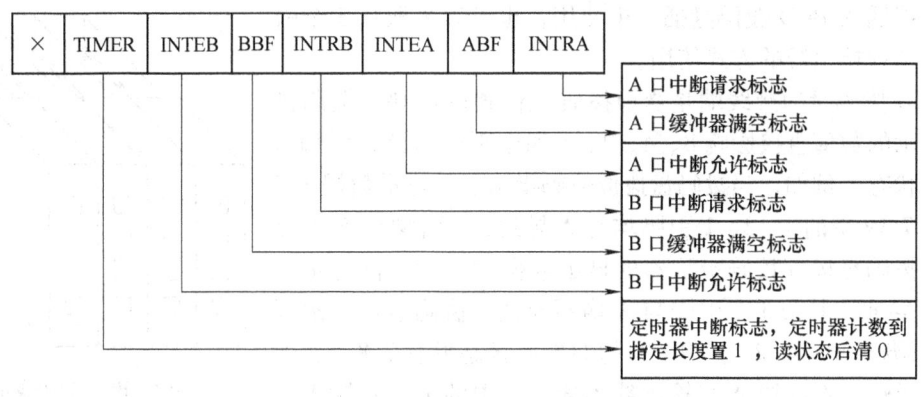

图 7-37　8155 状态寄存器的格式

定时器/计数器由两个 8 位寄存器构成，其中的低 14 位组成计数器，剩下的两个高位（M2、M1）用于定义输出方式，其格式如图 7-38 所示。当 M2M1 = 00 时，输出为单方波；当 M2M1 = 01 时，输出为连续方波；当 M2M1 = 10 时，输出为单脉冲；当 M2M1 = 11 时，输出为连续脉冲。

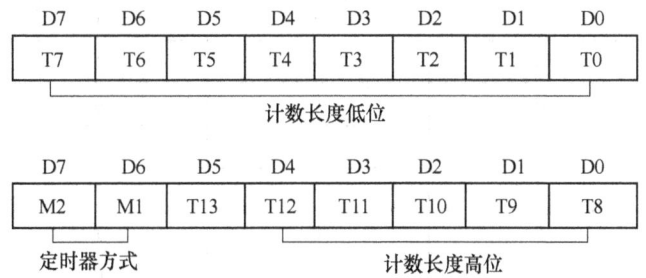

图 7-38　8155 定时器/计数器的格式

7.5　BCD 拨码盘的扩展

在某些单片机应用系统中，有时只需要进行少量的十进制数据设定，如设定温度恒定在 30℃。这些参数具有两个特点，一是都由十进制数字（0~9）组成，二是设定值可能随时需要改变。对于符合上述特点的输入场合，使用 BCD 拨码盘较为合适。

7.5.1　BCD 拨码盘的构造

BCD 拨码盘的构造如图 7-39 所示。

BCD 拨码盘由处于前面板的拨码盘和处于后侧板的接线端组成。拨码盘由上下两个拨码按钮和夹在按钮中间的拨位数码指示器组成。拨位数码指示器是可随拨盘的拨动进行转动的 0~9 十个数字，用以显示拨码盘当前数值。上面的拨码按钮为增量按钮，每按下一次，拨码盘正向旋转 1/10 周，拨位数码指示器显示的数值加 1，连续按 10 次，数据将被还原；下面的拨码按钮为减量按钮，每按下一次，拨码盘反向旋转 1/10 周，拨位数码指示器显示的数值减 1。接线端向外引出标有 8、4、2、1、A 的 5 个引脚。在实际应用中，BCD 拨码盘可以直接插入 BCD 拨码盘插座中使用，也可以采取从 5 个引脚上分别焊接引线的方式使用。

BCD 拨码盘的接线端是当前拨码盘位置的反映，拨码盘数码显示的数值直接影响 8、4、2、1 四个引脚与公共引脚 A 的导通状态。例如，当拨码盘拨位数码指示器的显示数据为 7 时，图 7-39 中的 4、2、1 引脚均与 A 导通，8 引脚与 A 不导通；当拨码盘拨位数码指示器的显示数据为 4 时，仅有 4 引脚与 A 导通，其余 3 个引脚与 A 均不导通。拨码盘从 0 拨到 9，A 引脚与 8、4、2、1 四个引脚的导通状态见表 7-8。表中的 0 表示输入控制线 A 与输出线不通，表中的 1 表示输入控制线 A 与输出线相通。

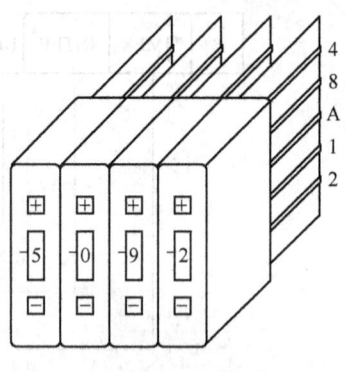

图 7-39　BCD 拨码盘的构造

表 7-8　BCD 拨码盘的状态

位　置	8	4	2	1
0	0	0	0	0
1	0	0	0	1
2	0	0	1	0
3	0	0	1	1
4	0	1	0	0
5	0	1	0	1
6	0	1	1	0
7	0	1	1	1
8	1	0	0	0
9	1	0	0	1

从表 7-8 中可以看出，8、4、2、1 四个引脚与 A 是否导通所对应的数值与其 BCD 码完全一致。

7.5.2　BCD 拨码盘的接口方法

BCD 拨码盘有 5 条引线（见图 7-40），其中 A 为输入控制线，另外 4 条为 BCD 码输出信号线。当将拨盘拨到不同位置时，输入控制线 A 分别与 4 条 BCD 码输出线中的某一条或某几条接通，被接通的 BCD 码输出线的状态（电平的高低）正好与拨码盘指示的十进制数相一致。

1. 单片 BCD 拨码盘与单片机的接口

图 7-41 所示为单片 BCD 拨码盘与 AT89S51 的接口电路。拨码盘的 A 端接 +5V，为了使输出端在不与控制端 A 相接时有确定的电平，常将 8、4、2、1 输出端通过电阻拉成低电平。当拨码盘拨到某个十进制数码位置时，相应的 8、4、2、1 有效端输出高电平（如拨至 6 时，4、2 两端输出高电平），无效端为低电平。以上输出的 BCD 码属正逻辑（原码）。如果拨码盘的控制端 A 接地，而 8、4、2、1 输出端通过电阻上拉至高电平，则拨盘输出的 BCD 码属负逻辑（反码）。

第7章 AT89S51 单片机的通用外围电路的扩展

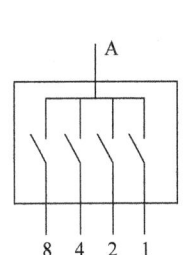

图 7-40 BCD 拨码盘结构

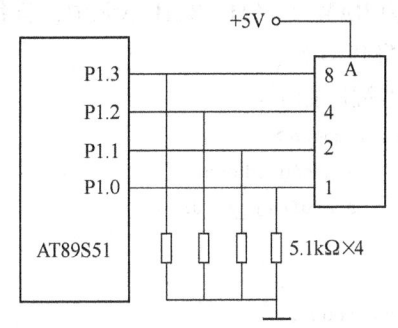

图 7-41 单片 BCD 拨码盘与 AT89S51 的接口电路

2. 多片 BCD 拨码盘与单片机的接口

在应用系统中,当需要输入多位十进制数时,就要用到多片 BCD 拨码盘与单片机进行接口。图 7-42 所示为 4 片 BCD 拨码盘与 AT89S51 的接口电路。

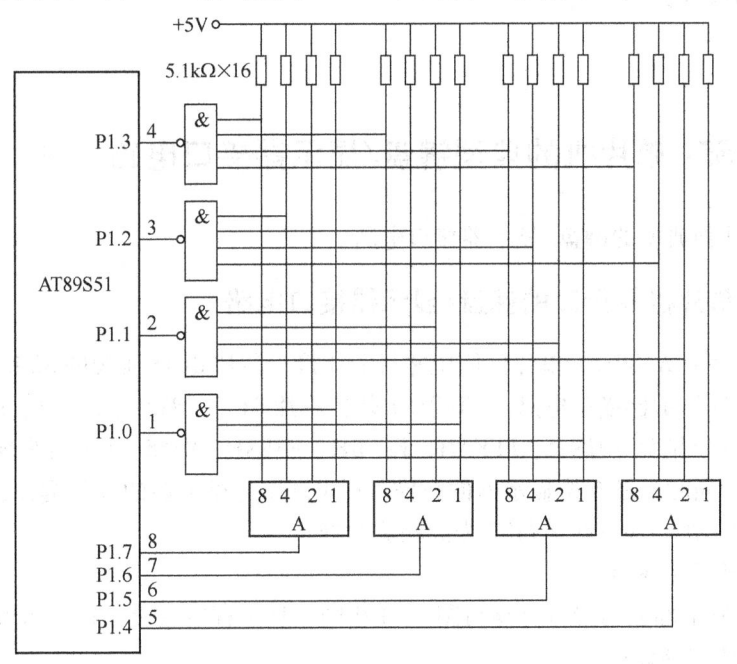

图 7-42 4 片 BCD 码拨盘与 AT89S51 的接口电路

由图 7-42 可见,4 片拨码盘的 BCD 码输出的相同端与同一个与非门的 4 个输入端相连,由 4 个与非门输出端构成的 8、4、2、1 端分别接到 P1.3、P1.2、P1.1 和 P1.0,其余的 P1.7、P1.6、P1.5 和 P1.4 分别与千、百、十和个位的 BCD 拨码盘的控制端相连。

工作的原理:当选中某位数时,该位拨码盘的控制端置为 0,其余 3 个数位拨码盘的控制端置 1。这就是说,4 个与非门与这 3 个数位连接的输入端都为 1 状态。因此,4 个与非门最终输出的状态如何,完全取决于被选中数位的 BCD 拨码盘的输出状态。图 7-42 中,拨码盘输出为 BCD 反码,通过与非门后,输出该位数的 BCD 码。

例 7-10 4 片 BCD 拨码盘与单片机的接口电路如图 7-42 所示。编程读入 4 片拨码盘对应的 BCD 码输入数据,要求将 4 位 BCD 码按千、百、十、个位依次读入,并分别存放到

AT89S51 片内 RAM 的 30H~33H 单元中，且每个地址单元的高 4 位为 0，低 4 位为 BCD 码，即均为非压缩 BCD 码。

解： 参考程序如下。

```c
#include <reg51.h>
#define uchar unsigned char
Data uchar databuf[4] _at_ 0x30
void main()
{
  uchar cmd,count;
  cmd = 0x7f;
  for(count=0;count<4;count++)
  {
    P1 = cmd;
    databuf[count] = P1 & 0x0f;
    cmd = (cmd>>1)|0x80;
  }
}
```

7.6　AT89S51 单片机的典型键盘/显示器接口电路

本节介绍几种典型的键盘/显示器接口电路。

7.6.1　利用单片机并行口的键盘/显示器接口电路

图 7-43 所示为 AT89S51 单片机使用并行 I/O 接口芯片 8155 实现的 32 键和 8 位 LED 数码管显示的键盘/显示器接口电路。AT89S51 外扩一片 8155，8155 的 A 口、B 口、C 口及控制口的端口地址分别为 FFF9H、FFFAH、FFFBH、FFF8H。8155 的 A 口为输出口，控制键盘的列线电位，同时又是 6 位显示器的扫描口；B 口作为显示器的段数据口；C 口作为键输入口，PC0~PC3 接 4 根行线。7407 为同相驱动器。

1. 动态显示程序设计

图 7-43 中显示部分的接口电路与图 7-13 相同，显示程序的设计可参考例 7-5。

2. 键盘扫描程序设计

键盘采用扫描工作方式。键盘程序功能有以下 4 个方面。

1) 判别键盘上有无键闭合。其方法为扫描口 PA0~PA7 输出全 0，读 C 口的状态，若 PC0~PC3 为全 1（键盘上行线全为高电平）则键盘上没有键闭合，若 PC0~PC3 不全为 1 则有键闭合。

2) 消除键的机械抖动。在判别出键盘上有键闭合后，延迟一段时间再判别键盘的状态，若仍有键闭合，则认为键盘上有键处于稳定的闭合期，否则认为是键的抖动。

3) 判别闭合键键号。对键盘的列线进行逐列扫描，扫描口 PA0~PA7 依次输出列编码，即只有一列为低电平，其余各列为高电平，然后依次读 C 口的状态，若 PC0~PC3 为全 1，则列线为 0 的这一列上没有键闭合。闭合键的键号等于为低电平的列号加上行线为低电平的行的首键号。例如，A 口输出为 11111101 时，读出 PC3~PC0 为 1101，则 1 行 1 列相交的

键处于闭合状态，第1行的首键号为8，列号为1，因此闭合键的键号 N 为

$$N = 行首键号 + 列号 = 8 + 1 = 9$$

4) 对键的一次闭合仅做一次处理。其采用的方法为等待闭合键释放以后再做处理。

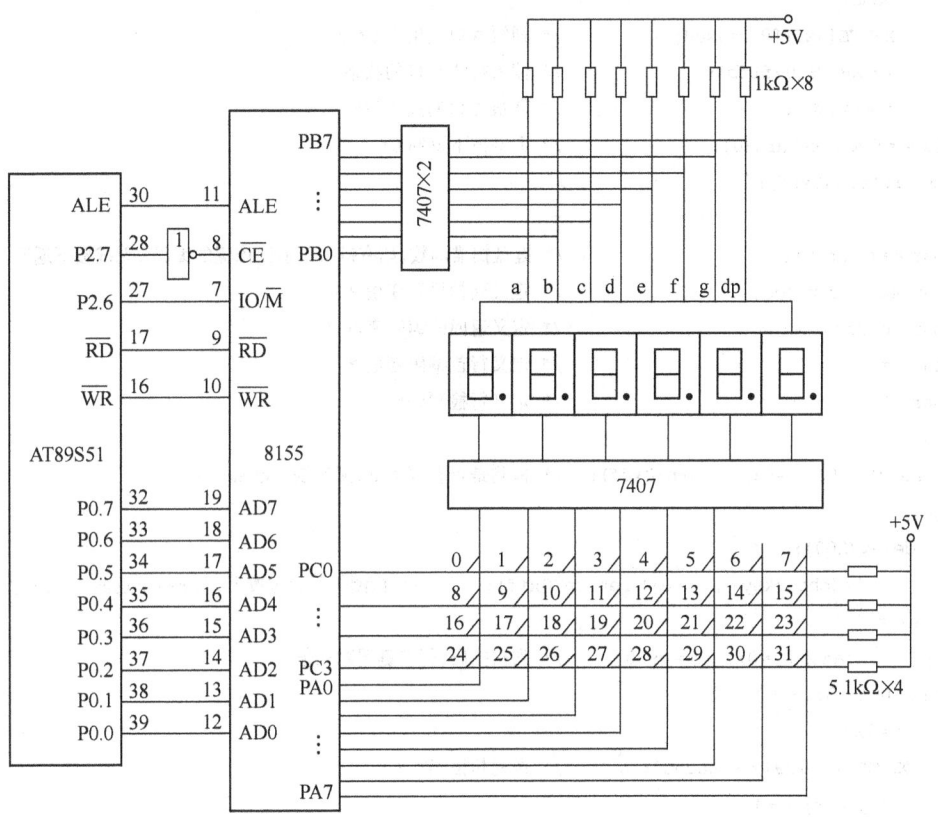

图7-43 用并行 I/O 接口芯片 8155 实现键盘/显示器接口电路

键盘扫描程序如下：

```
#include <reg51.h>
#include <absacc.h>
#define uchar unsigned char
#define uint unsigned int
void delay(uint);
uchar scankey(void);
uchar keyscan (void);
void main(void)
{   uchar key;
    while(1)
{   key = keyscan ( );
    delay(2000);
}
    }
void delay(uint i);
{   uint j;
```

```c
        for(j=0;j<1;j++){}
    }
    uchar checkkey();                    /* 检测有无键按下函数,无键按下返回0xff,有键按下返回0* /
    {   uchar i;
        XBYTE[0xfff9]=0x00;              /* 列线A口输出全0* /
        i=XBYTE[0xfffb];                 /* 读入行线C口的状态* /
        i=i&0x0f;                        /* 屏蔽C口的高4位* /
    if(i==0x0f)return(0);                /* 无键按下返回0* /
    else   return(0xff);
    }
    uchar keyscan ();                    /* 键盘扫描函数,如有键按下返回该键的编码,无键按下返回0xff* /
    {  uchar  scancode;                  /* 定义列扫描码变量* /
    uchar   codevalue;                   /* 定义返回的编码变量* /
    uchar   m;                           /* 定义行首编码变量* /
    uchar   k;                           /* 定义行检测码* /
    uchar   i,j;
    if(checkkey()==0;) return(0xff);     /* 检测是否有键按下,无键按下返回0xff* /
    else
    {   delay(200);
            if(checkkey()==0;) return(0xff);        /* 检测是否有键按下,无键按下返回0xff* /
        else
        {   scancode=0xfe;m=0x00;        /* 列扫描码,行首键码赋初值* /
    for(i=0;i<8;i++)
    {   k=0x01;
        XBYTE[0xfff9]=scancode;          /* 送列扫描码* /
    for(j=0;j<8;j++)
    {   if((XBYTE[0xfffa]&k)==0;         /* 检测当前行是否有键按下* /
    {   codevalue=m+j;                   /* 当前行有键按下,求编码* /
        {while(((checkkey()!=0);
        return(codevalue);               /* 返回按下键的编码* /
    }
    else k=k<<1;                         /* 行检测码左移1位* /
    }
    m=m+8;                               /* 计算下一行的首键码* /
    scancode=scancode<<1;                /* 列扫描码左移1位,扫描下一列* /
    }
        }
      }
    }
```

7.6.2 利用单片机串行口的键盘/显示器接口电路

当AT89S51的串行口未作它用时,可使用串行口来外扩键盘/显示器。应用串行口方式0,外扩移位寄存器74LS164、74LS165来构成键盘/显示器接口,这是在实际的设计中经常采用的一种方案,接口电路如图7-44所示。

第 7 章 AT89S51 单片机的通用外围电路的扩展

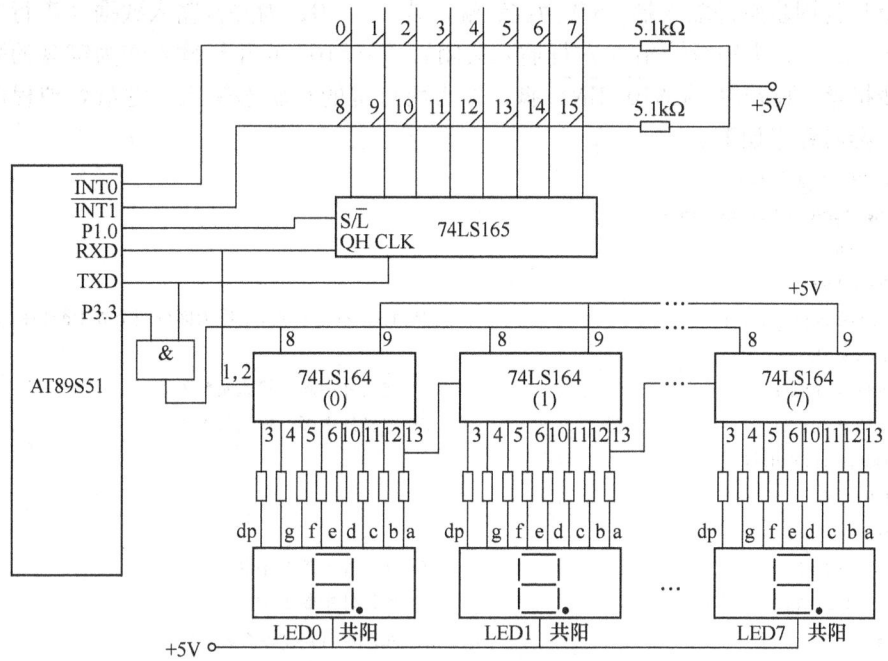

图 7-44 用 AT89S51 串行口扩展的键盘/显示器接口电路

如 7-44 所示的键盘/显示器接口电路，显示部分接有 8 个 74LS164，作为 8 个 LED 数码管的段码输出口。P3.3 作为 TXD 引脚同步移位脉冲输出的控制线，P3.3 = 0，与门封死，禁止同步移位脉冲输出到 74LS164。本静态显示方式要比动态显示的亮度更高些，由于 74LS164 在低电平输出时，允许通过的电流为 8mA，故不必加驱动电路。与动态扫描相比较，单片机不必频繁地扫描显示器，提高了工作效率，因而软件设计比较简单。显示子程序要求在 8 位数码管显示器上显示"1、2、3、4、5、6、7、8"，显示子程序如下。

```
#include <reg51.h>
#define uchar unsigned char
sbit P3_3 = P3^3;
char code tab[8] = {0xf9,0xa4,0xb0,0x99,0x92,0x82,0xf8,0x80};  /* 显示字符 1~8 的段码*/
void display(void)
{   uchar i;
    TI = 0;
SCON = 0;                                   /* 串口方式 0*/
P3_3 = 1;                                   /* 与门打开*/
for(i = 0;i < 8;i + +)
    {   SBUF = tab[7-i];                    /* 串行输出显示代码到数码管*/
        while(TI = =0);                     /* 等待发送完*/
TI = 0;
}
P3_3 = 0;                                   /* 与门关闭*/
}
```

键盘电路部分的 74LS165 是并行输入/串行输出的同步移位寄存器，其中 QH 为串行输出端,CLK 为同步脉冲输入端,S/L̄为控制端。若 S/L̄=0,为并行输入数据(串行输出端关闭);若 S/L̄=1,为串行输出(并行输入关闭)。74LS165 的并行输入作为键盘的列线,键盘的行线接至 AT89S51 的INT0和INT1脚,作为两行键的行状态输入。键盘处理程序采用中断方式,参考程序如下。

```c
#include <reg51.h>
#define uchar unsigned char
int keynum;
char RxByte;
char Interrupt_Flag;                /* Interrupt_Flag 作为区分两个外中断的标志位*/
sbit P10 = 0x90;
sbit P32 = 0xb2;                    /* 定义外中断 0 输入脚*/
sbit P33 = 0xb3;                    /* 定义外中断 1 输入脚*/
void GetKeyRxByte();
main()
{   keynum = 0xff;
        EX0 = 1;                    /* 允许外中断 0 中断*/
        EX1 = 1;                    /* 允许外中断 1 中断*/
    ES = 1;                         /* 允许串行口中断*/
    EA = 1;                         /* 总中断允许*/
    while(1)
    {   if(keynum == 0xff);         /* 键盘值全为高,无键按下*/
    {......};                       /* 无键按下的处理*/
    else
    {   {......}                    /* 有键按下的处理*/
    keynum = 0xff;
    }
    }
}
void int0()  interrupt 0  using 0
{    P1_0 = 0;                      /* 74LS165 并行输入*/
P1_0 = 1;                           /* 74LS165 串行输出*/
Interrupt_Flag = 0;
}
void int1()  interrupt 2  using 0
{    P1_0 = 0;                      /* 74LS165 并行输入*/
P1_0 = 1;                           /* 74LS165 串行输出*/
Interrupt_Flag = 1;
}
void serial_port()  interrupt 4 using 0
{    if(RI == 1)
{    RxByte = SBUF;
    GetKeyByte();
}
TI = 0;
RI = 0;
```

}
Void GetKeyRxByte()
{   int i,temp;
    for(i=0;i<8;i++)
    if(((RxByte>>i)&0x01)==0)
    {   temp=i;
        keynum=temp+8*Interrupt_Flag;   /*得到键值*/
        return;
    }
}

程序说明：

1）由于程序中有两个外中断，故设置了 Interrupt_Flag 作为区分两个外中断的标志位。当响应中断 0 时，Interrupt_Flag =0；当响应中断 1 时，Interrupt_Flag =1。

2）函数 GetKeyRxByte（）用于从接收到的串行数据中获得键值。

7.6.3 矩阵式键盘/LCM 接口电路

图 7-45 所示为矩阵式键盘/LCM 的接口电路，其通过 P2.0 ~ P2.3 和 P1.0 ~ P1.7 构成 32 个按键的矩阵式键盘，通过键盘的检测来有效地控制 LCM 的输出和状态。其电路结构与前面的矩阵式键盘设计和 LCM 应用中相同，在此不再介绍。

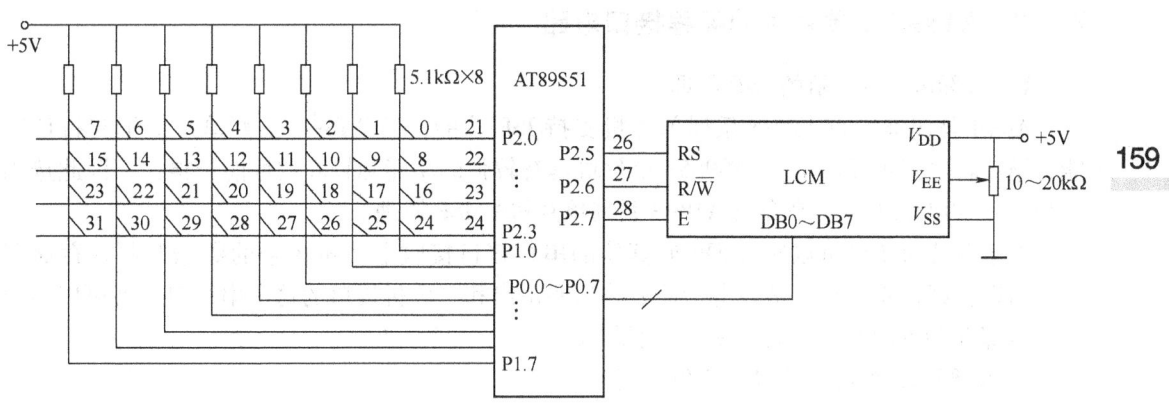

图 7-45　矩阵式键盘/LCM 接口电路

图 7-45 中键盘扫描的部分和 LCM 显示部分在前面已经分别讲解，其程序可以参考前面例子中的程序进行编写。

7.7　AT89S51 单片机的编程接口

7.7.1　在系统编程技术

单片机产品在开发过程中，首先利用单片机仿真设备进行硬件和软件的仿真调试，然后将调试通过的程序代码用程序烧写器固化到单片机的程序存储器中。在这个过程中，程序烧写器是必不可少的开发工具，但单独的程序烧写器一般价格较贵，使用复杂，故在 AT89S51

系列单片机中采用一种利用串口制作的在系统编程的方法,即 ISP 功能。

1. ISP 概述

ISP（In-System Programming）是在系统编程的英文缩写,采用该技术无需将存储芯片（如 EEPROM）从嵌入式设备上取出就能对其进行编程的过程。ISP 的优点是,即使器件焊接在电路板上,仍可对其进行编程、修改。

在单片机编译、调试过程中,每修改一次源程序都要将单片机芯片从目标板上取出,再将更新后的程序代码重新固化到单片机芯片中,再装入目标板上进行调试。由于频繁地插拔单片机芯片会对芯片及电路板带来相应的物理损伤,而且也非常不方便。为了克服上述缺点和局限性,AT89S 系列单片机在芯片内部设置了"串行编程接口逻辑"硬件电路,为实现 ISP 提供了硬件基础。

2. ISP 优点

ISP 的优点是使单片机芯片可以编程写入最终用户代码,而不需要从电路板上取下器件。对于已经编程的器件也可以用 ISP 方式擦除或再编程、烧录。ISP 功能的实现比较简单,通常的做法是芯片内部的程序存储器由上位机（计算机）的软件通过同步串行通信接口 SPI 来进行程序的烧入及改写。对于单片机来说可以通过 SPI 或其他的串行接口接收上位机传来的数据并写入程序存储器中。ISP 技术的优势是不需要编程器也可以进行单片机的实验和开发,既可以节省单片机的开发成本,又可免去调试时频繁插拔芯片带来的麻烦。

7.7.2 AT89S51 单片机的编程接口电路

1. AT89S51 单片机的 ISP 原理

Atmel 公司推出的 AT89S 系列单片机支持 ISP 功能,而 AT89C 系列单片机不支持该功能,请读者注意不要混淆。AT89S51 单片机具有较强的功能和较高的性能价格比,因此选用典型芯片 AT89S51 为例来介绍 AT89S 系列单片机的 ISP 原理。

对于单片机来讲可以通过 SPI 或其他的串行接口接收上位机传来的数据并写入存储器中。所以,即使将芯片焊接在电路板上,只要留出和上位机接口的这个串行口,就可以实现芯片内部存储器的改写,而无须再取下芯片。

2. AT89S51 单片机的 ISP 工作实现

AT89S51 单片机的在线编程功能,是在 RST 引脚（复位引脚）处在高电平的情况下,利用 P1.5/MOSI（串行数据输入端）、P1.6/MISO（串行数据输出端）、P1.7/SCK（同步时钟信号输入端）3 个引脚的数据设置控制实现程序的下载功能。AT89S51 单片机串行编程接口电路如图 7-46 所示。

AT89S51 单片机利用同步串行通信接口 SPI 实现 ISP 功能。在烧写程序前提供相应的外部时钟信号,并对 RST、V_{CC}（电源正极）和 GND（电源负极）引脚加

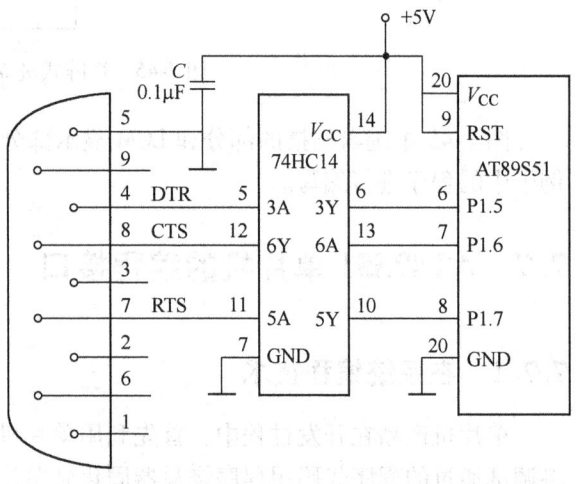

图 7-46 单片机 ISP 下载编程接口电路

电。在串行编程时引脚 SCK 输入串行同步时钟，MOSI 输入串行数据，MISO 输出串行数据。MOSI 数据在 SCK 上升沿输入到单片机中，在 SCK 下降沿将单片机内部数据输出到 MISO 引脚上。串行编程操作由一系列操作指令控制执行，每个操作指令由连续的 4 个字节组成。编程结束后应将 RST 引脚置为低电平，使系统恢复工作状态。AT89S51 单片机串行编程波形如图 7-47 所示。

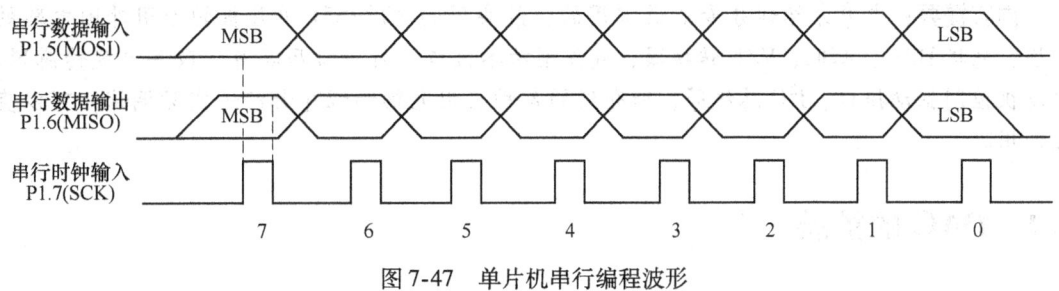

图 7-47　单片机串行编程波形

思考与练习题 7

1. 为什么要消除按键的机械抖动？软件消除按键机械抖动的原理是什么？
2. 键盘有几种工作方式？它们各自的工作原理及特点是什么？
3. 简述对矩阵式键盘的扫描过程。
4. LED 的静态显示方式和动态显示方式有何区别？各有什么优缺点？
5. 画出 AT89S51 与 LCM 的接口电路，并编写显示程序。
6. 画出串/并、并/串行转换电路并说明其工作原理。
7. 试用一片 74LS373 扩展一个并行输入口，画出硬件连接图，写出相应的控制命令。
8. 用 8155 扩展并行 I/O 口，实现把 8 个开关的状态通过 8 个发光二极管显示出来，画出硬件连接图，用 C 语言编写相应的程序。
9. 画出 BCD 拨码盘的接口电路。
10. 怎样实现 AT89S51 单片机的在系统编程？画出具体接口电路。

第 8 章 AT89S51 单片机的专用外围电路的扩展

内容提要：本章介绍部分专业最常用的、最实用的 AT89S51 单片机的专用外围电路的扩展，包括 DAC、ADC、V/F 转换器、开关型功率接口、时钟日历芯片、数字温度传感器、电动机控制驱动接口、I^2C 总线等，所介绍的各种应用电路和程序都经过实际调试，可以直接使用。

8.1 DAC 的扩展

D-A 转换器（DAC）是完成数字信号到模拟信号转换的器件，是电子系统中应用很广的一类器件。

8.1.1 DAC 芯片简介

DAC0832 是美国国家半导体公司生产的具有两个输入数据寄存器的 8 位 DAC 芯片，它能够直接与 AT89S51 系列单片机进行连接。DAC0832 的引脚如图 8-1 所示。

DAC0832 的逻辑结构如图 8-2 所示。

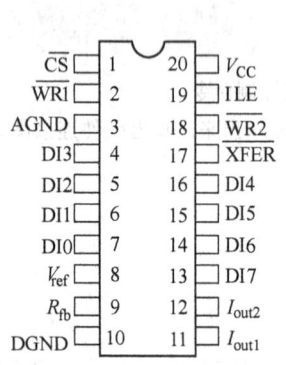

图 8-1 DAC0832 的引脚

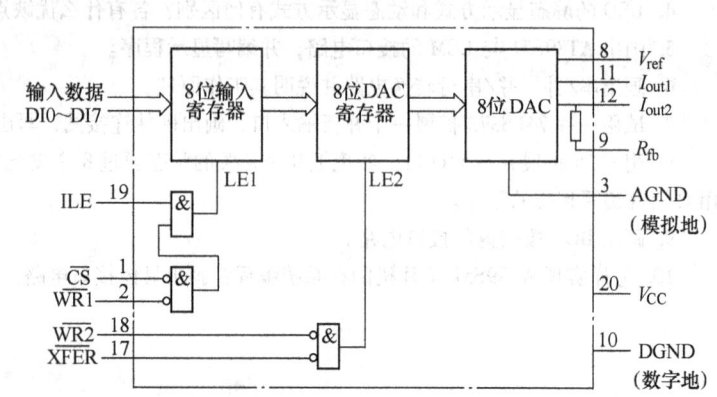

图 8-2 DAC0832 的逻辑结构

DAC0832 各引脚的功能如下。

DI0 ~ DI7：8 位数字信号输入端，与 CPU 数据总线相连，用于输入 CPU 送来的待转换数字量，DI7 为最高位。

$\overline{CS}$：片选端，当$\overline{CS}$为低电平时，本芯片被选中。

ILE：数据锁存允许控制端，高电平有效。

$\overline{WR1}$：第一级输入寄存器写选通控制端，低电平有效。当$\overline{CS}=0$、ILE = 1、$\overline{WR1}=0$时，数据信号被锁存到第一级 8 位输入寄存器中。

$\overline{XFER}$：数据传输控制端，低电平有效。

$\overline{WR2}$：DAC 寄存器写选通控制端，低电平有效。当$\overline{XFER}=0$、$\overline{WR2}=0$时，输入寄存器

状态传入 8 位 DAC 寄存器中。

I_{out1}：DAC 电流输出 1 端。输入数字量全为 1 时，I_{out1} 最大；输入数字量全为 0 时，I_{out1} 最小。

I_{out2}：电流输出 2 端。$I_{out2} + I_{out1} = $ 常数。

R_{fb}：外部反馈信号输入端，内部已有反馈电阻，根据需要也可外接反馈电阻。

V_{CC}：电源输入端，可在 –15 ~ +15V 范围内。

V_{ref}：参考电压（也称基准电压）输入端，电压范围为 –10 ~ 10V。

DGND：数字信号接地端。

AGND：模拟信号接地端，最好与参考电压共地。

DAC0832 内部由三部分电路组成，如图 8-2 所示。8 位输入寄存器用于存放 CPU 送来的数字量，使输入数字量得到缓冲和锁存，由 LE1 加以控制。8 位 DAC 寄存器用于存放待转换数字量，使输入数字量得到缓冲和锁存，由 LE2 加以控制。8 位 DAC 由 8 位 T 形电阻网络和电子开关组成，电子开关受 8 位 DAC 寄存器输出控制，T 形电阻网络能输出和数字量成正比的模拟电流，因此 DAC0832 通常需要外接运算放大器才能得到模拟电压。

DAC0832 用途很广，主要应用在以下几个方面。

1. DAC0832 用作单极性电压输出

在需要单极性模拟电压环境下，可以采用图 8-3 所示的接线电路。

由于 DAC0832 是 8 位的 DAC，故可得输出电压 V_{out} 与输入数字量的换算关系为

$$V_{out} = -B \times \frac{V_{ref}}{256}$$

式中，V_{ref} 为参考电压，系统设计好后该值是个常数；B 为数字量对应的十进制值。

显然，V_{out} 和 B 成正比关系。输入数字量 B 为 0 时，V_{out} 也为 0；输入数字量为 255 时，V_{out} 为最大值，输出电压为单极性。

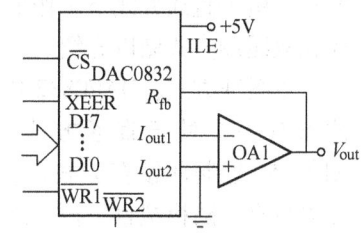

图 8-3 DAC0832 单极性输出电路

2. DAC0832 用作双极性电压输出

在需要用到双极性电压的场合，可以采用图 8-4 所示的接线电路。

图 8-4 中，DAC0832 的数字量由 CPU 送来，OA1 和 OA2 均为运算放大器，V_{out} 通过 $2R$ 电阻反馈到运算放大器 OA2 输入端。由基尔霍夫定律列出方程组，并解得

$$V_{out} = (B - 128) \times \frac{V_{ref}}{128}$$

式中，B 为 8 位数字量对应的十进制值，范围为 0 ~ 255；V_{ref} 为参考电压。由上式可知，在选用 $+V_{ref}$ 时，若输入数字量最高位 B7 为 1，则输出模拟量电压 V_{out} 为正；若输入数字量最高位 B7 为 0，则输出模拟电压 V_{out} 为负。选用 $-V_{ref}$ 时，V_{out} 输出值正好和选用 $+V_{ref}$ 极性相反。

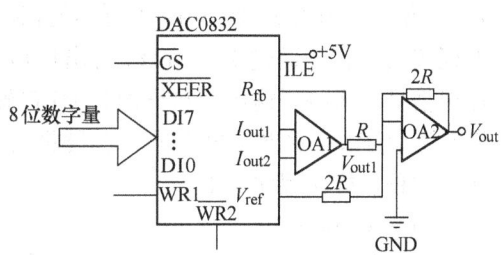

图 8-4 DAC0832 双极性输出电路

3. DAC0832 用作程控放大器

DAC0832 还可以用作程控放大器，其电压放大倍数可由 CPU 通过程序设定。图 8-5 所

示为用作程控放大器的 DAC0832 接线电路。

由图 8-5 可见,需要放大的电压 V_{in} 和反馈输入端 R_{fb} 相接,运算放大器输出 V_{out} 还作为 DAC 的基准电压 V_{ref},数字量由 CPU 送来。DAC0832 内部 I_{out} 一边和 T 形电阻网路相连,另一边又通过反馈电阻 R_{fb} 和 V_{in} 相连,故可得到

$$\begin{cases} I_{out1} = B \times \dfrac{V_{out}}{256R} \\ I_{R_{fb}} = \dfrac{V_{in}}{R_{fb}} \\ I_{R_{fb}} + I_{out1} = 0 \end{cases}$$

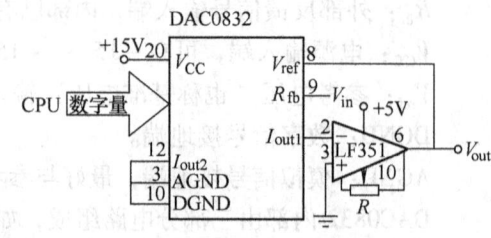

解上述方程组,并取 $R = R_{fb}$,则有

$$V_{out} = -\frac{256}{B} \times V_{in}$$

图 8-5 DAC0832 用作程控放大器

式中,$\dfrac{256}{B}$ 看作放大倍数。但数字量 B 不得为 0,否则放大倍数为无限大,放大器因此处于饱和状态,失去放大功能。

8.1.2 DAC0832 扩展电路

AT89S51 与 DAC0832 接口时,可以有 3 种接线方式:直通方式、单缓冲方式和双缓冲方式。由于直通方式下工作的 DAC0832 常用于不带微机的控制系统中,下面仅对单缓冲方式和双缓冲方式做以介绍。

单缓冲方式:DAC0832 内部的两个数据缓冲器有一个处于直通方式,另一个处于受 AT89S51 控制的锁存方式。在实际的应用中,如果只有一路模拟量输出,或虽是多路模拟量输出,但并不要求多路输出同步的情况下,就可以采用单缓冲方式。

单缓冲方式的接口电路如图 8-6 所示。

图 8-6 中,$\overline{WR2}$ 和 $\overline{XFER}$ 接地,故 DAC0832 的 8 位 DAC 寄存器(见图 8-2)工作于直通方式,8 位输入寄存器受 $\overline{CS}$ 和 $\overline{WR1}$ 信号控制。在编程应用时,先通过 P3.5 口线发出低电平的片选信号,再将要输出的数据通过 P0 口输出,最后通过 P2.4 发出低电平的写脉冲即可完成输出过程。样例程序如下:

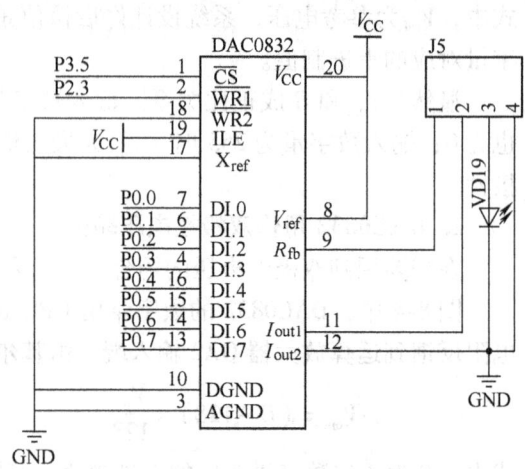

图 8-6 DAC0832 单缓冲方式的接口电路

```
#include "reg51.h"
#include "intrins.h"        //使用的"_nop_()"在这个头文件中
#define   DATAPORT_0832    P0
sbit   nCS_0832     = P3^5;
sbit   nWR1_0832    = P2^4;
……
```

```c
void main(void)
{
    unsigned char aData = 0x55;      //要输出的数据
    ……
    nCS_0832 = 0;                    //使能 DAC0832 的片选
    DATAPORT_0832 = aData;           //将数据写到 DAC0832 的数据口
    nWR1_0832 = 0;                   //向 DAC0832 发出写命令
    _nop_();
    _nop_();
    _nop_();
    nWR1_0832 = 1;                   //撤销写命令
    _nop_();
    _nop_();
    nCS_0832 = 1;                    //撤销片选信号
    ……
}
```

上述主函数的程序流程如图 8-7 所示。

由图 8-7 可知,应该在将预转换的数据发送到 DAC0832 的数据口后,再向其发送写命令,且要留出 DAC0832 完成写操作所需要的时间。

双缓冲方式:对于多路 D-A 转换,要求同步进行 D-A 转换输出时,必须采用双缓冲方式。在此种工作方式时,数字量的输入锁存和 D-A 转换输出是分两步完成的。因此,双缓冲方式下,DAC0832 应为单片机提供两个 I/O 端口。AT89S51 和 DAC0832 在双缓冲方式下的连接关系如图 8-8 所示。

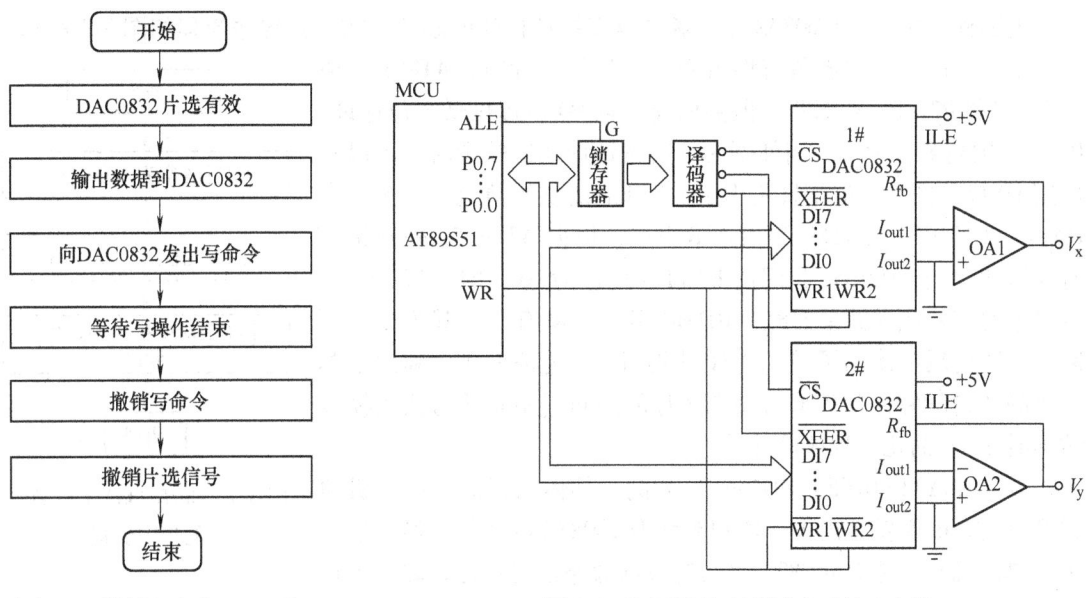

图 8-7 样例程序中 main() 的程序流程

图 8-8 DAC0832 双缓冲方式接口电路

由图 8-8 可知,1#DAC0832 和 2#DAC0832 的 ILE 引脚均连接到 +5V 电源,直接提供有效电平。两片 DAC0832 的 $\overline{XFER}$ 引脚并联接到了译码器的同一个输出端上,只要译码器有输出,两片 DAC0832 的 8 位 DAC 寄存器会同时被打开。两片 DAC0832 的$\overline{CS}$分别连接到译码器的不同输出端,对应每片 DAC0832 有不同的芯片地址。假设图 8-8 中 1#DAC0832 的芯片地址为 0x64,2#DAC0832 的芯片地址为 0x65,使$\overline{XFER}$引脚有效的地址为 0x66。双缓冲电路的样例程序如下:

```
#include   "reg51.h"
#include   "absacc.h"         //使用的"XBTYE"在这个头文件中

Void   OutTo0832(unsigned int   aData)
{
  unsigned char   Temp;
  Temp = aData;              //取 aData 的低 8 位
  XBYTE[0x64] = Temp;        //低 8 位送到 1#DAC0832 的 8 位输入寄存器
  Temp = (aData > >8);       //取 aData 的高 8 位
  XBYTE[0x65] = Temp;        //高 8 位送到 2#DAC0832 的 8 位输入寄存器
  XBYTE[0x65] = 0x00;        //将两片 DAC0832 的 8 位输入寄存器中的数据
                             //同时送入各自的 8 位 DAC 寄存器
}

void main(void)
{
  OutTo0832(0x55aa);
  ……
  while(1);
}
```

上述程序中,OutTo0832()函数是双缓冲操作的芯片函数,其程序流程如图 8-9 所示。

根据 AT89S51 的扩展特性可知,当外扩芯片时,AT89S51 通过 P0 口和 P2 口为外部芯片提供地址,且 P0 口提供低 8 位地址。P2 口提供高 8 位地址。当外围芯片所需地址线比较少时,可以只使用 P0 口。图 8-8 就是只使用了 P0 口地址线的情况。图 8-8 中 DAC0832 的$\overline{WRx}$与 AT89S51 的$\overline{WR}$相连,根据 AT89S51 外部访问时序可知,当 AT89S51 访问由 P0 口(地址为 16 位时还有 P2 口)所寻址的芯片或存储单元时,$\overline{RD}$和$\overline{WR}$会自动有效。基于以上原因,上述代码中使用了"XBYTE[地址]"这种形式,利用了单片机的"自动特性"完成对外围芯片的访问(不是通过代码模拟访问时序),简化了程序设计。

以"XBYTE[0x65] = Temp;"为例,具体执行时,单片机通过 P0 口将 0x65 发送出去,达到寻址 DAC0832 的目的,经过这一步,单片机与所选 DAC0832 之间的数据通路已经搭好,之后单片机再通过地址/数据复用端口 P0 将变量 Temp 的值发送出去(发送时低对低,高对高,即 P0.0 对应 Temp.0 位,P0.7 对应 Temp.7 位),同时单片机的$\overline{WR}$信号会在适当的时间有效和撤销。

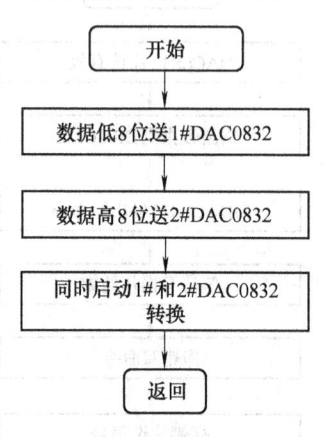

图 8-9 OutTo0832()函数的程序流程

8.2 ADC 的扩展

8.2.1 ADC 芯片简介

ADC0804 是 CMOS 8 位单通道逐次渐近型的 A-D 转换器（ADC）。ADC0804 的引脚如图 8-10 所示。

图 8-10 中各引脚的功能如下。

$\overline{CS}$：芯片片选信号，低电平有效，即 $\overline{CS}=0$ 时，该芯片才能正常工作。在外接多个 ADC0804 芯片时，该信号可以作为选择地址使用，通过不同的地址信号使能不同的 ADC0804 芯片，从而可以实现多个 ADC 通道的分时复用。

$\overline{WR}$：启动 ADC0804 进行 ADC 采样，该信号低电平有效，即 $\overline{WR}$ 信号由高电平变成低电平时，触发一次 ADC。

$\overline{RD}$：低电平有效，即 $\overline{RD}=0$ 时，可以通过数据端口 DB0～DB7 读出本次的采样结果。

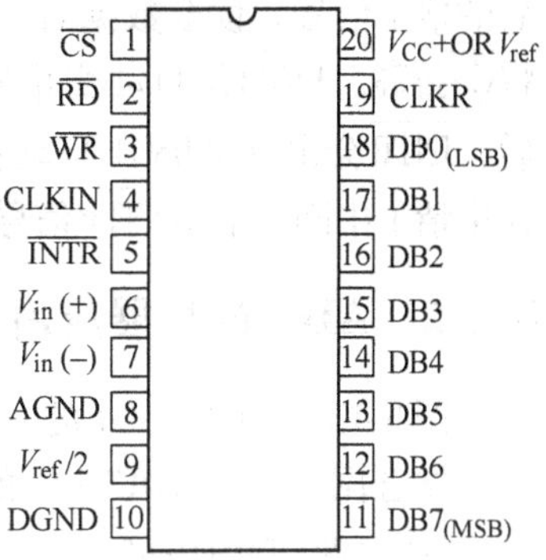

$V_{in}(+)$ 和 $V_{in}(-)$：模拟电压输入端。模拟电压输入接 $V_{in}(+)$ 端，$V_{in}(-)$ 端接地。双边输入时 $V_{in}(+)$、$V_{in}(-)$ 分别接模拟电压信号的正端和负端。当输入的模拟电压信号存在零点漂移电压时，可在 $V_{in}(-)$ 接一等值的零点补偿电压，变换时将自动从 $V_{in}(+)$ 中减去这一电压。

$V_{ref}/2$：参考电压接入引脚，可外接电压也可悬空。若外接电压，则 ADC0804 的参考电压为该外接电压的两倍；若不外接，则 V_{ref} 与 V_{CC} 共用电源电压，此时 ADC 的参考电压即为电源电压 V_{CC} 的值。

CLKR 和 CLKIN：外接 RC 电路产生 ADC 所需的时钟信号，时钟频率 CLK 为 $1.1RC$ 的倒数，一般要求频率范围为 100kHz～1.28MHz。

AGND 和 DGND：分别接模拟地和数字地。

$\overline{INTR}$：中断请求信号输出引脚，低电平有效。当一次 A-D 转换完成后，将引起 $\overline{INTR}=0$。实际应用时，该引脚应与微处理器的外部中断输入引脚（如 51 单片机的 $\overline{INT0}$、$\overline{INT1}$ 脚）相连，当 $\overline{INTR}$ 信号有效时，还需等待 $\overline{RD}=0$ 才能正确读出 A-D 转换结果。若 ADC0804 单独使用，则可以将 $\overline{INTR}$ 引脚悬空。

DB0～DB7：输出 A-D 转换后的 8 位二进制结果。

图 8-11 所示为启动 ADC0804 转换的时序。

由图 8-11 可知，启动 ADC0804 转换时先使 $\overline{CS}$ 为低电平，$\overline{WR}$ 随后置低，经过至少 $T_w(\overline{WR})$ 时间后，$\overline{WR}$ 拉高，随后 ADC 被启动，且经过 1～8 个 A-D 时钟周期 + 内部 T_c

图 8-10 ADC0804 的引脚

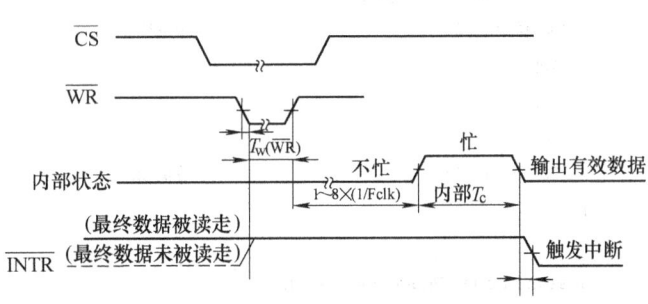

图 8-11 启动 ADC0804 转换的时序

时间后，A-D 转换完成，转换结果存入数据锁存器，同时$\overline{INTR}$变为低电平，用于向单片机申请中断。

图 8-12 所示为读取 ADC0804 转换结果时的时序。

由图 8-12 可知，当$\overline{INTR}$变为低电平后，将$\overline{CS}$先置低，接着再将$\overline{RD}$置低，在$\overline{RD}$置低至少经过T_{ACC}时间后，数字输出口上的数据达到稳定状态，此时直接读取 ADC0804 数据端口上的数据便可得到转换后的数字信号，读取数据后马上将$\overline{RD}$拉高，然后再将$\overline{CS}$拉高。$\overline{INTR}$是自动变化的，当$\overline{RD}$置低T_{RI}时间后，$\overline{INTR}$会由 ADC0804 自动拉高，所以在应用时，在申请了中断之后对$\overline{INTR}$信号可以不予理睬。

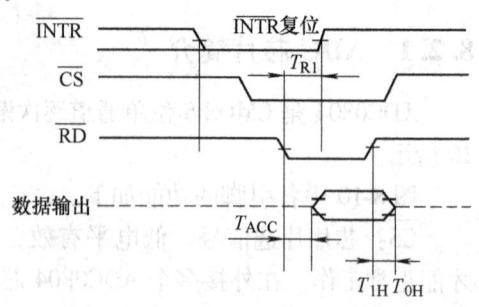

图 8-12 读取 ADC0804 转换结果时的时序

8.2.2 ADC 的扩展应用

图 8-13 为 ADC0804 的一个应用实例图。结合图 8-13，ADC0804 的应用程序如下。

```
#include "reg51.h"
#include "intrins.h"
#define DATAPORT_0804    P1
sbit nCS_0804   = P3^4;
sbit nRD_0804   = P3^7;
sbit nWR_0804   = P3^6;
sbit nINTR_0804 = P3^2;
void Start0804(void)
{
    nWR_0804 = 1;
    nINTR_0804 = 1;
    nCS_0804 = 0;                  //拉低CS
    _nop_();
    _nop_();
    _nop_();
    nWR_0804 = 0;                  //拉低WR
    _nop_();                       //可根据系统晶振的实际情况适当增删"_nop_();"
    //可根据情况增减 _nop_()
    nWR_0804 = 1;                  //拉高WR
    _nop_();
    _nop_();
    _nop_();
    nCS_0804 = 1;                  //拉高CS
}

unsigned char Read0804(void)
{
    unsigned char Temp = 0;
```

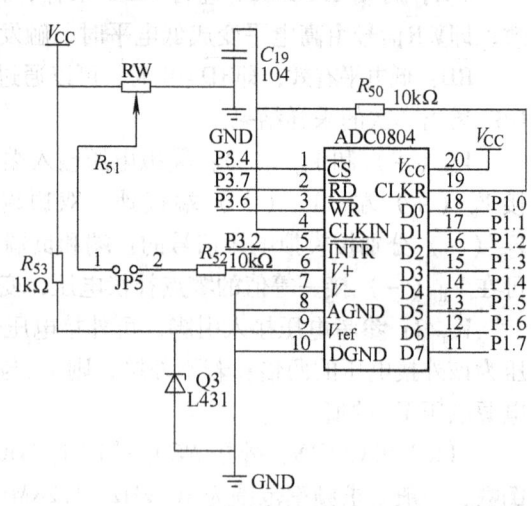

图 8-13 ADC0804 的一个应用实例图

```
    if(! nINTR_0804)              //判断转换是否结束
      {
       nCS_0804 = 0;               //拉低CS
        _nop_();
        _nop_();
        _nop_();
       nRD_0804 = 0;               //拉低RD
        _nop_();
                                   //可根据情况增减 _nop_()
       Temp = DATAPORT_0804;       //读取转换结果
        _nop_();
        _nop_();
        _nop_();
       nRD_0804 = 1;               //拉高RD
        _nop_();
        _nop_();
        _nop_();
       nCS_0804 = 1;               //拉高CS
      }
     return(Temp);
}

void main(void)
{
  unsigned char Data_0804;
  Start0804();
  ...
  while(1){
    Data_0804 = Read0804();
    ...
  }
}
```

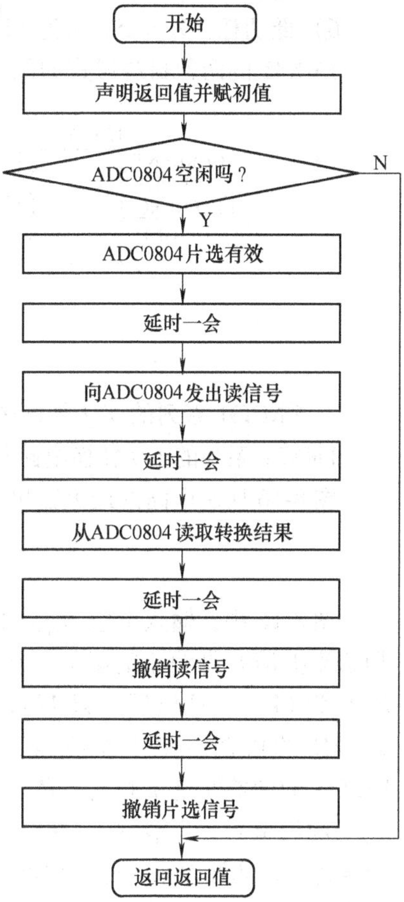

上述程序中主函数循环调用 ADC0804 的读函数 Read0804()，以获取转换后的数字量，Read0804() 的程序流程如图 8-14 所示。

图 8-14 Read0804() 的程序流程

8.3 V/f 转换器的扩展

V/f 转换器是把电压信号转变为频率信号的器件。通过对 V/f 转换器输出的频率信号进行计数就可以实现 A-D 转换，因此，V/f 转换器通常用于一些非快速转换而需要进行远距离信号传输的 A-D 转换。

8.3.1 V/f 转换器芯片简介

LMX31 系列包括 LM131/LM231/LM331，是通用型的 V/f 转换器，适用于 A-D 转换器、

高精度 V/f 转换器、长时间积分器、线性频率调制或解调器等电路。

1. 主要特性

1）频率范围：1~100kHz。
2）低的非线性：正负 0.01%。
3）单电源或双电源供电。
4）单电源供电电压为 +5V 时，可保证转换精度。
5）温度特性：最大正负 50ppm/℃。
6）低功耗：V_S = 5V 时为 15mW。

LMX31 的两种封装形式如图 8-15 所示。

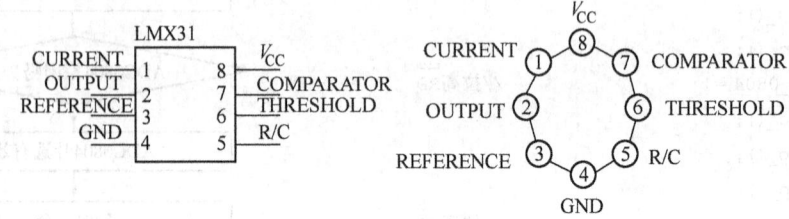

图 8-15　LMX31 封装图

2. LMX31 系列的 V/f 转换电路

LMX31 系列的 V/f 转换电路如图 8-16 所示。

图 8-16 所示电路的最大输出频率为

$$f_{out} = \frac{V_{in}}{2.09V} \times \frac{R_s}{R_L} \times \frac{1}{R_t C_t}$$

图 8-16 中，输入电阻 R_{in} 为 100kΩ ± 1%，使 7 脚偏流抵消 6 脚偏流的影响，从而减小频率偏差。R_s 应为 14kΩ，这里用一只 12kΩ 的固定电阻和一只 5kΩ 的可调电阻串联组成，它的作用是调整 LMX31 的增益偏差和由 R_L、R_t、和 C_t 引起的偏差。C_{in} 为滤波电容，一般取 C_{in} 在 0.01~0.1μF 之间较为合适，在滤波效果较好的情况下，可使用 1μF 的电容。当 6 脚、7 脚的 RC 时间常数匹配时，输入电压的阶跃变化引起输出频率的阶跃变化，如果 C_{in} 比 C_L 小得多，那么输入电压的阶跃变化可能会使输出频率瞬时停止。6 脚的 47Ω 电阻和 1μF 电容器串联可产生滞后效应，以获得良好的线性度。

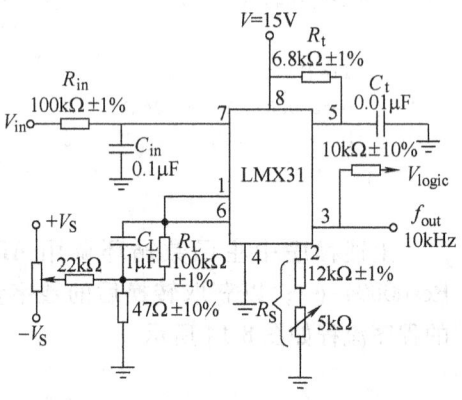

图 8-16　LMX31 系列的 V/f 转换电路

为了提高精度及稳定性，阻容元件要用低温度系数的元器件，最好是金属膜电阻和聚苯乙烯或聚丙烯电容器。

3. LMX31 系列的高精度 V/f 电路

LMX31 系列的高精度 V/f 电路如图 8-17 所示。

引起 V/f 转换产生非线性误差的原因是脚 1 的输出阻抗，高精度的 V/f 转换器在 1 脚和 7 脚之间加入了一个积分器，这个积分器是由运放和积分电容 C_F 构成的反积分器。当运放输出电压超过 LMX31 的 6 脚阈值时，启动定时器开始定时，注入运放求和节点 2 脚的平均电流 V_{in}/R_{in} 使两者平衡。此电路中 LMX31 输入比较器的失调电压不影响 V/f 转换器的偏差和精度，V/f 转换器对小信号的反应能力取决于运放的失调电压和失调电流。低成本运放的失调电压一般低于 1mV，失调电流一般低于 2nA，因此本电路对小信号有很好的转换精度。此外，本电路还具有快速响应的特点。由于电流源 1 脚总是保持地电位（虚地点），电压不随 V_{in} 或 F_{out} 变化，因此有很高的线性度。

本电路必须使用低温度系数的元器件，建议 C_F 选用聚酯薄膜电容。当 $V_S = 8 \sim 22V$ 时，R_1 选为 5kΩ 或 10kΩ；但当 $V_S = 4.5 \sim 8V$ 时，R_1 必须使用 10kΩ 电阻。运放要选用低失调电压和低失调电流的器件，推荐选用 LM108、LM308A、LF411A。

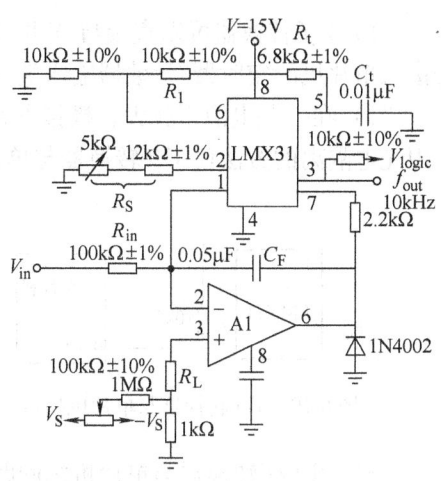

图 8-17 LMX31 系列的高精度 V/f 电路

图 8-17 所示电路的最大输出频率为

$$f_{out} = \frac{V_{in}}{2.09V} \times \frac{R_s}{R_L} \times \frac{1}{R_t C_t}$$

如果需要高速 V/f 转换可按图 8-18 所示的电路进行设计。此电路输出最大频率为 100kHz，非线性度为 ±0.03%，运放建议使用 LF411A 或 LF356。

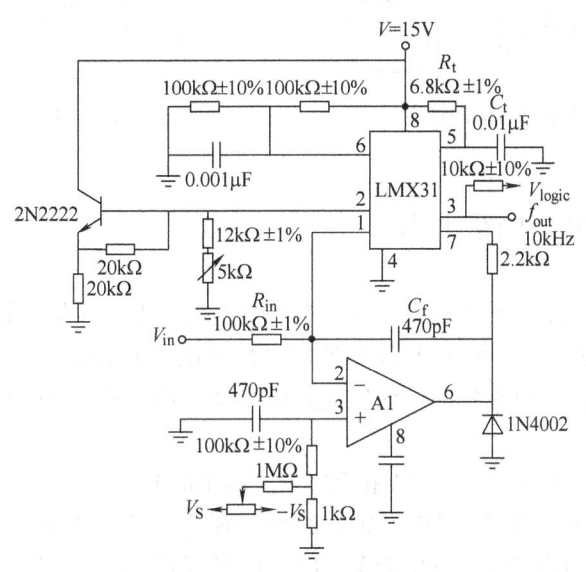

图 8-18 LMX31 系列的高速 V/f 电路

8.3.2 V/f 转换器的扩展电路

被测电压量经 V/f 转换器转换为与其成比例的频率信号后通过接口电路送入单片机进行处理。

1）V/f 转换器可以直接与 AT89S51 单片机接口。这种接口方式比较简单，把频率信号接入单片机的定时器/计数器输入端即可，如图 8-19 所示。

2）在一些电源干扰大，模拟电路部分容易对单片机产生电气干扰等恶劣环境中，可采用光电隔离的方法使 V/f 转换器与单片机无电信号联系，如图 8-20 所示。

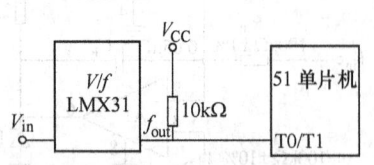 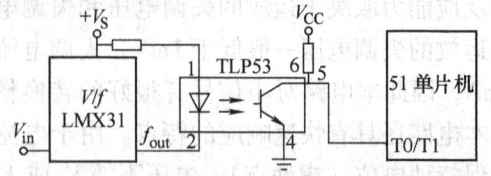

图 8-19　V/f 转换器与单片机接口　　　　图 8-20　V/f 转换器通过光耦与单片机接口

3）当 V/f 转换器与单片机之间距离较远时需要采用线路驱动以提高传输能力，一般可采用串行通信的驱动电路和接收器来实现。例如，使用 RS-422 的驱动器和接收器时，允许最大传输距离为 120m，如图 8-21 所示，其中 SN75174/75175 是 RS-422 标准的四差分线路驱动/接收器。

4）采用无线传输时，需配发送、接收装置，如图 8-22 所示。

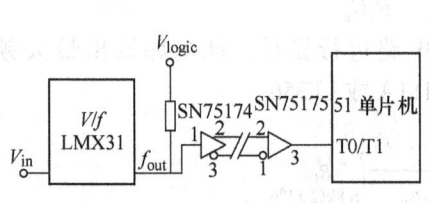 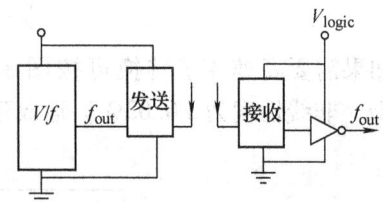

图 8-21　利用串行通信的接口　　　　图 8-22　利用无线设备进行接口

8.4　开关型功率接口的扩展

在单片机控制系统中常见的控制对象有电磁继电器、电磁开关或晶闸管、固态继电器和功率电子开关等。要想用单片机控制各种各样的高电压、大电流负载，如电动机、电磁铁、继电器、灯泡等，不能用单片机的 I/O 口线直接驱动，必须通过各种驱动电路和开关电路来驱动。

AT89S51 单片机共有 P0、P1、P2 和 P3 四个双向 I/O 口。P0、P1、P2、P3 四个端口都可作为输出口，但其驱动能力不同。P0 口的驱动能力较大，当其输出高电平时，可提供 400μA 的电流；当其输出低电平（0.45V）时，则可提供 3.2mA 的灌电流，若低电平允许提高，灌电流可相应加大。P1、P2、P3 口的每一位只能驱动 4 个 LSTTL 型负载，即可提供的电流只有 P0 口的一半。所以，任何一个端口要想获得较大的驱动能力，只能用低电平输出。

AT89S51 通常使用 P0、P2 口作为访问外部存储器的地址总线，同时 P0 口分时作为数据端口，所以只能用 P1、P3 口作为输出口。P1、P3 口的驱动能力有限，在低电平输出时，一般也只能提供不到 2mA 的灌电流，通常要加总线驱动器或其他驱动电路。

另外，与强电隔离和抗干扰常常需要使用光耦合器，此类接口称为 AT89S51 的功率接口。

8.4.1 常用的开关型功率接口简介

开关型功率接口中单片机输出的控制信号通常为开关量，与这一信号相适应的常用开关型驱动器件有光耦合器、继电器/接触器、晶闸管、功率 MOS 管、集成功率电子开关和固态继电器等。

1. AT89S51 与光耦合器的接口

光耦合器以其输出电路的形式分为晶体管输出型和晶闸管输出型。

晶体管输出型光耦合器的受光器是光敏晶体管。光敏晶体管除了没有外引的基极外，与普通晶体管没有什么两样，取代基极电流的是以光作为晶体管的输入。光耦合器的电路原理图 8-23 所示。

光耦合器的工作原理：当光耦合器的发光二极管导通时，光敏晶体管受光的影响在 cb 间和 ce 间就会有电流流过，这两个电流基本上受光的照度控制，常用 ce 极间的电流作为输出电流，输出电流受 ce 的电压影响很小。光敏晶体管的集电极电流与发光二极管的电流之比称为光耦合器的电流传输比，同结构的光耦合器电流传输比相差很大。

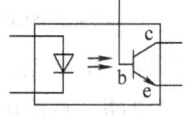

图 8-23 光耦合器的电路原理图

另外，光耦合器在传输脉冲信号时，不同结构的光耦合器的输入/输出延迟时间相差很大。例如，4N25 的导通延迟为 2.8μs，关断延迟为 4.5μs，而 4N33 的导通延迟为 0.6μs，关断延迟为 45μs。应用时，应根据信号的特征选择合适的光耦合器。

由前面的叙述可知，晶体管输出型光耦合器可以作为开关使用，也可作为线性耦合器使用。作为开关使用时，发光二极管和光敏晶体管平时是关断的，当发光二极管通过电流脉冲时，光敏晶体管在电流脉冲持续的时间内导通；作为线性耦合器使用时，在发光二极管上提供一个偏置电流，再把信号电压通过电阻耦合到发光二极管上，引起其亮度的变化，这样光敏晶体管接收到的就是随偏置电流增、减变化的光信号，输出电流也随输入信号电压呈线性变化。

图 8-24 所示为 AT89S51 与 4N25 的接口电路。

图 8-24 中 200Ω 电阻为发光二极管的限流电阻，光耦合器输入端的电流一般为 10～15mA，发光二极管的压降约为 1.2～1.5V。忽略 7407 的压降，限流电阻的计算公式化为

$$R = \frac{V_{CC} - V_f}{I_d}$$

式中，V_{CC} 为电源电压；V_f 为发光二极管的压降；I_d 为通过发光二极管的电流。

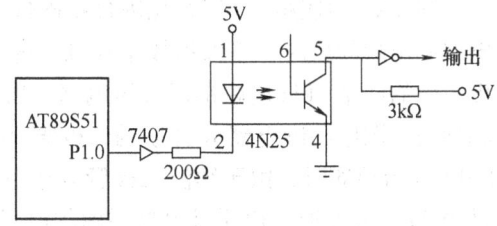

图 8-24 AT89S51 与 4N25 的接口电路

上述式中如果考虑 7407 的压降，则应从 V_{CC} 中再多减去 0.5V 左右的电压。

4N25 输入/输出端的最大隔离电压不小于 2500V。

晶闸管输出型光耦合器的输出端是光敏晶闸管或光敏双向晶闸管。当光耦合器的输入端有一定的电流流入时，晶闸管即导通。有的光耦合器的输出端还配有过零检测电路，用于控制晶闸管过零触发，以减少用电器在接通电源时对电网的影响。

图 8-25 所示为 AT89S51 与 MOC3041 的接口电路。

MOC3041 是常用的双向晶闸管输出的光耦合器，带有过零检测电路，输入端的控制电流为 15mA，输出端额定电压为 400V，最大浪涌电流为 1A，输入/输出端隔离电压为 7500V。忽略驱动器 7407 的压降，MOC3041 输入端的限流电阻计算公式为

$$R = \frac{V_{CC} - V_f}{I_d}$$

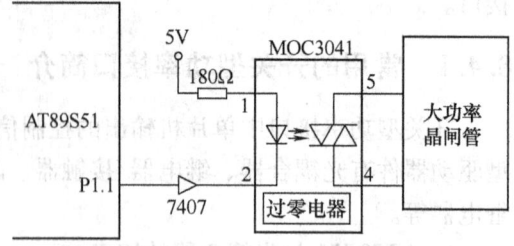

图 8-25 AT89S51 与 MOC3041 的接口电路

式中，V_{CC} 为电源电压；V_f 为发光二极管压降；I_d 为通过发光二极管的电流。

实际使用时，为了保证可靠触发，选取 R 时通常使其略小于计算值。

2. AT89S51 与继电器/接触器的接口

设计 AT89S51 与继电器/接触器接口电路的目的主要是利用单片机的弱信号去控制强电回路。根据强电回路中执行器件的不同，可以分为直流电磁式继电器和交流电磁式接触器接口电路。直流电磁式继电器的线圈是用直流电进行供电的，当线圈中有电流流过时，利用电磁感应，继电器会使其触点动作，进而达到通断电路的目的。交流电磁式接触器的线圈是用交流电进行供电的，工作原理与直流电磁式继电器类似。一般交流电磁式接触器切换电路的能力较强。

由于单片机 I/O 口线的驱动能力相对较弱，所以在使用直流电磁式继电器时，一般要用功率接口集成电路或晶体管驱动。当系统中有较多继电器时，应使用功率接口集成电路驱动，如 ULN2003、ULN2008 等，具体的使用方法可查阅相应芯片的数据手册。图 8-26 所示为使用晶体管进行驱动的直流电磁式继电器接口电路。

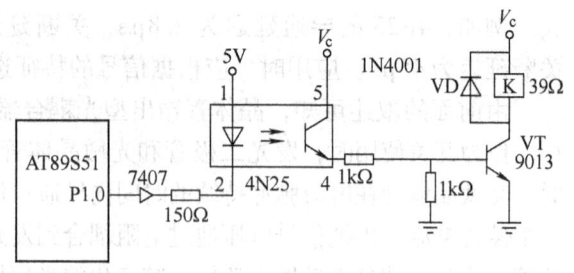

图 8-26 直流电磁式继电器的接口电路

图 8-26 中使用了 4N25 光耦合器进行隔离，使两部分电路之间没有电信号的联系，当继电器侧出现问题时，不致损毁单片机，进一步保护了单片机。图中光耦合器输出晶体管发射极对应的两个 1kΩ 电阻形成分压电路，用于保证单片机有输出时，9013 能够快速可靠地饱和导通。图中与继电器 K 并联的二极管 VD 为续流二极管，用于保护 9013 关断时不被击穿。9013 开始导通时，由于续流二极管处于反向偏置状态，不导通，继电器能够正常吸合。但是当 9013 关断时，由于继电器线圈的电感效应，会在线圈两端产生与电源电压串联的感应电压，这个感应电压与电源电压叠加，加到 9013 的集电极和发射极之间，9013 会被击穿，所以必须想办法降低这个电压。此时续流二极管就发挥了作用，由于继电器线圈的感应电压刚好满足了续流二极管的导通条件，所以 9013 关断时 VD 会导通，使继电器两端的电压不会高于二极管的结电压，进而保护了晶体管 9013。

图 8-27 所示为利用双向晶闸管控制交流电磁式接触器的接口电路。

图 8-27 中 MOC3041 是具有过零检测功能的光耦合器，用于为双向晶闸管 VTH 提供触发信号。MOC3041 在交流电的正负半周均会输出正确的触发脉冲，保证双向晶闸管在交流

电的正负半周内均会导通。图中 39Ω 电阻和 0.5μF 电容组成浪涌吸收电路，用于保护双向晶闸管。电路工作后，当单片机有输出时，MOC3041 会向双向晶闸管发出触发脉冲，双向晶闸管导通，相线、双向晶闸管、接触器线圈和零线构成回路，使接触器线圈得电，接触器吸合，接触器的常开和常闭触头动作，进而达到控制相应电路的目的。

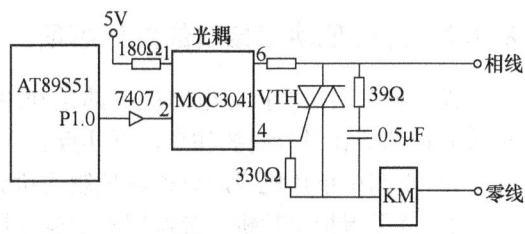

图 8-27　交流电磁式接触器的接口电路

使用图 8-27 所示的接口电路时要注意：①双向晶闸管的额定工作电流应为接触器线圈工作电流的 2～3 倍；②双向晶闸管的额定工作电压应为接触器线圈工作电压的 2～3 倍。例如，对于中、小型 220V 工作电压的交流接触器，可以选择 3A/600V 的双向晶闸管。

3. AT89S51 与固态继电器的接口

固态继电器（Solid State Relay，SSR）是近年发展起来的一种新型电子继电器，其输入控制电流小，用 TTL、HTL、CMOS 等集成电路或简单的辅助电路就可以直接驱动，因此适宜作为单片机测控系统输出通道中的控制元件。固态继电器输出时利用晶体管或晶闸管，无触点，与继电器输出相比，输出的切换频率高。固态继电器与普通的电磁式继电器和电磁开关相比，具有无机械噪声、无抖动和回跳、开关速度快、体积小、重量轻、寿命长和工作可靠等特点，并且耐冲击、抗潮湿、抗腐蚀，在单片机测控等领域已逐渐取代传统的电磁式继电器和电磁开关作为开关量输出控制元件。

固态继电器按照负载的电源类型可分为直流型和交流型两种，直流型利用功率晶体管作为开关器件，交流型利用双向晶闸管作为开关器件。按照开关触点的形式可分为常开式和常闭式，常开式是指在没有通电时其触点是断开的，常闭式则是指没有通电时其触点是闭合的。按照控制触发信号的形式可分为过零型和非过零型，过零型必须在负载电源电压接近零且输入控制信号有效时，输出端负载电路才能导通，其关断条件是输入端的控制电压撤销且流过双向晶闸管的负载电流为零；非过零型是指不管负载电源电压相位如何，只要输入控制信号负载都能立即导通。

固态继电器常用的接口电路如图 8-28～图 8-30 所示。

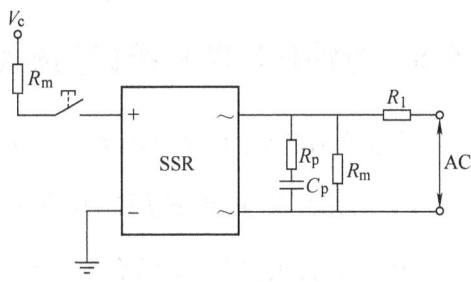

图 8-28　触点控制

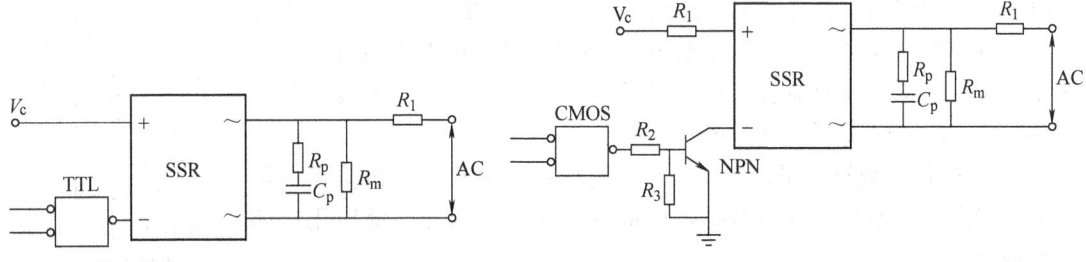

图 8-29　TTL 驱动固态继电器　　　　图 8-30　CMOS 驱动固态继电器

8.4.2 开关型功率接口的注意事项

设计开关型功率接口电路的目的是利用单片机输出的弱信号去控制强电（电压高、电流大）回路。在设计时要注意以下几点。

1）电路中单片机只起到逻辑控制的功能，驱动方面的问题应交给驱动电路。
2）为了保护单片机，控制回路上应尽量采用隔离措施，如采用光耦合器等，并且保证被隔离的两部分电路之间不要有电信号的联系。
3）对于有储能功能的器件，关断时要考虑其储存能量的泻放问题。
4）对于 MOC3041 这样的器件，要注意其与其他元器件之间的容量匹配问题。
5）在编写单片机程序时，要注意与接口电路切换速度的匹配问题。

固态继电器在使用时的注意事项如下。

1）电子开关都有通态压降和断态漏电流。固态继电器的通态压降一般小于 2V，断态漏电流为 5~10mA。使用中要考虑这两项参数，否则在控制小功率执行器件时可能产生误动作。
2）固态继电器的电流容量负载能力会随着温度的升高而下降，其使用的温度范围为 -40~80℃，所以当使用温度较高时，选用的固态继电器必须留有一定的余量。
3）固态继电器电压过载能力差，当负载为感性时，在固态继电器的输出端必须加接 RM 压敏电阻，其电压的选择可以取电源电压有效值的 1.6~1.9 倍。
4）输出端负载短路会造成固态继电器损坏，应该特别注意避免此类情况的发生。
5）对白炽灯、电炉等电阻类负载，要考虑固态继电器的"冷阻"特性，这一特性会造成接通瞬间的浪涌电流可能超过额定量，所以要对电流容量的选择留有余地。最简单的解决方法是在回路中串联一个快速熔断器。

8.5 时钟日历芯片接口的扩展

很多单片机应用系统都处在实时在线的工作状态，经常使用时钟日历电路。

8.5.1 DS1302 时钟日历芯片简介

DS1302 是美国 DALLAS 公司推出的一种高性能、低功耗的实时时钟芯片，附加 31B 静态 RAM，采用三线接口与 CPU 进行同步通信，并可采用突发方式一次传送多个字节的时钟信号和 RAM 数据。实时时钟可提供秒、分、时、日、星期、月和年计时，一个月小于 31 天时可以自动调整，且具有闰年补偿功能。其工作电压为 2.5~5.5V，采用双电源供电（主电源和备用电源），可设置备用电源充电方式，提供了对备用电源进行涓细电流充电的能力。DS1302 的外部引脚分配如图 8-31 所示，内部结构如图 8-32 所示。

DS1302 用于数据记录，特别是对某些具有特殊意义的数据点的记录上，能实现数据与出现该数据的时间同时记录，因此广泛应用于测量系统中。

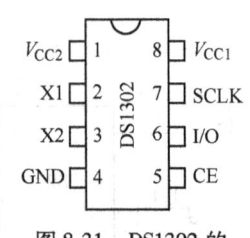

图 8-31 DS1302 的外部引脚排列

1. 各引脚的功能

V_{CC1}：主电源。

V_{CC2}：备用电源。当 $V_{CC2} > V_{CC1} + 0.2V$ 时，由 V_{CC2} 向 DS1302 供电，当 $V_{CC2} < V_{CC1}$ 时，由 V_{CC1} 向 DS1302 供电。

SCLK：串行时钟，输入信号，控制数据的输入与输出。

I/O：三线接口时的双向数据线。

CE：输入信号，在读、写数据期间，必须为高。该引脚有两个功能，分别是开始控制字访问移位寄存器的控制逻辑和提供结束单字节或多字节数据传输的方法。

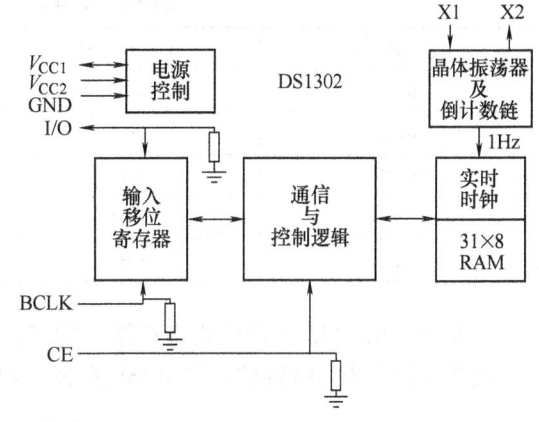

图 8-32 DS1302 的内部结构

2. DS1302 的寄存器

DS1302 有关日历、时间的寄存器共有 12 个，其中有 7 个寄存器（读时 0x81~0x8D，写时 0x80~0x8C）存放的数据格式为 BCD 码形式。DS1302 的寄存器及其位定义见表 8-1。

表 8-1 DS1302 的寄存器及其位定义

读寄存器	写寄存器	bit7	bit6	bit5	bit4	bit3	bit2	bit1	bit0	范围
0x81	0x80	CH	10s			秒				00~59
0x83	0x82		10min			分				00~59
0x85	0x84	12/$\overline{24}$	0	$\frac{10}{AM/PM}$	时	时				1~12/ 0~23
0x87	0x86	0	0	10d		日				1~31
0x89	0x88	0	0	0	10月	月				1~12
0x8b	0x8a	0	0	0	0	0	周日			1~7
0x8d	0x8c	10年				年				00~99
0x8f	0x8e	WP	0	0	0	0	0	0	0	—

DS1302 的小时寄存器（0x85、0x84）的位 7 用于定义 DS1302 是运行于 12h 模式还是 24h 模式，当为高时，选择 12h 模式。在 12h 模式时，位 5 为 1 时，表示 PM。在 24h 模式时，位 5 是第 2 个 10h 位。秒寄存器（0x81、0x80）的位 7 定义为时钟暂停标志（CH），当该位置为 1 时，时钟振荡器停止工作，DS1302 处于低功耗状态；当该位置为 0 时，时钟开始运行。控制寄存器（0x8f、0x8e）的位 7 是写保护位（WP），其他 7 位均置为 0。在任何的对时钟和 RAM 的写操作之前，WP 位必须为 0。当 WP 位为 1 时，写保护位防止对任何一个寄存器的写操作。

DS1302 中附加有 31B 的静态 RAM，其地址分配见表 8-2。

表 8-2 DS1302 片内 RAM 地址分配

读 地 址	写 地 址	内 容	数据范围
0xc1	0xc0	xxxxxxxx	0x00 ~ 0xff
0xc3	0xc2	xxxxxxxx	0x00 ~ 0xff
0xc5	0xc4	xxxxxxxx	0x00 ~ 0xff
⋮	⋮	⋮	⋮
0xfd	0xfc	xxxxxxxx	0x00 ~ 0xff

通过对 DS1302 工作模式寄存器的配置，可使其工作在突发模式。所谓突发模式是指一次传送多个字节的时钟信号和 RAM 数据。突发模式寄存器见表 8-3。

表 8-3 DS1302 的突发模式寄存器

工作模式寄存器	英文名称	读寄存器	写寄存器
时钟突发模式寄存器	CLOCK BURST	0xbf	0xbe
RAM 突发模式寄存器	RAM BURST	0xff	0xfe

8.5.2 DS1302 时钟日历芯片的接口电路

DS1302 的接口电路如图 8-33 所示。

由图 8-33 可知，DS1302 与单片机的连接仅需 3 根线：CE 引脚、SCLK 串行时钟引脚和 I/O 串行数据引脚，V_{CC2} 为备用电源，X1、X2 外接 32.768kHz 晶振，为芯片提供计时脉冲。

为了对 DS1302 进行编程，下面介绍 DS1302 的读/

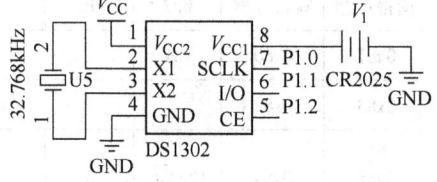

图 8-33 DS1302 的接口电路

写时序。DS1302 通信时只使用 SCLK、I/O 和 CE 3 根线，通过 3 根线的配合可完成数据（含命令字）的读/写。图 8-34 为 DS1302 读时序的总图。

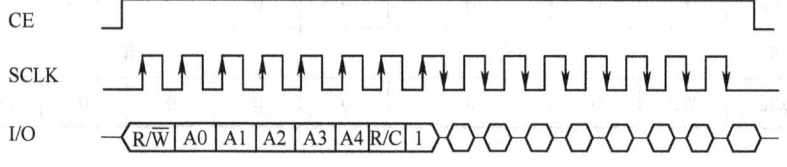

图 8-34 DS1302 读时序的总图

由图 8-34 可知，对 DS1302 的读时序，一开始是由单片机发给 DS1302 的命令字节，命令字节由 8bit 组成，单片机在 SCLK 为低电平时将数据发送至 DS1302 的 I/O 线上，再将 SCLK 线拉高，利用中间的上升沿使数据生效，在 SCLK 为高电平期间，单片机应保持 I/O 线上的数据不变，维持高电平一段时间后，单片机再重复前面的逻辑，继续发送命令字节的其他比特位。单片机发送完命令字节后，马上进入读数据序列，由图 8-34 可知，在命令字节的最后一个比特位发送结束后，单片机将 SCLK 线接低，产生一个下降沿，此时 DS1302 利用这个下降沿将数据送到自己的 I/O 引脚，供单片机读取，对应地，单片机就在 SCLK 产生下降沿后，且为低电平期间去读 DS1302 的 I/O 引脚，在 SCLK 为低电平期间，DS1302 维持 I/O 引脚上的数据恒定。在单片机读完一个比特的数据之后，将 SCLK 拉高，再拉低，以产生下一个下降沿，再重复之前的读操作，如此往复。在整个读操作期间，DS1302 的 CE 引脚应一直为高电平，直至读时序结束。读时序的细节如图 8-35 所示。

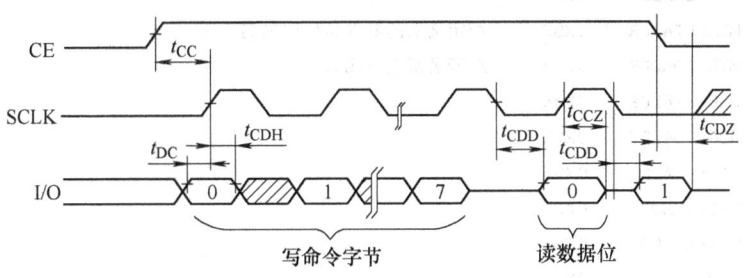

图 8-35　DS1302 读时序的细节

图 8-36 为 DS1302 写时序的总图。

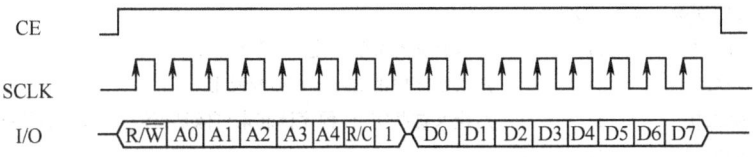

图 8-36　DS1302 写时序的总图

由图 8-36 可知，DS1302 写时序的开始处也是单片机写给 DS1302 的命令字节，操作方法与图 8-34 相同，只是在数据阶段与读时序有区别。写时序中，单片机向 DS1302 的 I/O 引脚发送数据的操作，与写命令字节时类似，也是在低电平时将数据写出，在高电平时维持数据恒定。图 8-36 中 I/O 线上所有的操作都是由单片机完成的，这一过程中 DS1302 只是被动地接收单片机发送过来的数据。写时序的细节如图 8-37 所示。

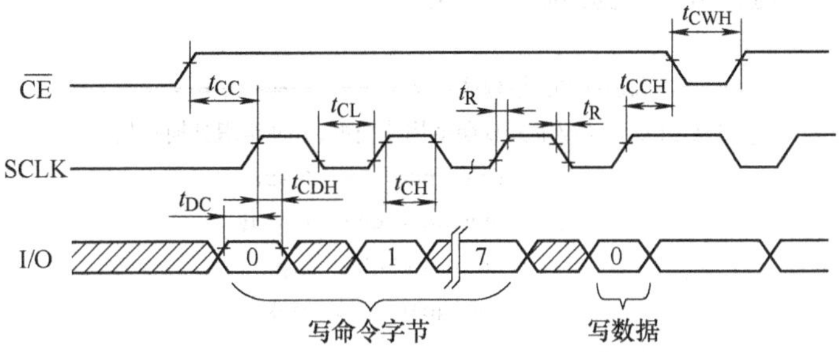

图 8-37　DS1302 写时序的细节

编程时，可以针对 DS1302 单独编写一个驱动库，这样有利于程序的模块化设计。本例中将 DS1302 的库文件命名为 "DS1302.h"，把与 DS1302 有关的所有函数都放在这个文件中。DS1302 库的定义如下：

```
/************************************************
        库文件名:DS1302.h
************************************************/

#ifndef __DS1302_H__            //这一行的作用是防止重复包含
#define __DS1302_H__
// ======文件包含========================
#include "reg51.h"              //特殊功能寄存的定义在这个头文件中
#include "intrins.h"            //_nop_()在这个头文件中
```

```
// ======宏定义 ==========================
#define    NOP           _nop_()
#define    SECWRIADDR    0X80    //定义 DS1302 的命令宏,以方便程序当中使用
#define    SECREDADDR    0X81
#define    MINWRIADDR    0X82    //定义宏的好处是可以见名知义
#define    MINREDADDR    0X83    //宏名都应该用大写
#define    HOUWRIADDR    0X84
#define    HOUREDADDR    0X85
#define    DATWRIADDR    0X86
#define    DATREDADDR    0X87
#define    MONWRIADDR    0X88
#define    MONREDADDR    0X89
#define    WEKWRIADDR    0X8A
#define    WEKREDADDR    0X8B
#define    YERWRIADDR    0X8C
#define    YERREDADDR    0X8D
#define    ALLDATE       (1)     //与日期有关的宏定义,见名知义
#define    YEAR          (2)     //供程序中的 switch 结构使用
#define    MONTH         (3)     //定义这些宏,使程序读起来更像是英语句子,增加了可读性
#define    DAY           (4)
#define    WEEK          (5)
#define    ALLTIME       (6)     //与时间有关的宏定义,功能与日期宏类似
#define    HOUR          (7)
#define    MINUTE        (8)
#define    SECOND        (9)

// =======DSDS1302 结构体定义 =====================
typedef struct{//定义日期结构体类型,方便组织日期数据
            unsigned char Year;
            unsigned char Month;
            unsigned char Day;
            unsigned char Week;
} TDS1302_Date;
typedef struct{//定义时间结构体类型,方便组织时间数据
            unsigned char Hour;
            unsigned char Minute;
            unsigned char Second;
} TDS1302_Time;
// ======DSDS1302 引脚定义 ==================
sbit DS1302_SCLK    = P1^0;         //要与硬件相同
sbit DS1302_IO      = P1^1;
sbit DS1302_RES     = P1^2;


// =======DSDS1302 函数定义 ==================
//注意以下函数的命名方法,尤其是前缀
/***********************************************
```

```
** 函数名称 :DS1302_Write_Byte()
** 函数功能 :向 DS1302 写一个字节的数据
** 函数输入 :writeByte 需要写入的字节
****************************************************/
void DS1302_Write_Byte(unsigned char writeByte)
{
    unsigned char i;

    DS1302_SCLK = 0;
    NOP;
    NOP;
    for(i = 0;i < 8;i + +)
    {
      DS1302_IO = writeByte&0x01;
      NOP;
      DS1302_SCLK = 1;
      NOP;
      NOP;
      DS1302_SCLK = 0;
      writeByte > > = 1;
    }
}
/****************************************************
** 函数名称 :DS1302_Read_Byte()
** 函数功能 :从 DS1302 中读一个字节的数据
** 函数输入 :无
** 函数输出 :读出的字节
****************************************************/
unsigned char DS1302_Read_Byte()
{
    unsigned char i;
    unsigned char readByte;

    for(i = 0;i < 8;i + +)
    {
      readByte > > = 1;
      if(DS1302_IO = = 1) readByte | = 0x80;
      NOP;

      DS1302_SCLK = 1;
      NOP;
      NOP;
      DS1302_SCLK = 0;
      NOP;
    }
    return readByte;
```

}
/**
** 函数名称 :DS1302_Write_Data()
** 函数功能 :向 DS1302 指定的地址写入数据
** 函数输入 :address 目标地址,writedata 将要写入的数据
**/
void DS1302_Write_Data(unsigned char address,unsigned char writedata)
{
   DS1302_RES=0;
   DS1302_SCLK=0;

   DS1302_RES=1;
   DS1302_Write_Byte(address);
   DS1302_Write_Byte(writedata);
   DS1302_SCLK=1;
   DS1302_RES=0;
}
/**
** 函数名称 :DS1302_Read_Data()
** 函数功能 :从 DS1302 指定的地址读数据
** 函数输入 :address 目标地址
** 函数输出 :读取的数据
** 函数备注 :无
**/
unsigned char DS1302_Read_Data(unsigned char address)
{
   unsigned char readData;

   DS1302_RES=0;
   DS1302_SCLK=0;
   DS1302_RES=1;
   DS1302_Write_Byte(address);
   readData=DS1302_Read_Byte();
   DS1302_SCLK=1;
   DS1302_RES=0;
   return(readData);
}
/**
** 函数名称 :DS1302_Set_Date()
**/
void DS1302_Set_Date(TDS1302_Date * aDate,unsigned char xWhich)
{
   switch(xWhich){
      case YEAR:
         DS1302_Write_Data(0x8e,0x00);
         DS1302_Write_Data(YERWRIADDR,(aDate - > Year/10) * 16 + (aDate - >

```
                            Year%10));
                        DS1302_Write_Data(0x8e,0x80);
                        break;
            case MONTH:
                        DS1302_Write_Data(0x8e,0x00);
                        DS1302_Write_Data(MONWRIADDR,(aDate - > Month/10) * 16 + (aDate - >
                        Month%10));
                        DS1302_Write_Data(0x8e,0x80);
                        break;
            case DAY:
                        DS1302_Write_Data(0x8e,0x00);
                        DS1302_Write_Data(DATWRIADDR,(aDate - > Day/10) * 16 + (aDate - >
                        Day%10));
                        DS1302_Write_Data(0x8e,0x80);
                        break;
            case WEEK:
                        DS1302_Write_Data(0x8e,0x00);
                        DS1302_Write_Data(WEKWRIADDR,(aDate - > Week/10) * 16 + (aDate - >
                        Week%10));
                        DS1302_Write_Data(0x8e,0x80);
                        break;
            case ALLDATE:
                        DS1302_Write_Data(0x8e,0x00);
                        DS1302_Write_Data(YERWRIADDR,(aDate - > Year/10) * 16 + (aDate - >
                        Year%10));
                        DS1302_Write_Data(MONWRIADDR,(aDate - > Month/10) * 16 + (aDate - >
                        Month%10));
                        DS1302_Write_Data(DATWRIADDR,(aDate - > Day/10) * 16 + (aDate - >
                        Day%10));
                        DS1302_Write_Data(WEKWRIADDR,(aDate - > Week/10) * 16 + (aDate - >
                        Week%10));
                        DS1302_Write_Data(0x8e,0x80);
                        break;
            default:    ;
    }
}
/*******************************************
** 函数名称:DS1302_Set_Time()
*******************************************/
void DS1302_Set_Time(TDS1302_Time * aDate,unsigned char xWhich)
{
    switch(xWhich){
            case HOUR:
                        DS1302_Write_Data(0x8e,0x00);
                        DS1302_Write_Data(HOUWRIADDR,(aDate - > Hour/10) * 16 + (aDate - >
                        Hour%10));
```

```c
                DS1302_Write_Data(0x8e,0x80);
                break;
        case MINUTE:
                DS1302_Write_Data(0x8e,0x00);
                DS1302_Write_Data(MINWRIADDR,(aDate->Minute/10)*16+(aDate->Minute%10));
                DS1302_Write_Data(0x8e,0x80);
                break;
        case SECOND:
                DS1302_Write_Data(0x8e,0x00);
                DS1302_Write_Data(SECWRIADDR,(aDate->Second/10)*16+(aDate->Second%10));
                DS1302_Write_Data(0x8e,0x80);
                break;
        case ALLTIME:
                DS1302_Write_Data(0x8e,0x00);
                DS1302_Write_Data(HOUWRIADDR,(aDate->Hour/10)*16+(aDate->Hour%10));
                DS1302_Write_Data(MINWRIADDR,(aDate->Minute/10)*16+(aDate->Minute%10));
                DS1302_Write_Data(SECWRIADDR,(aDate->Second/10)*16+(aDate->Second%10));
                DS1302_Write_Data(0x8e,0x80);
                break;
        default:    ;
    }
}
/*************************************************
** 函数名称:DS1302_Read_Date()
*************************************************/
void DS1302_Read_Date(TDS1302_Date * aDate,unsigned char xWhich)
{
    switch(xWhich){
        case YEAR:
                aDate->Year=DS1302_Read_Data(YERREDADDR);
                aDate->Year=aDate->Year/16*10+aDate->Year%16;
                break;
        case MONTH:
                aDate->Month=DS1302_Read_Data(MONREDADDR);
                aDate->Month=aDate->Month/16*10+aDate->Month%16;
                break;
        case DAY:
                aDate->Day=DS1302_Read_Data(DATREDADDR);
                aDate->Day=aDate->Day/16*10+aDate->Day%16;
                break;
        case WEEK:
```

```c
                    aDate->Week = DS1302_Read_Data(WEKREDADDR);
                    aDate->Week = aDate->Week/16* 10 + aDate->Week%16;
                    break;
            case ALLDATE:
                    aDate->Year  = DS1302_Read_Data(YERREDADDR);
                    aDate->Month = DS1302_Read_Data(MONREDADDR);
                    aDate->Day   = DS1302_Read_Data(DATREDADDR);
                    aDate->Week  = DS1302_Read_Data(WEKREDADDR);
                    aDate->Year  = aDate->Year/16* 10 + aDate->Year%16;
                    aDate->Month = aDate->Month/16* 10 + aDate->Month%16;
                    aDate->Day   = aDate->Day/16* 10 + aDate->Day%16;
                    aDate->Week  = aDate->Week/16* 10 + aDate->Week%16;
                    break;
            default: ;
        }
    }
    /*********************************************************
    ** 函数名称:DS1302_Read_Time()
    *********************************************************/
    void DS1302_Read_Time(TDS1302_Time * aDate,unsigned char xWhich)
    {
        switch(xWhich){
            case HOUR:
                    aDate->Hour = DS1302_Read_Data(HOUREDADDR);
                    aDate->Hour = aDate->Hour/16* 10 + aDate->Hour%16;
                    break;
            case MINUTE:
                    aDate->Minute = DS1302_Read_Data(MINREDADDR);
                    aDate->Minute = aDate->Minute/16* 10 + aDate->Minute%16;
                    break;
            case SECOND:
                    aDate->Second = DS1302_Read_Data(SECREDADDR);
                    aDate->Second = aDate->Second/16* 10 + aDate->Second%16;
                    break;
            case ALLTIME :
                    aDate->Hour   = DS1302_Read_Data(HOUREDADDR);
                    aDate->Minute = DS_Read_Data(MINREDADDR);
                    aDate->Second = DS_Read_Data(SECREDADDR);
                    aDate->Hour   = aDate->Hour/16* 10 + aDate->Hour%16;
                    aDate->Minute = aDate->Minute/16* 10 + aDate->Minute%16;
                    aDate->Second = aDate->Second/16* 10 + aDate->Second%16;
                    break;
            default:  ;
        }
    }
    #endif
```

应用 DS1302.h 库的示例代码如下:

```c
#include "reg51.h"
#include "ds1302.h"                    //包含相应的库文件

TDS1302_Date Date1;                    //定义日期结构体变量
TDS1302_Time Date2;                    //定义时间结构体变量

void main(void)
{
    Date1.Year = 12;
    Date1.Month = 3;
    Date1.Day = 18;
    Date1.Week = 7;
    Date2.Hour = 17;
    Date2.Minute = 24;
    Date2.Second = 24;
    DS1302_Set_Date(&Date1,YEAR);
    DS1302_Set_Date(&Date1,MONTH);
    DS1302_Set_Date(&Date1,DAY);
    DS1302_Set_Date(&Date1,WEEK);
    DS1302_Set_Time(&Date2,HOUR);
    DS1302_Set_Time(&Date2,MINUTE);
    DS1302_Set_Time(&Date2,SECOND);
    ......                             //其他功能代码
    while(1)
    {
        DS1302_Read_Date(&Date1,ALLDATE);  //把日期读到变量
                                           //Data1 里
        DS1302_Read_Time(&Date2,ALLTIME);  //把时间读到变量
                                           //Data2 里
        ......                             //其他功能代码
    }
}
```

上述程序中,对日期和时间的组织采用了结构体方式,分别对应自定义类型 TDS1302_Date 和 TDS1302_Time。主函数 main() 只负责调用 DS1302 驱动包中的函数,进而实现想要的功能,main() 函数的程序流程如图 8-38 所示。

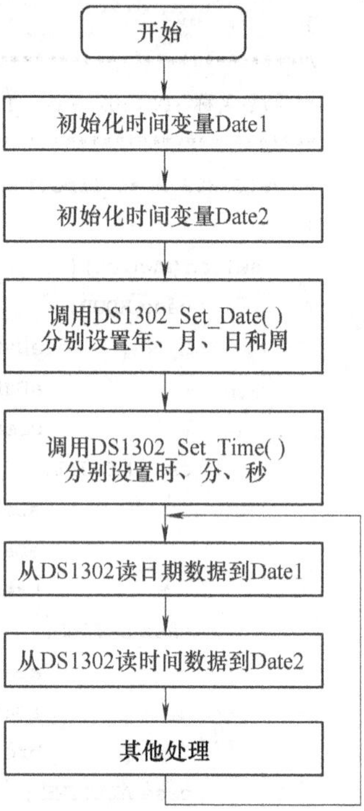

图 8-38 DS1302 主函数 main() 的程序流程

8.6 数字温度传感器接口的扩展

8.6.1 数字温度传感器芯片简介

DS18B20 是美国 DALLAS 半导体公司推出的第一片支持"一线总线"接口的温度传感器,它具有微型化、低功耗、高性能、抗干扰能力强、易配微处理器等优点,可直接将温度

转化成串行数字信号供处理器处理。

1. DS18B20 温度传感器的特性

1) 适用电压范围宽，电压范围为 3.0~5.0V，在寄生电源方式下可由数据线供电。

2) 独立的单线接口方式，DS18B20 与微处理器连接时仅需一条口线即可实现微处理器与其的双向通信。

3) 支持多点组网功能，多个 DS18B20 可以并联在唯一的三线上，实现组网多点测温。

4) 在使用中不需要任何外围元件，全部传感元件及转换电路集成在形如一只晶体管的集成电路内。

5) 测量温度范围为 -55~+125℃，在 -10~+85℃时精度为正负 0.5℃。

6) 可编程分辨率为 9~12 位，对应的可分辨温度分别为 0.5℃、0.25℃、0.125℃ 和 0.0625℃，实现高精度测温。

7) 在 9 位分辨率时，最多在 93.75ms 内把温度转换为数字；12 位分辨率时，最多在 750ms 内把温度转换为数字。

8) 测量结果直接输出数字温度信号，以"一线总线"串行传给 CPU，同时可传送 CRC 校验码，具有极强的抗干扰纠错能力。

9) 负压特性。电源极性接反时，芯片不会因发热而烧毁，但不能正常工作。

2. 应用范围

1) 冷冻库、粮仓、储罐、电信机房、电力机房、电缆线槽等温度测量和控制领域。

2) 轴瓦、缸体、纺机、空调等狭小的空间工业设备测温和控制。

3) 汽车空调、冰箱、冷柜以及中低温干燥箱等。

4) 供热、制冷管道热计量以及中央空调分户热能计量等。

3. DS18B20 的引脚

DS18B20 有两种封装形式：3 脚 TO-92 直插式（用的最多、最普通的封装）和 16 脚 DIP 双列直插式封装，如图 8-39 所示。

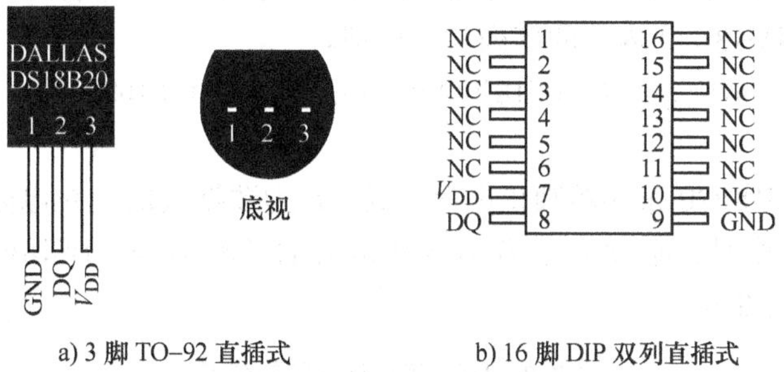

a) 3 脚 TO-92 直插式　　　b) 16 脚 DIP 双列直插式

图 8-39　DS18B20 封装图

图 8-39 中各引脚的定义如下。

GND：电源负极性端。

DQ：信号输入/输出端。

V_{DD}：电源正极性端。

NC：空引脚。

8.6.2 数字温度传感器接口的扩展电路

首先来了解"单总线"的概念。目前常用的单片机与外设之间进行数据传输的串行总线主要有 I^2C、SPI 和 SCI 总线,其中 I^2C 总线以同步串行二线制方式(一条时钟线和一条数据线)进行通信,SPI 总线则以同步串行三线制方式(一条时钟线 CLK、一条数据输入线 SDI、一条数据输出线 SDO)进行通信,这些总线至少需要两条或两条以上的信号线。而 DS18B20 使用的单总线技术与上述总线不同,它采用单条信号线,既可传输时钟,又可传输数据,而且数据传输是双向的,因而这种单总线技术具有线路简单、硬件开销少、成本低廉、便于总线扩展和维护等优点。单总线适用于单主机系统,能够控制一个或多个从机设备,主机可以是微处理器,从机可以是单总线器件,它们之间的数据交换只通过一条信号线。当只有一个从机设备时,系统可按单节点系统操作;当有多个从机设备时,系统则按多节点系统操作。设备(主机或从机)通过一个漏极开路三态端口连至该数据线,以允许设备在不发送数据时能够释放总线,而让其他设备使用总线。单总线通常要求外接一个约 $5k\Omega$ 的上拉电阻,芯片手册上的典型连接如图 8-40 和图 8-41 所示。

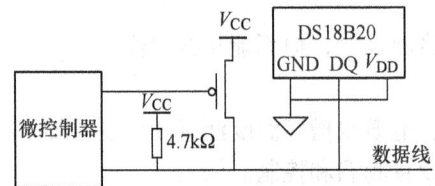

图 8-40 DS18B20 寄生电源接口电路

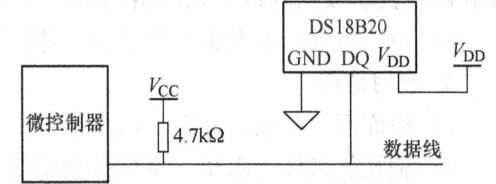

图 8-41 DS18B20 单独供电接口电路

由图 8-40 和图 8-41 可以看出,DS18B20 和单片机的连接非常简单,单片机只需要一个 I/O 口就可以控制 DS18B20。图 8-40 和图 8-41 的接法是单片机与一个 DS18B20 通信,如果要控制多个 DS18B20 进行温度采集,只需要将其他 DS18B20 的 DQ 线全部连接到一起就可以了,在具体操作时,通过读取每个 DS18B20 内部的序列号来识别。

下面以一个具体实例来讲解 DS18B20 的使用方法。DS18B20 的接口电路如图 8-42 所示。

图 8-42 中的 DS18B20 采用单独供电的方式,R 为数据线的上拉电阻。对 DS18B20 进行操作时,必须使用 DS18B20 定义的各种命令,DS18B20 支持的操作命令见表 8-4。

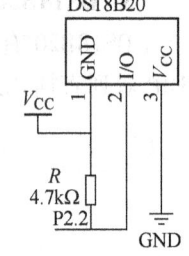

图 8-42 DS18B20 的接口电路

表 8-4 DS18B20 支持的操作命令

指令名称	指令代码	指令功能
读 ROM	33H	读 DS18B20 ROM 中的编码(读 64 位地址)
ROM 匹配(符合 ROM)	55H	发出此命令后,接着发出 64 位 ROM 编码,访问单总线上与编码相对应 DS18B20,使之做出响应,为下一步对该 DS18B20 的读/写做准备
搜索 ROM	0F0H	用于确定挂接在同一总线上 DS18B20 的个数和识别 64 位 ROM 地址,为操作各器件做好准备

(续)

指令名称	指令代码	指令功能
跳过 ROM	0CCH	忽略 64 位 ROM 地址，直接向 DS18B20 发温度变换命令，适用于单片机工作
警报搜索	0ECH	该指令执行后，只有温度超过设定值上限或下限的片子才做出响应
温度变换	44H	启动 DS18B20 进行温度转换，转换时间最长为 500ms（典型为 200ms），结果存入内部 9 字节 RAM 中
读暂存器	0BEH	读内部 RAM 中 9 字节的内容
写暂存器	4EH	发出向内部 RAM 的第 3、4 字节写上、下限温度数据命令，紧跟该命令之后是传送 2 字节的数据
复制暂存器	48H	将 RAM 中第 3、4 字节的内容复制到 EEPROM 中
重调 EEPROM	0B8H	EEPROM 中的内容恢复到 RAM 中的第 3、4 字节
读供电方式	0B4H	读 DS18B20 的供电模式，寄生供电时 DS18B20 发送"0"，外接电源供电时 DS18B20 发送"1"

另外，使用命令对 DS18B20 进行操作时，还必须严格遵循操作时序。DS18B20 的操作时序主要包括 3 个，分别为初始化时序、写数据时序和读数据时序，相应的时序图分别如图 8-43～图 8-45 所示。

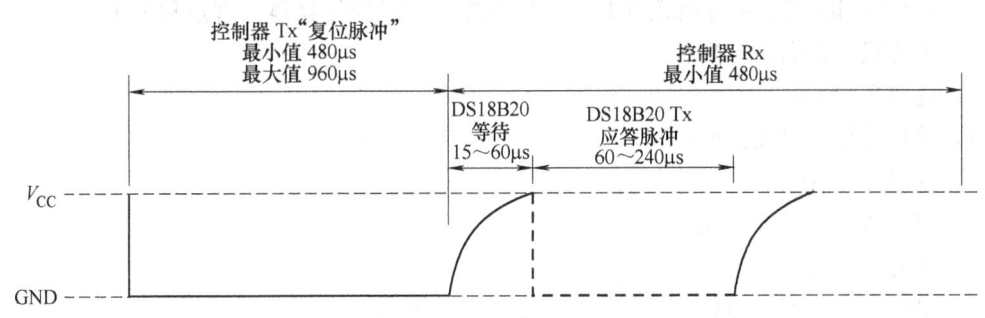

图 8-43 DS18B20 初始化时序

图 8-43 中粗实线为单片机控制的部分，粗虚线部分为 DS18B20 控制的部分，要注意的是在 DS18B20 控制总线时，单片机要事先将总线释放，即将数据总线拉高。具体地说，初始化过程如下。

1）单片机先将数据线拉高；
2）延时（这个时间任意，可以短一些）；
3）数据线拉低；
4）延时 480～960μs；
5）将数据线拉高；
6）延时 15～60μs（等待 DS18B20 将数据线拉低）；
7）单片机检查数据线是否为低电平，如为低电平说明初始化成功，反之不成功；

8) 单片机将数据线接为高电平。

图 8-44 分别画出了单片机向 DS18B20 写 0 和写 1 的时序，写时序的具体实现过程如下。

1) 单片机将数据线拉低；
2) 延时确定的 15μs；
3) 单片机根据要发送的数据比特，将数据线拉低或拉高（一次只发送一个比特位）；
4) 延时 45μs（对应 DS18B20 采样阶段）；
5) 单片机将数据线拉高；
6) 重复步骤 1)～5)，直到发送完整的字节；
7) 单片机将数据线拉高。

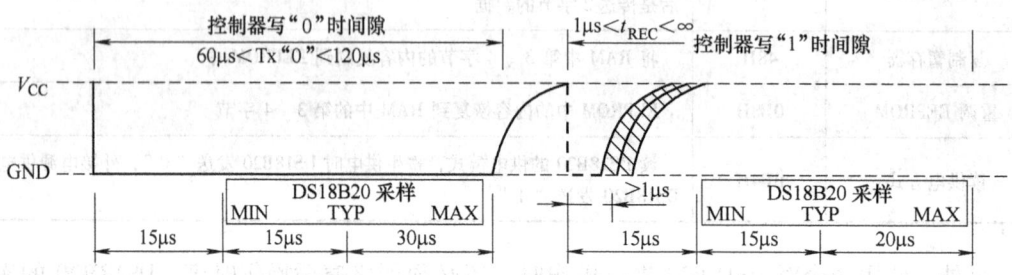

图 8-44 DS18B20 写数据时序

图 8-45 分别画出了单片机读 0 和读 1 的时序，读时序的具体实现过程如下。

1) 单片机将数据线拉高；
2) 延时 2～5μs；
3) 单片机将数据线拉低；
4) 延时 4～6μs；
5) 单片机将数据线拉高；
6) 延时 4～8μs；
7) 单片机读数据线的状态，取得一个比特位的数据；
8) 延时 30～45μs；
9) 重复步骤 1)～8)，直到读取完一个字节。

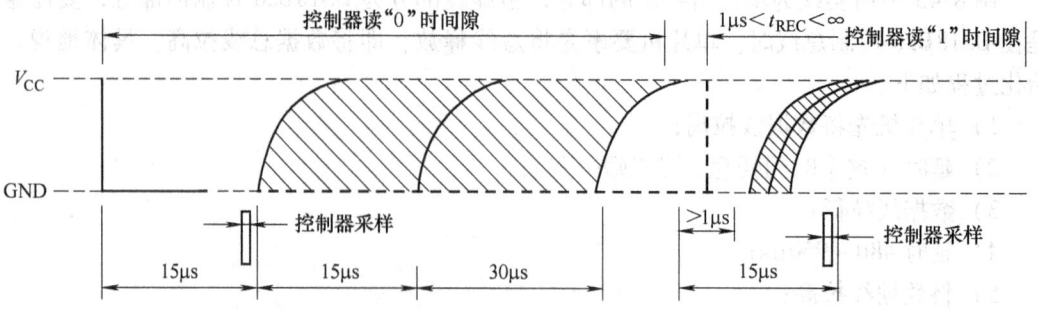

图 8-45 DS18B20 读数据时序

在使用 DS18B20 时，要注意以下问题。

每一次读/写之前都要对 DS18B20 进行复位，复位成功后发送一条 ROM 指令，最后发送 RAM 指令，这样才能对 DS18B20 进行预定的操作。复位要求主 CPU 将数据线下拉 500 μs，然后释放，DS18B20 收到信号后等待 16～60μs 后发出 60～240μs 的存在低脉冲，主 CPU 收到此信号表示复位成功。所有的读/写时序至少需要 60μs，且每个独立的时序之间至少需要 1μs 的恢复时间。在写时序时，主机将在拉低总线 15μs 之内释放总线，并向单总线器件写 1；若主机拉低总线后能保持至少 60μs 的低电平，则向单总线器件写 0。单总线仅在主机发出读时序时才向主机传送数据，所以，当主机向单总线器件发出读数据指令后，必须马上产生读时序，以便单总线器件能传输数据。

在写数据时，写 0 时单总线至少被拉低 60μs，写 1 时 15μs 内就得释放总线。

转换后得到的 12 位数据，存储在 DS18B20 的两个 8bit 的 RAM 中，二进制中的前面 5 位是符号位，如果测得的温度大于 0，这 5 位为 0，只要将测到的数值乘以 0.0625 即可得到实际温度；如果温度小于 0，这 5 位为 1，测到的数值需要取反加 1 再乘以 0.0625 即可得到实际温度。

较小的硬件开销需要相对复杂的软件进行补偿，由于 DS18B20 与微处理器间采用串行数据传送，因此，在对 DS18B20 进行读/写编程时，必须严格地保证读/写时序，否则将无法读取测温结果。在使用 PL/M 等高级语言进行系统程序设计时，对 DS18B20 操作部分最好采用汇编语言实现。

在 DS18B20 的有关资料中均未提及单总线上所挂 DS18B20 数量问题，容易使人误认为可以挂任意多个，在实际应用中并非如此。当单总线上所挂 DS18B20 超过 8 个时，就需要解决微处理器的总线驱动问题，这一点在进行多点测温系统设计时要加以注意。

连接 DS18B20 的总线电缆是有长度限制的。试验中，当采用普通信号电缆传输长度超过 50m 时，读取的测温数据将发生错误。将总线电缆改为双绞线带屏蔽的电缆时，正常通信距离可达 150m，当采用每米绞合次数更多的双绞线带屏蔽电缆时，正常通信距离进一步加长。这种情况主要是由总线分布电容使信号波形产生畸变造成的。因此，在用 DS18B20 进行长距离测温系统设计时要充分考虑总线分布电容和阻抗匹配问题。测温电缆线建议采用屏蔽 4 芯双绞线，其中一对线接地线与信号线，另一对线接 V_{CC} 和地线，屏蔽层在源端单点接地。

在 DS18B20 测温程序设计中，向 DS18B20 发出温度转换命令后，程序总要等待 DS18B20 的返回信号，一旦某个 DS18B20 接触不好或断线，当程序读该 DS18B20 时，将没有返回信号，程序进入死循环。这一点在进行 DS18B20 硬件连接和软件设计时也要给予一定的重视。

结合图 8-38，仿效 DS1302 的做法，DS18B20 的库文件举例如下。

```
/****************************************************
库文件名:DS18B20.h
****************************************************/

#ifndef_DS18B20_H_
#define_DS18B20_H_
#include "intrins.h"
```

```c
#define CMDSKIPROM  (0xcc)            //定义 DS18B20 的命令宏
#define CMDSTARTC   (0x44)
#define CMDREAD     (0xbe)
sbit DS18b20    = P2^2;               //定义 DS18B20 的数据线,应与硬件一致
sbit ErrorLed   = P1^0;
……                                    //此处省略了各种延时函数的定义

                                      //复位 DS18B20,若返回 0,说明复位失败
unsigned char Reset18b20(void)
{
  unsigned char IsOnline;
  DS18b20 = 1;
  _nop_();
  DS18b20 = 0;
  Delay255us();
  Delay255us();
  DS18b20 = 1;
  Delay20us();
  Delay20us();
  if (DS18b20 = = 0)
    {IsOnline = 1; ErrorLed = 1;}
  else
    {IsOnline = 0; ErrorLed = 0;}
  Delay255us();
  Delay255us();
  DS18b20 = 1;                        //释放数据线
  return(IsOnline);
}

                                      //向 DS18B20 写入一个字节
void Write18b20(unsigned char Abyte)
{
  unsigned char i;
  for(i = 0;i < 8;i + +)
    {
      DS18b20 = 0;
      Delay8us();
      Abyte > > = 1;
      DS18b20 = CY;
      Delay20us();
      Delay20us();
      Delay20us();
      DS18b20 = 1;
      Delay4us();
    }
```

```c
    DS18b20 = 1;                              //释放数据线
}

                                              //从 DS18B20 读数据
unsigned int Read18b20(void)
{
  unsigned int tempdata;
  unsigned i;
  for(i = 0;i < 16;i + +)
    {
      DS18b20 = 1;
      tempdata > > = 1;
      DS18b20 = 0;
      Delay4us();
      DS18b20 = 1;
      Delay8us();
      CY = DS18b20;
      if(CY = = 0)                            //输出时低位在先
       tempdata& = 0x7fff;
      else
       tempdata| = 0x8000;
      Delay20us();
      Delay20us();
      Delay10us();
    }
  DS18b20 = 1;                                //释放数据线
  return(tempdata);
}

                                              //启动 DS18B20 进行一次转换,失败就返回 0
unsigned char StartConvert18b20(void)
{
  if (Reset18b20() = = 1)
   {
    Write18b20(CMDSKIPROM);
    Write18b20(CMDSTARTC);
    return(1);
   }
  else
    return(0);
}

                                              //发出读 DS18B20 测温结果的命令,失败返回 0
unsigned char ReadCommand18b20(void)
{
  if (Reset18b20() = = 1)
```

```c
        {
            Write18b20(CMDSKIPROM);
            Write18b20(CMDREAD);
            return(1);
        }
    else
        return(0);
}

//启动一次测温,直接返回未经换算的2字节测温结果
unsigned int GetIntegerTemperature(void)
{
    unsigned int TempInt = 0xffff;

    if(Reset18b20() = =1)
      {
          StartConvert18b20();
          xDelay(1000);
          ReadCommand18b20();
          TempInt = Read18b20();
          return(TempInt);
      }
    else
        return(TempInt);                    //复位失败时返回0xffff
}
#endif
```

使用 DS18B20.h 库的示例程序如下：

```c
#include "reg51.h"
#include "DS18B20.h"                     //包含库文件

void main(void)
{
    unsigned int TempInt;
    while(1){
    TempInt = GetIntegerTemperature();    //读取 DS18B20 的温度
    if(TempInt! = 0xffff)
      {
          ...                             //成功读取温度后的处理
      }
    ...                                   //其他代码
    }
}
```

上述程序中，GetIntegerTemperature( ) 函数是对 DS18B20 驱动库中函数的进一步封装，它使主函数 main ( ) 的逻辑更易于理解。GetIntegerTemperature ( ) 函数的流程如图 8-46 所示。

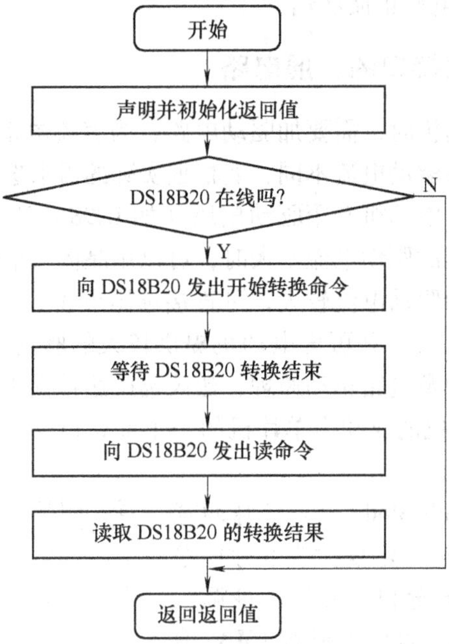

图 8-46 GetIntegerTemperature（）函数的程序流程

8.7 电动机控制驱动接口的扩展

在工业控制场合，单片机应用系统经常控制的对象是各种电动机，如直流电动机、步进电动机等，经常使用电动机控制接口电路。

8.7.1 电动机控制驱动芯片简介

ULN2803 达林顿驱动芯片采用 DIP18 和 SOL18 封装形式，特别适用于低逻辑电平数字电路（诸如 TTL、CMOS 或 PMOS/NMOS）和较高的电流/电压要求之间的接口，广泛应用于消费类产品中的灯、继电器、打印锤或其他类似负载中。所有器件具有集电极开路输出和续流钳位二极管，用于抑制跃变。ULN2803 与标准 TTL 系列兼容。

ULN2803 的引脚排列及内部结构如图 8-47 所示。

ULN2803 为八重达林顿晶体管阵列，引脚 1~8 为输入，对应的引脚 18~11 为输出。10 引脚为 8 路输出的续流二极管公共端。输入直流电压 5V，TTL 和 5V CMOS 电路可直接驱动，输出 500mA、50V。因为输出是集电极开路，所以输出接负载，负载的另一端必须接电源正极。应用时 9 引脚接地。当输入为 0 时，输出达林顿管截止，负载无电流；当输入为高电平时，输出达林顿管饱和，负载就有电流流入输出口。10 引脚在驱动感性负载时使用，驱动

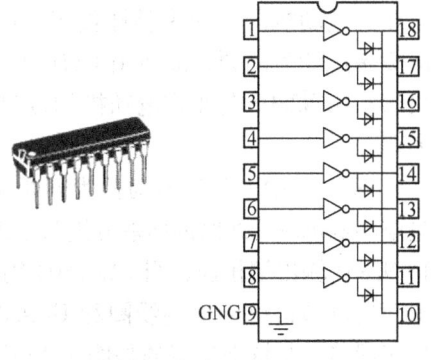

图 8-47 ULN2803 的引脚排列及内部结构

感性负载时 10 引脚接负载电源正极性端

8.7.2 电动机控制驱动接口的扩展电路

用单片机控制直流电动机时,需要加驱动电路,为直流电动机提供足够大的驱动电流。使用不同的直流电动机,其驱动电流不同,要根据实际的需求选择合适的驱动电路,通常有晶体管电流放大驱动电路、电动机专用驱动模块(如 L298)和达林顿驱动器等。如果是驱动单台电动机,并且电动机的驱动电流不大时,可以用晶体管搭建驱动电路,不过这样稍微麻烦些。如果电动机所需的驱动电流较大,可直接选用市场上现成的电动机专用驱动模块,这种模块接口简单,操作方便,并可为电动机提供较大的驱动电流,不过它的价格要贵一些。如果想学习电动机原理及电路驱动原理,建议选用达林顿驱动器,单块芯片同时可驱动 8 个电动机绕组,每台电动机的驱动由单片机的一个 I/O 口输出不同占空比的 PWM 波形控制即可。

PWM 是英文 Pulse Width Modulation(脉冲宽度调制)的缩写,PWM 是按一定规律改变脉冲序列的脉冲宽度,以调节输出量和波形的一种调制方式,在控制系统中最常用的是矩形波 PWM 信号,在控制时需要调节 PWM 波的占空比。PWM 波形如图 8-48 所示。

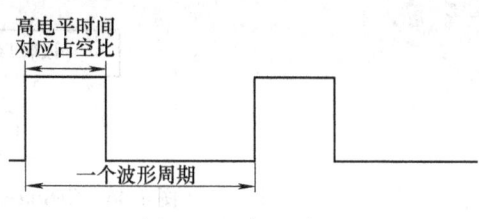

图 8-48　PWM 波形

占空比是指高电平持续时间占一个周期时间的百分比。控制电动机的转速时,占空比越大,速度越快,如果全为高电平即占空比为 100% 时,速度达到最快。

当用单片机 I/O 口输出 PWM 信号时,可以采用以下 3 种方法。

1)利用软件延时。当高电平延续时间到后,对 I/O 口电平取反变成低电平,然后再延时,当低电平延时时间到后,再对该 I/O 口电平取反,如此循环就可得到 PWM 信号。

2)利用定时器。控制方式同上,只是在这里利用单片机的定时器来定时进行高、低电平翻转。

3)利用单片机自带的 PWM 控制器。STC12 系列单片机自身带有 PWM 控制器,STC89 系列单片机无此功能,其他型号的很多单片机也带有 PWM 控制器,如 PIC 单片机、AVR 单片机等。

ULN2803 可以作为步进电动机的驱动芯片。由于步进电动机的线圈为感性负载,所以在设计电路时要考虑续流问题,即使用 ULN2803 内部的续流二极管。ULN2803 与步进电动机的接口电路如图 8-49 所示。

图 8-49 中的步进电动机为四相步进电动机。步进电动机每一相线圈的两端分别与电源的正极性端和 ULN2803 输出端相连,当 ULN2803 输出端有输出时,电源通过步进电动机的线圈和 ULN2803 的输出端构成了回路。要特别注意的是图 8-49 中 ULN2803 的公共端(COM 端),连接到了电源的正极性端,通过

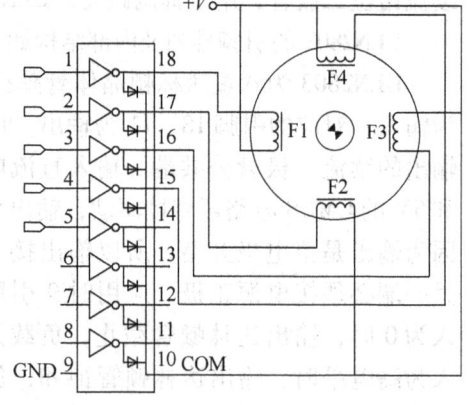

图 8-49　ULN2803 与步进电动机的接口电路

ULN2803 内部的电路，相当于给步进电动机的每一相线圈并接了一个续流二极管。

8.8 I²C 总线的应用扩展

I²C 总线（Inter IC Bus-IIC-I²C）由 Philips 公司推出，是近年来微电子通信控制领域广泛采用的一种新型总线标准，它是同步通信的一种特殊形式，具有接口线少、控制简单、器件封装形式小、通信速率较高等优点。在主从通信中，可以有多个 I²C 总线器件同时接到 I²C 总线上，所有与 I²C 兼容的器件都具有标准的接口，通过地址来识别通信对象，使它们可以经由 I²C 总线互相直接通信。

8.8.1 I²C 总线的应用

I²C 总线由数据线 SDA 和时钟线 SCL 两条线构成，既可发送数据，也可接收数据。在 CPU 与被控 IC（集成电路芯片）之间、IC 与 IC 之间都可以进行双向传输，最高传输速度率为 400kbit/s，各种被控器件均并联在总线上，但每个器件都有唯一的地址。在信息传输过程中，I²C 总线上并联的每个器件既是被控制器（或主控器）又是发送器（或接收器），这取决于它所要完成的功能。CPU 发出的控制信号分别为地址码和数据码两部分，地址码用来选址，即接通需要控制的电路，数据码是通信的内容，这样各 IC 控制电路虽然挂在同一条总线上，却彼此独立。

图 8-50 所示为总线系统的硬件结构，其中 SCL 是时钟线，SDA 是数据线。总线上各器件都采用漏极开路结构与总线相连，因此 SCL 和 SDA 均需要上拉电阻。总线在空闲状态下均保持高电平，连到总线上的任一器件输出的低电平，都将使总线的信号变低，即各器件的 SDA 及 SCL 都是线与关系。

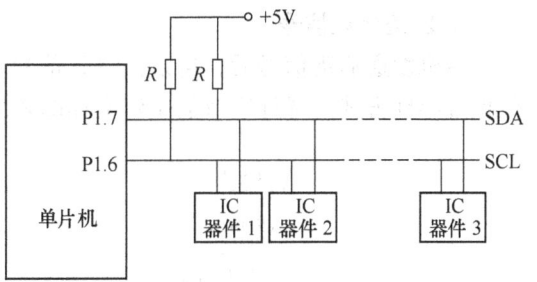

I²C 总线支持多主和多从两种工作方式，通常为主从工作方式。在主从工作方式中，

图 8-50 I²C 总线系统的硬件结构

系统中只有一个主器件（一般为单片机），其他器件都是具有 I²C 总线的外围从器件。在主从工作方式中，主器件启动数据的发送（发出启动信号），产生时钟信号，发出停止信号。

1. I²C 总线通信格式

图 8-51 所示为 I²C 总线上进行一次数据传输的通信格式

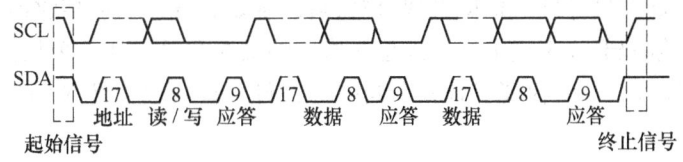

图 8-51 I²C 单次数据传输的通信格式

由图 8-51 可以看出，I²C 总线的通信基本是以主控制器与 I²C 器件之间的问答方式进行的，即主控制器做出某个动作后，需要从器件回应应答信号。

2. 数据有效的有效性规定

I²C 总线进行数据传输时，时钟信号为高电平期间，数据线的数据必须保持稳定，只有在时钟信号为低电平期间，数据线上的高电平或低电平状态才允许变化。如果使用单片机来模拟 I²C 总线时序，单片机应在时钟线为低电平期间将数据发送到数据线上。上述逻辑如图 8-52 所示。

3. 发送起始信号

在利用 I²C 总线进行一次数据传输时，首先由主机发出启动信号，启动 I²C 总线。在 SCL 为高电平期间，SDA 出现下降沿则为启动信号（这一点与上一条中的规定不一样），具有 I²C 总线接口的从器件会检测到该信号，启动时序如图 8-53 所示。

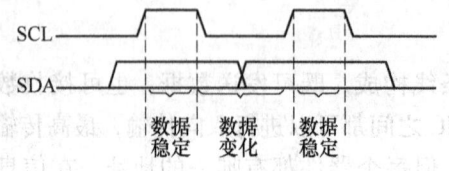
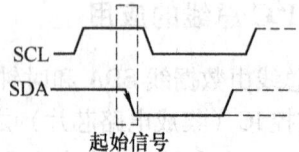

图 8-52　I²C 总线数据位的有效性规定　　　图 8-53　I²C 总线启动时序

4. 发送停止信号

在全部数据传输完毕后，主机发送停止信号，即在 SCL 为高电平期间，SDA 上产生一上升沿信号，停止时序如图 8-54 所示。

5. 发送寻址信号

主机发送启动信号后，再发出寻址信号。器件地址有 7 位和 10 位 2 种，这里只介绍 7 位地址寻址方式。寻址字节的位定义如图 8-55 所示。

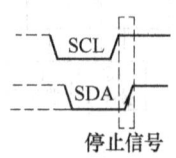
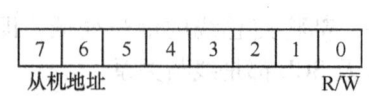

图 8-54　I²C 总线停止时序　　　　　图 8-55　寻址字节的位定义

寻址信号由一个字节构成，高 7 位为地址位，最低位为方向位，用以表明主机与从器件的数据传输方向。方向位为 0，表明主机要对从器件进行写操作；方向位为 1，表明主机要对从器件进行读操作。

主机发地址时，总线上的每个从机都将这 7 位地址码与自己的地址进行比较，如果相同，则认为自己正被主机寻址，根据 R/$\overline{W}$ 位将自己确定为发送器或接收器。

从机地址中可编程部分决定了可接入总线器件的最大数目，如一个从机的 7 位寻址位有 4 位固定，3 位可编程，这时仅能寻址 8 个同样的器件，即可以有 8 个同样的器件接入到该 I²C 总线系统中。

6. 应答信号

I²C 总线协议规定，每传送一个字节数据（含地址及命令）后，都要有一个应答信号，以确定数据传送是否被对方收到。应答信号由接收设备产生，在 SCL 信号为高电平期间，接收设备将 SDA 拉为低电平，表示数据传输正确，产生应答，时序如图 8-56 所示。

7. 数据传输

主机发送寻址信号并得到从器件应答后，便可进行数据传输，每次一个字节，但每次传输都应在得到应答信号后再进行下一字节传送。

8. 非应答信号

当主机为接收设备时，主机对最后一个字节不应答，以向发送设备表示数据传输结束。

AT89S51 内部没有 I²C 部件，所以要与 I²C 器件接口只能由单片机模拟 I²C 总线时序，也就是要模拟产生起始信号、停止信号和应答信号。图 8-57 所示为模拟产生各种信号时，时间上的配合关系。

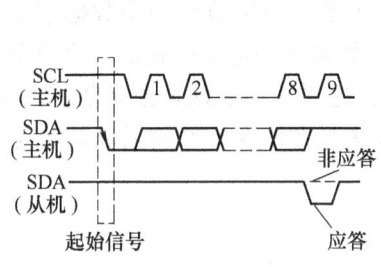

图 8-56 I²C 总线应答时序

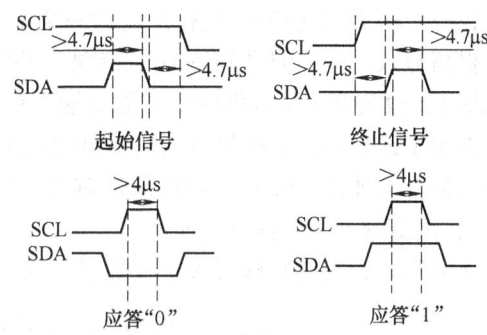

图 8-57 I²C 模拟时序

8.8.2 AT24C02 芯片的扩展应用

AT24C02 是采用 I²C 接口的 EEPROM 存储器芯片，其常用的封装形式有直插（DIP8）式和贴片（SO-8）式两种，无论是直插式还是贴片式，其引脚功能与序号都一样。AT24C02 的引脚排列如图 8-58 所示。

图 8-58 中各引脚的功能如下。

A0、A1、A2：可编程地址输入端。
GND：电源负极性端。
SDA：串行数据输入/输出端。
SCL：串行时钟输出端。
WP：写保护输入端。
V_{CC}：电源正极性端。

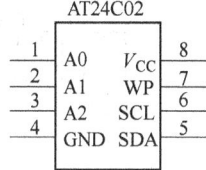

图 8-58 AT24C02 的引脚排列

1. AT24C02 的存储器寻址

AT24C02 的存储容量为 2048bit，内部分成 32 页，每页 8B，共 256B，操作时有两种寻址方式，即芯片寻址和片内子地址寻址。

（1）芯片寻址

AT24C02 的芯片地址为 1010，其地址控制格式如图 8-59 所示。

| 1 | 0 | 1 | 0 | A2 | A1 | A0 | R/W |

图 8-59 AT24C02 的地址控制格式

图 8-59 中 A2、A1、A0 为可编程地址选择位。A2、A1、A0 引脚接高、低电平后得到确定的 3 位编码，与 1010 形成 7 位编码，即为器件的地址码。R/W 为芯片读/写控制位，该位为 0，表示对芯片进行写操作；该位为 1，表示对芯片进行读操作。

（2）片内子地址寻址

片内子地址寻址可对内部 256B 中的任一个进行读/写操作，寻址范围为 00～FF，共 256 个寻址单元。

2. AT24C02 的数据读/写操作

AT24C02 有两种写入方式：一种是字节写入方式，另一种是页写入方式。页写入方式允许在一个写周期（10ms 左右）内对一个字节到一页的若干字节进行写入。采用页写入方式可提高写入效率，但是容易发生错误。AT24C02 的片内地址在接收到一个数据字节后会自动加 1，故装载一页数据时，只需要输入首地址即可。如果写到此页的最后一个字节，主器件继续发送数据，数据将重新从该页的首地址处写入，这样会造成该页原来数据的丢失，这种现象称为地址空间的上卷现象。解决这种现象的方法是在第 8 个数据后将地址强制加 1，或者重新输入下一页的首地址。

字节写入方式的数据写入格式如图 8-60 所示。

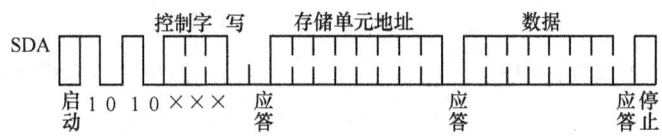

图 8-60 字节写入方式的格式

在这种方式下，一个数据帧只访问 AT24C02 的一个单元。操作时，单片机先发送启动信号，然后发送一个字节的控制字，再发送一个字节的存储器单元子地址，上述操作得到 AT24C02 应答后，单片机再发送 8 位数据，最后发送 1bit 的停止信号。

页写入方式的帧格式如图 8-61 所示。

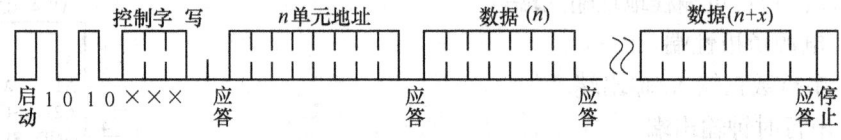

图 8-61 页写入方式的帧格式

单片机在一个数据写周期内可以连续访问一页内的存储单元。操作时，单片机先发送启动信号，接着发送一个字节的控制字，再发送一个字节的存储器起始地址，上述操作得到 AT24C02 应答后，单片机可以发送最多一页的数据，AT24C02 接到数据后会将其顺序存放在以指定地址开始的连续单元中，最后单片机发出停止信号。

指定地址读操作的帧格式如图 8-62 所示。

图 8-62 指定地址读操作的帧格式

由图 8-62 可知，操作时，单片机在发送完启动信号后，再发送含有片选地址和写操作指示的写操作命令字，AT24C02 应答后，单片机发送一个字节的片内存储单元地址，AT24C02 应答后，单片机再发送含有片选地址和读操作指示的读操作命令字，此时 AT24C02 再次有应答时，单片机就可逐位地从串行数据线 SDA 上取得 AT24C02 指定存储单元中的内容。

指定地址连续读的数据帧格式如图 8-63 所示。

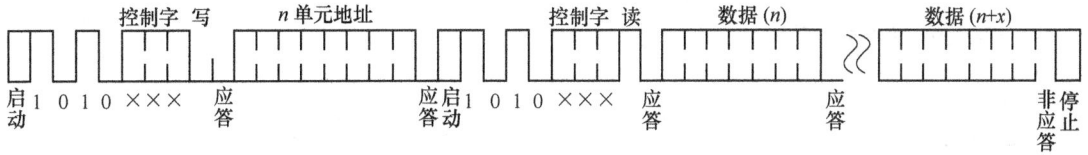

图 8-63　指定地址连续读的数据帧格式

此种方式的读地址控制与指定地址读操作相同。单片机接收到每个字节数据后应给出应答，只有 AT24C02 检测到应答信号，其内部的地址寄存器才会自动加 1 以指向下一个单元，并顺序将指向单元的数据发送到串行数据线 SDA 上。当需要结束读操作时，单片机接收到数据后，在需要应答时发送一个非应答信号，接着再发送一个停止信号即可。

3. AT24C02 的应用

图 8-64 所示为 AT24C02 的具体接口电路。

由图 8-64 可知，此片 AT24C02 芯片地址中可编程部分为 0，并且串行时钟是通过单片机的 P2.1 口线进行控制的，串行数据线则是与 P2.0 口线相连。

结合图 8-64，AT24C02 的驱动程序包如下。

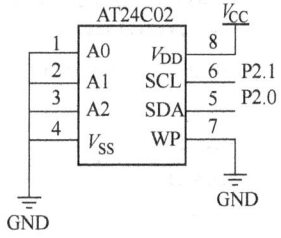

图 8-64　AT24C02 的接口电路

```
/*******************************************
库文件名：AT24C02.h
*******************************************/
#ifndef __AT24C02_H__
#define __AT4C02_H__
#define  WRITEADDR(OXAE)      //芯片写数据地址 写数据最后一位是 0
#define  READADDR(OXAF)       //读芯片地址    读数据最后一位是 0
sbit SCL            = P2^1;
sbit SDA            = P2^0;

//-----函数声明-----------------------------------------
void I2C_Init(void);
void I2C_Start(void);
void I2C_Stop(void);
void I2C_Acknowledge(void);
void I2C_NOAcknowledge(void);
void I2C_WriteChar(unsigned char BYTE);
unsigned char I2C_ReadChar(void);
void I2C_WriteData(unsigned char WORDADDR,unsigned char DATA);
unsigned char I2C_ReadData(unsigned char WORDADDR);
```

/**
*** 函数名称:I2C_Init
*** 函数目的:器件初始化函数
*** 入口参数:无
*** 出口参数:无
*** 其他说明:为保证读/写功能,关闭写保护,WP=1,只能读不能写
**/
void I2C_Init(void)
{
    SCL = 1;
    SDA = 1;
}

/**
*** 函数名称:I2C_Start
*** 函数目的:器件开始信号
*** 入口参数:无
*** 出口参数:无
*** 其他说明:在 SCL 高电平期间,SDA 下降沿
**/
void I2C_Start(void)
{
    SDA = 1;
    SCL = 1;
    SDA = 0;
}

/**
*** 函数名称:I2C_Stop
*** 函数目的:器件停止信号
*** 入口参数:无
*** 出口参数:无
*** 其他说明:在 SCL 高电平期间,SDA 上升沿
**/
void I2C_Stop(void)
{
    SDA = 0;
    SCL = 1;
    SDA = 1;
}

/**
*** 函数名称:I2C_Acknowledge
*** 函数目的:判断为应答信号
*** 入口参数:无

*** 出口参数:无
*** 其他说明:SCL 在高电平期间,SDA 产生低电平表示应答
**/

```c
void I2C_Acknowledge(void)
{
  unsigned char FLAG;
  SCL = 1;
  while((SDA = = 1)&&FLAG + +);
  SCL = 0;
}
```

/**
*** 函数名称:I2C_NOAcknowledge
*** 函数目的:判断为非应答信号
*** 入口参数:无
*** 出口参数:无
*** 其他说明:SCL 在高电平期间,SDA 未产生低电平表示未应答
**/

```c
void I2C_NOAcknowledge(void)
{
  unsigned char FLAG;
  SCL = 1;
  while((SDA = = 0)&&FLAG + +);
  SCL = 0;
}
```

/**
*** 函数名称:I2C_WriteChar(unsigned char BYTE)
*** 函数目的:写入一字节的数据
*** 入口参数:写入的数据
*** 出口参数:无
*** 其他说明:先发送最高位数据
**/

```c
void I2C_WriteChar(unsigned char BYTE)
{
  unsigned char num;
  for(num = 0;num < 8;num + +)
  {
  BYTE < < =1;
  SCL = 0;                    //在低电平期间允许数据改变
  SDA = CY;
  SCL = 1;
  }
  SCL = 0;                    //此处是比较重要的
  SDA = 1;
}
```

/**
*** 函数名称：unsigned char I2C_ReadChar(void)
*** 函数目的：从器件读一字节数据
*** 入口参数：无
*** 出口参数：数据
*** 其他说明：先接收高位数据
**/
unsigned char I2C_ReadChar(void)
{
  unsigned char num;
  unsigned char DATA;
  SCL = 0;
  SDA = 1;
  for(num = 0;num < 8;num + +)
  {
    SCL = 1;   //在 SCL 为高电平期间数据保持不变,此时接收数据
    DATA < < =1;
    if(SDA)
        DATA |= 0X01;
    SCL = 0;
  }
  return(DATA);
}

/**
*** 函数名称：I2C_WriteData(unsigned char WORDADDR,unsigned char DATA)
*** 函数目的：向芯片某一地址写入数据
*** 入口参数：数据存储地址,存储的数据
*** 出口参数：无
*** 其他说明：byte write 模式
**/
void I2C_WriteData(unsigned char WORDADDR,unsigned char DATA)
{
  I2C_Start();
  I2C_WriteChar(WRITEADDR);   //器件读/写地址
  I2C_Acknowledge();
  I2C_WriteChar(WORDADDR);   //存储数据地址
  I2C_Acknowledge();
  I2C_WriteChar(DATA);   //数据
  I2C_Acknowledge();
  I2C_Stop();
}

/**
*** 函数名称：unsigned char I2C_ReadData(unsigned char WORDADDR)
*** 函数目的：从芯片某一地址读取数据

*** 入口参数:存储数据地址
*** 出口参数:存储的数据
*** 其他说明:Random Read 模式
**/

```c
unsigned char I2C_ReadData(unsigned char WORDADDR)
{
  unsigned charData;
  I2C_Start();
  I2C_WriteChar(WRITEADDR);      //器件读/写地址
  I2C_Acknowledge();
  I2C_WriteChar(WORDADDR);       //存储数据地址
  I2C_Acknowledge();
  I2C_Start();
  I2C_WriteChar(READADDR);       //器件读数据地址
  I2C_Acknowledge();
  Data = I2C_ReadChar();
  I2C_NOAcknowledge();           //未应答信号
  I2C_Stop();

  return(Data);
}

#endif
```

使用 AT24C02.h 库文件的示例程序如下:

```c
#include "reg51.h"
#include "AT24C02.h"           //包含相应的库文件



void main(void)
{
  unsigned char aData;
  I2C_Init();                  //初始化 I²C 总线
  I2C_WriteData(0x10,0x5a);    //将 0x5a 写到地址 0x10 处
  aData = I2C_ReadData(0x10);  //从地址 0x10 处读取数据
  while(1){
    if (aData == 0x5a)         //如果读到的数据是刚写入的数据
      {
        ……                     //处理代码
      }
    else                       //如果读出的数据与写入的不相符
      {
        ……                     //处理代码
      }
  }
}
```

上述程序中，I2C_ WriteData ( ) 函数和 I2C_ ReadData ( ) 函数是对 I²C 驱动包中函

数进行进一步封装的函数,分别用来实现向 I^2C 器件内的指定地址写数据和从 I^2C 器件的指定地址读数据,其程序流程分别如图 8-65 和图 8-66 所示。

图 8-65　I2C_WriteData( ) 函数的程序流程　　　图 8-66　I2C_ReadData( ) 函数的程序流程

由于 AT24C02 是 EEPROM 型存储器,具有掉电之后数据不丢失的特性,在实际的应用系统中,常用它保存一些系统的重要参数。应用时,使用较多的是其单字节的读和写功能。在使用 AT24C02 时要特别注意,因为 EEPROM 有擦写次数限制,所以不要频繁地对其进行擦写,尤其是不要在循环中无条件地对其进行擦写。

思考与练习题 8

1. DAC 与 ADC 的主要功能是什么?
2. DAC0832 采用输入寄存器和 DAC 寄存器二级缓冲有何优点?
3. DAC0832 和 MCS-51 接口时有哪 3 种工作方式? 各有什么特点? 适合在什么场合下使用?
4. 决定 ADC0809 模拟电压输入路数的引脚有哪几条?
5. I^2C 总线的特点是什么?
6. I^2C 总线的起始信号和停止信号是如何定义的?

7. I^2C 总线的数据传送方向如何控制？
8. C51 应用程序具有怎样的结构？
9. C51 支持的数据类型有哪些？
10. 中断函数是如何定义的？各种选项的意义如何？
11. 关键字 bit 与 sbit 的意义有何不同？
12. 以 80C31 为主机，用 2 片 27C256 扩展 64KBRAM，同时要扩展 8KB 的 RAM，试画出接口电路。
13. 当单片机应用系统中数据存储器 RAM 地址和程序存储器 EPROM 地址重叠时，它们内容的读取是否会发生冲突，为什么？

第 9 章 AT89S51 单片机的应用系统设计

内容提要: 本章介绍 AT89S51 单片机应用系统的组成及设计方法、步骤和抗干扰技术,同时介绍三个实际应用的实例。

9.1 单片机应用系统的概述

单片机应用系统是指以单片机为核心,配置以一定的外围电路和软件,能实现某种或几种功能的应用系统。它由硬件部分和软件部分组成。一般来说,应用系统所要完成的任务不同,相应的硬件配置和软件配置也不同。因此,单片机应用系统的设计包括硬件设计和软件设计两大部分。为保证系统的可靠工作,在软件、硬件的设计中,还要考虑其抗干扰能力。

应该指出,在应用系统的设计中,软件、硬件和抗干扰设计是紧密相关、不可分离的。在有些情况下,硬件的任务(如某些滤波、校准功能)可由软件完成;而在另一些要求系统实时性强、响应速度快的场合,则往往用硬件代替软件来完成某些功能。设计者应根据实际情况,合理安排软硬件的比例,选出最佳的设计方案,使系统具有最佳的性能价格比。

9.1.1 单片机应用系统的设计步骤

设计一个单片机测控系统,一般可分为以下 4 个步骤。

1) 需求分析、方案论证和总体设计阶段。需求分析、方案论证是单片机测控系统设计工作的开始,也是工作的基础。只有经过深入细致的需求分析,周密而科学的方案论证才能使系统设计工作顺利完成。

需求分析的内容主要包括被测控参数的形式(电量、非电量、模拟量、数字量)、被测控参数的范围、性能指标、工作环境、显示、报警、打印等要求。

方案论证是根据用户要求,设计出符合现场条件的软硬件方案。在选择测量结果输出方式上,既要满足用户要求,又要使系统简单、经济、可靠,这是进行方案论证与总体设计应一贯坚持的原则。

2) 器件选择,电路设计制作,数据处理,软件的编制阶段。

3) 整个系统的设计与性能测定。编制好的程序或焊接好的线路,不能按预计的那样正确工作是常有的事情,这就需要查错和调试。查错和调试是很花费时间的。调试时,应将硬件和软件分成几个部分,逐个部分调试,各部分都调试通过后再进行联调。调试完成后,应在实验室模拟现场条件,对所设计的硬件、软件进行性能调试。

4) 文件编制阶段。文件不仅是设计工作的结果,而且是以后使用、维修以及进一步再设计的依据。因此一定要精心编写,描述清楚,使数据及资料齐全。

文件包括任务描述、设计的指导思想及设计方案论证、性能测定及现场应用试用报告与说明、软件指南、软件资料(流程图、子程序使用说明、地址分配、程序清单)、硬件资料(电路原理图、元器件布置图及接线图、接插件引脚图、电路板图、注意事项)。

一个项目定下来后，经过详细的调研，就进入正式设计阶段。从总体上来看，设计任务可以分为硬件设计和软件设计，这两者互相结合，不可分离。从时间上来看，硬件设计的绝大部分工作量是在最初阶段，到最后往往还要做一些修改；软件设计任务贯彻始终，到中后期基本上是软件设计任务。

9.1.2 单片机应用系统设计应考虑的问题

1. 单片机选型

单片机的集成度越来越高，许多外围元器件都已集成在芯片内，有的单片机本身就是一个系统，这可省去许多外围部件的扩展工作，使设计工作简化。例如，目前市场上较为流行的美国 Cygnal 公司的 C8051F020 8 位单片机，片内集成 8 通道 ADC、两路 DAC、两路电压比较器、内置温度传感器、定时器、可编程数字交叉开关和 64 个通用 I/O 口、电源检测、看门狗、多种类型的串行总线（两个 UART、SPI）等；用 1 片 C8051F020 单片机就可以构成一个应用系统。再如，若系统需要较大的 I/O 驱动能力和较强的抗干扰能力，可以考虑应用 AVR 单片机。

2. 优先选用片内有闪存的产品

例如，使用 Atmel 公司的 AT89C5x 系列产品、Philips 公司的 89C58（内有 32KB 的闪存处理器），可以省去扩展单片机程序存储器的工作，减少芯片数量，缩小体积。

3. 考虑芯片内部的 ROM 空间和 RAM 空间

目前芯片内部的 ROM 容量越来越大，一般尽量选用内部 ROM 容量大的芯片。89C51 内部的 RAM 单元有限，当需增强软件处理功能时，往往觉着不足，这就要求系统配置外部 RAM，如 6264、62256 芯片等。

4. 对 I/O 端口的考虑

在样机研制出来进行现场调试时，往往会发现一些被忽略的问题，而这些问题不能单单靠软件措施来解决。例如，有些新的信号需要采集，就必须增加输入检测端；有些物理量需要控制，就必须增加输出端。如果在硬件设计之初就多设计出一些 I/O 端口，这些问题就迎刃而解了。

5. 预留 ADC 和 DAC 通道

和 I/O 端口同样原因，留出一些 ADC 和 DAC 通道可能会解决大问题

6. 以软代硬

原则上，只要软件能做到且满足性能要求，就不用硬件。硬件多了不但增加成本，而且系统故障率也会提高。以软代硬的实质是以时间换空间，软件执行过程中需要时间，因此这种代替带来的问题是实时性下降，在实时性要求不高的场所，软件代替硬件较合适。

7. 工艺设计

工艺设计包括机箱、面板、配线、接插件等，必须考虑到安装、调试、维修的方便。
另外，硬件抗干扰措施也必须在硬件设计时一起考虑进去。

9.2 单片机应用系统的抗干扰技术

可靠性设计同样也是单片机应用系统必须保证的重要技术指标。在单片机应用系统自身

和所使用的环境中,必然存在着各种各样的干扰,影响系统的可靠性,在系统设计时就要应用多种抗干扰技术。

9.2.1 过程通道干扰的抑制措施

过程通道是系统输入、输出以及单片机之间进行信息传输的路径。过程通道的干扰主要是利用隔离技术、线路抗干扰等措施抑制。

1. 隔离技术

(1) ADC、DAC 与单片机之间的隔离

通常可以采用以下方法将 ADC、DAC 与单片机之间的电气联系切断。

1) 对 ADC、DAC 进行模拟隔离。对 A-D、D-A 转换后的模拟信号进行隔离,是常用的一种方法。通常采用隔离放大器对模拟量进行隔离,但所有的隔离放大器必须满足 A-D、D-A 转换的精度和线性要求。例如,如果对 12 位的 ADC、DAC 进行隔离,其隔离放大器要求达到 13 位,甚至 14 位准确度,如此高准确度的隔离放大器,价格十分昂贵。

2) 在 I/O 与 ADC、DAC 之间进行数字隔离。这种方案最经济,具体做法是增设若干个锁存器对高速的地址信号、控制信号及数据进行锁存,然后用该信号对 ADC、DAC 芯片进行操作,完成多路开关的选通,进行 A-D、D-A 转换。换言之,在 A-D 转换时,先将模拟量变为数字量进行隔离,然后再送入单片机;D-A 转换时,先将数字量进行隔离,然后进行 D-A 转换。这种方法的优点是方便、可靠、廉价,不影响 A-D、D-A 转换的准确度和线性度,缺点是速度低。如果用廉价的光电隔离器件,最大的转换速度为 3000~5000 点每秒,这对于一般工业测控对象(如温度、湿度、压力等)已能满足要求。

图 9-1 所示为实现数字隔离的一个例子。该例将输出的数字量经锁存器锁存后,驱动光耦合器,经光电隔离之后的数字量被送到 DAC。但要注意的是,现场电源 F(+5V)、现场地 FGND 和系统电源 S(+5V) 及系统地 SGND,必须由两个隔离电源供电。还应指出的是,当数量较多时,必须考虑将并行输出改为串行输出方式,这样可大大减少光敏器件,并保持很高的抗干扰能力,但传输速度会有所下降。

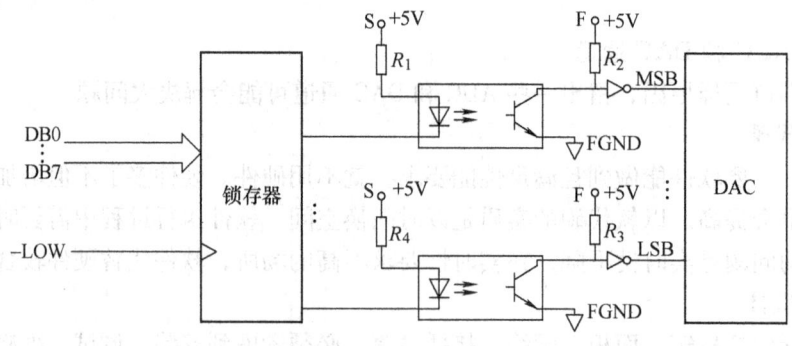

图 9-1 数字隔离

图 9-1 中真正起到隔离作用的是光耦合器。为了获得很好的隔离效果,光耦合器输入侧和输出侧应分别使用不同的电源,并且要有自己各自的地线。

(2) 开关量隔离

常用的开关量隔离器有继电器、光耦合器、光电隔离固态继电器(SSR)。

用继电器对开关量进行隔离时,要考虑到继电器线圈反电动势的影响,驱动电路的器件必须能耐高压。为了能吸收继电器线圈的反电动势,通常在线圈两端并联一个二极管,其触点并联一个消火花电容器,容量可在 0.1~0.047μF 之间选择,耐压视负载电压而定。

对于开关量的输入,一般用电流传输的方法,该方法抗干扰能力强。图 9-2 所示为采用光耦合器进行隔离的电路。

图 9-2 中, R_1 为限流电阻, VD1、R_2 为保护二极管和保护电阻。当外部开关闭合时,由电源 E 产生电流,使发光二极管导通,此

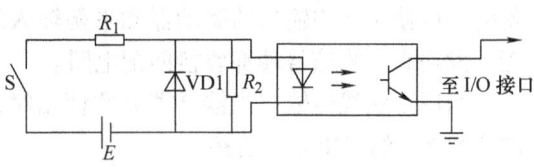

图 9-2 光耦合器进行隔离的电路

时 R_1 和 R_2 形成串联分压电路, R_2 两端分得的电压能够保证与之并联的发光二极管持续、稳定地发光。

固态继电器代替机械触点的继电器是十分优越的。固态继电器是将发光二极管与晶闸管封装在一起的一种新型器件。当发光二极管导通时,晶闸管被触发而接通电路。固态继电器视触发方式不同,可以分为过零触发和非过零触发两大类。过零触发的固态继电器,本身几乎不产生干扰,这对单片机控制是十分有利的,但造价是一般继电器的 5~10 倍。

2. 线路抗干扰

在单片机测控系统中,当各子系统相距较远时,信号在传输线上的反射、串扰、其他噪声等随之而来。这在短线传输中问题还不是太大,但在长线中问题就不容忽视了,这时要考虑长线传输的抗干扰问题。长线和短线的概念是相对于信号而言的,当信号沿线路传输的延时能和信号变化的时间比拟时,线路不均匀性和负载不匹配性引起的信号反射就很容易在传输线上引起"振铃",这样的传输线就称为长线。

(1) 双绞线传输

在单片机实时操作系统中,双绞线是较常用的一种传输线。与同轴电缆相比,双绞线虽然频带较差,但波阻抗高、抗共模噪声能力强。双绞线能使各个小环路的电磁感应干扰相互抵消,对电磁场具有一定的抑制效果。

在数字信号传递的长线传输中,根据传输距离不同,双绞线使用方法不同。当传输距离在 5m 以下时,发送和接收端都接有负载电阻,可以如图 9-3 那样使用双绞线。

图 9-3a 采用简单的单电阻匹配法,能够实现终端匹配,消除波反射,但是,由于终端电阻变低,则加大负载,使波形的高电平下降,从而降低了高电平的抗干扰能力,此种接法对波形低电平没有影响。图 9-3b 输出端采用两个电阻并联的方式等效出终端匹配电阻,适当调整 R_1 和 R_2 的阻值,可实现消除波反射的目的。这种接法的好处是波形的高电平下降较少,缺点是低电平抬高,从而降低了波形低电平的抗干扰能力。若发射侧为集电极开路驱动,则接收侧的集成电路用施密特型电路,可提高抗干扰能力。

当传输距离大于 5m 时,可以使用图 9-4 所示的接法。

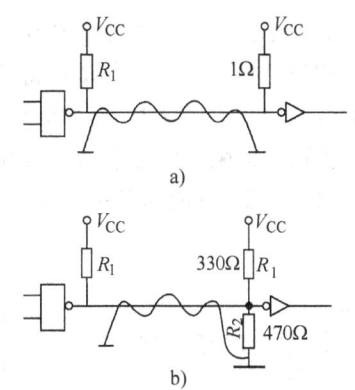

图 9-3 传输距离小于 5m 时的双绞线接法

图 9-4a 所示为传输距离在 10m 左右时使用的接法，图 9-4b 所示为传输距离大于 10m 时使用的接法。当用双绞线远距离传输数据或有大的噪声干扰时，可使用平均输出的驱动器和平衡输入的接收器，发送和接收信号端都要接匹配电阻。

当用双绞线传输与光耦合器并联使用时，可按图 9-5 所示的连接方式连接。

图 9-5a 所示为集电极开路驱动器与光耦合器的一般情况；图 9-5b 所示为开关触点通过双绞线与光耦合器连接的情况；图 9-5c 所示为光耦合器的光敏晶体管的基极上接有电容（0.01～12pF）及电阻（10～320MΩ），且后面连接施密特集成电路驱动器的情况，这种接法会大大加强抗噪声能力。

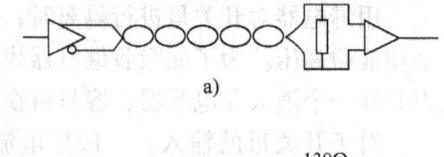
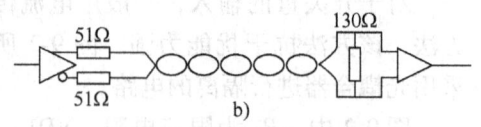

图 9-4 传输距离大于 5m 时的双绞线接法

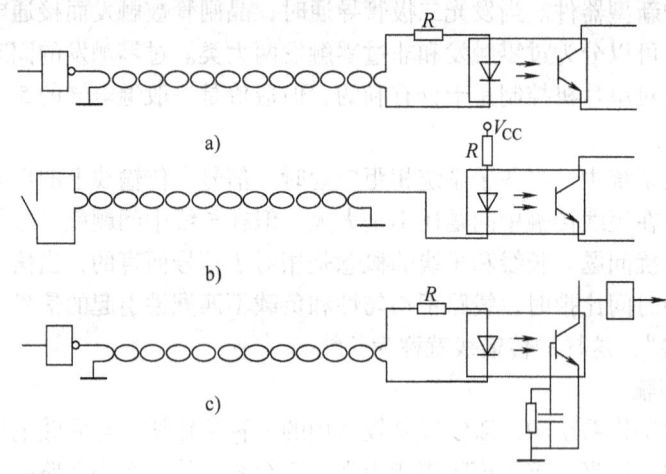

图 9-5 双绞线与光耦合器配合使用

(2) 长线传输的阻抗匹配

长线传输时如阻抗不匹配，会使信号产生反射，从而形成严重的失真。为了对传输线进行阻抗匹配，必须估算出其特性阻抗 R_z。利用示波器观察的方法可以大致测定传输线特性阻抗的大小，测试方法如图 9-6 所示。

调节可变电阻 R，当 R 与特性阻抗 R_z 相匹配时，用示波器测量 A 门输出波形畸变最小，反射波几乎消失，这时 R 值可认为是该传输线的特性阻抗 R_z。

传输线的阻抗匹配有以下几种形式。

1) 终端并联阻抗匹配，如图 9-7 所示。

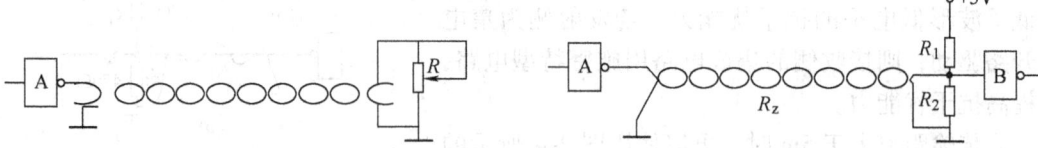

图 9-6 用示波器测量传输线阻抗　　　　图 9-7 终端并联阻抗匹配

终端匹配电阻 R_1、R_2 的值按 $R_z = R_1//R_2$ 的要求选取。一般 R_1 为 220~330Ω，而 R_2 可在 270~390Ω 范围内选取。

2）始端串联阻抗匹配，如图 9-8 所示。

在长线的始端串入电阻，增大长线的特性阻抗以达到和终端输入阻抗匹配的目的。在始端串入的电阻 $R = R_z \times R_{scl}$，R 为始端匹配电阻，R_z 为传输线特性阻抗，R_{scl} 为门 A 输出低电平时的

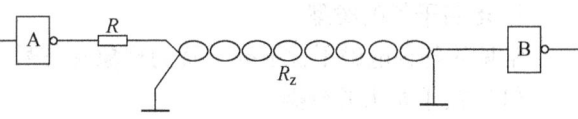

图 9-8　始端串联阻抗匹配

输出电阻，约为 20Ω。这种匹配方式的缺点是终端的低电位抬高，从而降低了低电平的抗干扰能力。

3）终端并联隔直阻抗匹配，如图 9-9 所示。

图 9-9 中电容 C 较大时只起隔直流作用，不影响阻抗匹配，所以只要求匹配电阻 R 和 R_z 相等即可。它不会引起输出高电平的降低，故增加了对高电平的抗干扰能力。

4）终端接钳位二极管匹配，如图 9-10 所示。

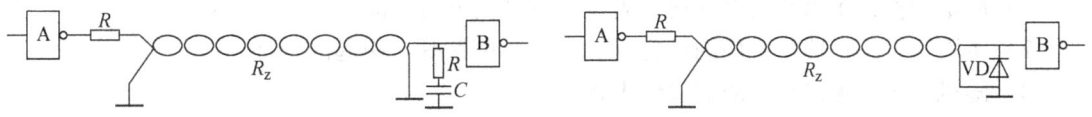

图 9-9　终端并联隔直阻抗匹配　　　　　　图 9-10　终端接箝位二极管匹配

这种匹配方法的作用如下：

① 把门 B 输入端低电平钳位在 0.3V 以内，可以减少反射和振荡。

② 吸收反射波，减少波的反射。因为当终端阻抗不匹配时，相当于运行于开路状态，始端波到达时将引起反射，电压波以正向波反射，电流波以负向波反射。接二极管后，电流反射波被吸收，从而减少了波反射。

③ 可以大大减少线间串扰，以提高动态抗干扰能力。

④ 输出端带长线后，进口处不能再接其他负载。

⑤ 触发器输出需隔离后方可传输。

（3）长线的电流传输

长线传输时，用电流传输代替电压传输，可获得较好的抗干扰能力，如图 9-11 所示。

从电流转换器输出 0~10mA（或 4~20mA）电流，在接收端并上 500Ω（或 250Ω）的精密电阻，将此电流转换为 0~5V（或 1~5V）的电压，然后送入 ADC。在有的实用电路里输出端采用光耦合器输

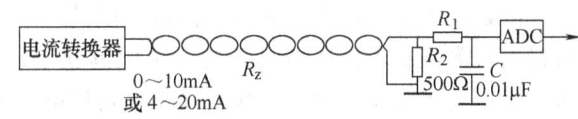

图 9-11　长线电流传输

出驱动，也会获得同样的效果。此种方法可以减少在传输过程中的干扰，以提高传输的可靠性。工业控制中，常采用电流传输方式。

9.2.2　电磁干扰的抑制措施

电磁干扰是指系统在工作过程中出现的一些与有用信号无关的，并且对系统性能或信号

传输有害的电气变化现象。构成电磁干扰必须具备 3 个基本条件：①存在干扰源；②有相应的传输介质；③有敏感的接收元件。只要除去其中一个条件，电磁干扰就可消除，这就是电磁抑制技术的基本出发点。

1. 电磁干扰的类型

常见的各种电磁干扰根据干扰的现象和信号特征不同有以下分类方法。

（1）按干扰来源分类

1）自然干扰：由于自然现象所造成的各种电磁噪声。

2）人为干扰：由电子设备和其他人工装置产生的电磁干扰。

（2）按干扰功能分类

1）有意干扰：为了达到某种目的而有意识制造的电磁干扰信号。这是当前电子战的重要手段。

2）无意干扰：人在无意之中所造成的干扰，如工业用电、高频及微波设备等引起的干扰。

（3）按干扰出现的规律分类

1）固定干扰：多为邻近电气设备固定运行时发出的干扰。

2）半固定干扰：偶尔使用的设备（如行车、电钻等）引起的干扰。

3）随机干扰：无法预计的偶发性干扰。

（4）按耦合方式分类

1）传导耦合干扰：电磁噪声的能量在电路中以电压或电流的形式，通过金属导线或其他元件（如电容器、电感器、变压器等）耦合到被干扰设备（或电路）。

2）辐射耦合干扰：电磁噪声的能量以电磁场能量的形式，通过空间辐射传播，耦合到被干扰设备（或电路）。

干扰源对电子设备的干扰是通过一定耦合形式进行的，无论是内部干扰或外部干扰，都是通过"路（传输线路或电路）"或"场（静电场或交变电磁场）"耦合到被干扰设备中的。常见的干扰途径有电磁噪声传导耦合、电磁辐射耦合、串扰和浪涌。

2. 电磁干扰的抑制

电磁干扰的抑制要从干扰源、传播途径、接收器 3 个方面着手，切断干扰耦合的途径，干扰的影响也将被消除，常用的方法有滤波、降低或消除公共阻抗、屏蔽、隔离等。

（1）屏蔽技术

屏蔽技术用来抑制电磁噪声沿着空间的传播及切断辐射电磁噪声的传输途径。通常用金属材料或磁性材料把所需屏蔽的区域包围起来，使屏蔽体内外的"场"相互隔离。磁场屏蔽和接地与否影响不大，一般均接地，可同时起到电场屏蔽的作用。

（2）接地技术

接地的目的有两个，一个是为保护人身和设备安全，避免雷击、漏电、静电等危害，此类地线称为保护地线，应与真正大地连接；另一个是为了保证设备的正常工作，如直流电源常需要有一极接地，作为参考零电位。传输信号也常需要有一根线接地，作为基准电位，传输信号的大小与该基准电位相比较。另外，对设备进行屏蔽时在很多情况下只有与接地相结合，才能具有应有的效果。

接地系统又分为保护地线、工作地线、地环路和屏蔽接地 4 种。

（3）阻隔地环流法

用阻隔地环流措施减小干扰，常用的方法有变压器隔离、扼流圈隔离、光耦合隔离和继电器隔离等。

9.2.3 印制电路板的抗干扰措施

印制电路板是单片机系统中元器件、信号线、电源线的高精密集合体。印制电路板设计的好坏对抗干扰能力影响很大，故印制电路板设计绝不单是元器件、线路的简单布局安排，还必须符合抗干扰的设计原则。

1. 地线宽度

加粗地线宽度能降低导线电阻，使它能通过3倍于印制电路板上的允许电流。如有可能，地线宽度应在2~3mm。

2. 接地线构成闭环路

接地线构成闭环路（见图9-12a）要比梳子状（见图9-12b）能明显地提高抗噪声能力。闭环形状能显著地缩短线路的环路长度，降低线路阻抗，从而减少干扰，但要注意环路所包围面积越小越好。

3. 印制电路板分区集中并联一点接地

当同一印制电路板上有多个不同功能的电路时，可将同一功能单元板的元器件集中于一点接地，自成独立回路。这就可以使地线电流不会流到其他功能单元的回路中去，避免了对其他单元的干扰。与此同时，还应将各功能单元的接地块与主机的电源地相连接，如图9-13所示。

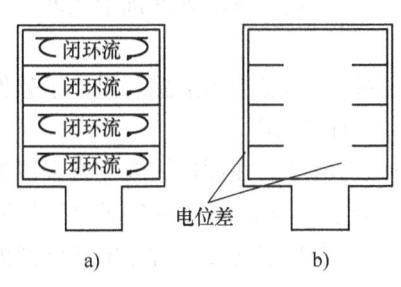

图9-12 闭环路接地和梳状接地

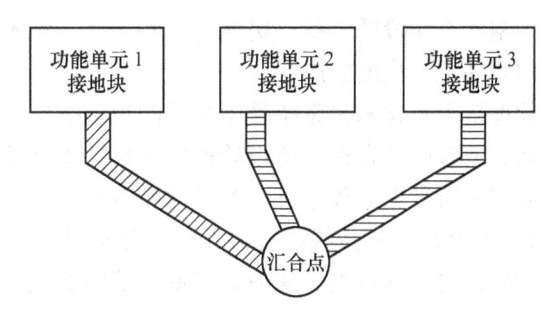

图9-13 分区集中并联一点接地

这种接法称为"分区集中并联一点接地"。为了减少线路阻抗，地线和电源线要采用大面积汇流排。数字地和模拟地分开设计，在电源端两种地线相连，并且地线应尽量加粗。

4. 印制电路板工作在高频时的接地考虑

当印制电路板上的元器件和导线工作在高频时，便会向空间发出辐射干扰。辐射干扰源来自那些高频信号，如高频振荡器等。

1）尽量加粗接地导线，以降低噪声对地阻抗。

2）满接地。在印制电路板上除供传输信号用的印制导线外，把电路板上没有被元器件占用的面积全作为接地线，称为"满接地"。

3）安装接地板。可以把一块铝板或铁板附加在印制电路板背面做接地板，或者将印制电路板放置在两块铝板或两块铁板之间，称为双面接地板。安装时应使单块或双块接地板尽量靠近印制电路板，可取得良好的抑制辐射噪声的效果。另外，安装的接地板必须与系统的信号地端连接，并寻找最佳接地点，否则将降低抑制辐射噪声的效果。

5. 电源线的布置

电源线除了根据电流的大小，尽量加粗导体宽度外，采取使电源线、地线的走向与数据传输的方向一致，将有助于增强抗噪声的能力。

9.2.4 硬件看门狗的设计

为使程序脱离"死循环"，通常采用"看门狗"技术，也就是程序监视技术。"看门狗"技术就是不断监视程序循环运行时间，若发现时间超过已知的循环设定时间，则认为系统进入了"死循环"，然后强迫程序返回0000H入口，在0000H处安排一段出错处理程序，使系统运行进入正轨。

实现硬件"看门狗"电路方案较多，目前采用较多的方案有以下几种。

1）采用微处理器监控器，该监控器内带"看门狗"电路。这类芯片除了有"看门狗"电路外，还有电子监控电路、备用电池切换电路，以实现掉电数据保护。这类芯片集成度高，功能强，具有广泛的应用前景。

2）采用单稳态电路来实现"看门狗"，单稳态电路可采用74LS123。

3）采用内带振荡器的计数器芯片。

9.2.5 软件抗干扰技术

窜入单片机测控系统的干扰，其频率往往很宽，且具有随机性，采用硬件抗干扰措施，只能抑制某个频段的干扰，仍然有一些干扰会侵入系统。因此除了采用硬件抗干扰外，还需要采用软件抗干扰的措施。

软件抗干扰技术是系统受干扰后的被动措施，而硬件抗干扰是主动措施。但由于软件设计灵活，节省硬件资源，所以软件抗干扰技术已经得到广泛的应用。

对于实时数据采集系统，为了消除传感器通道中的干扰信号，在硬件措施上常采取有源或无源 RC 网络，构成模拟滤波器对信号实现频率滤波。同样，运用单片机的运算、控制功能用软件也可实现滤波，完成模拟滤波器的类似功能，这就是数字滤波。常用的软件滤波技术有以下几种。

1. 算术平均滤波法

算术平均滤波法是对一点数据连续取 N 个值进行采样，然后取算术平均。这种方法适用于对一般具有随机干扰的信号进行滤波。这种滤波方法当 N 值较大时，信号的平滑性好，但是灵敏度低；当 N 值较小时，信号平滑性差，但灵敏度高。应视具体情况选取 N，以使既节约时间，又滤波效果好。对于一般流量测量，通常取 $N=12$；若为压力，则取 $N=4$。一般情况下 N 取 $3\sim5$ 次平均值即可。

2. 滑动平均滤波法

算术平均滤波法每计算一次数据需要测 N 次，对于测量速度较快或要求数据速度较快的实时控制系统，该方法是无法使用的。下面介绍一种只需测量一次，就能得到当前算数平均值的方法——滑动平均滤波法。

滑动平均滤波法是把 N 个测量数据看成一个队列，队列的长度为 N，每进行一次新的测量,就把测量结果放入队尾而扔掉队首的一个数据,这样在队列中始终有 N 个最新数据。计算滤波时,只要把队列中的 N 个数进行平均,就可以得到新的滤波值。

滑动平均滤波法对周期性干扰有良好的抑制作用,平滑性好,灵敏度低,但对偶然出现的脉冲性干扰抑制作用差,不易消除由于脉冲干扰引起的采样值偏差,因此不适合用于脉冲干扰比较严重的场合,而使用于高频振荡系统。通常观察不同的 N 值下滑动平均的输出响应来选取 N 值,以便既少占时间,又能达到最好的滤波效果。

3. 中位值滤波法

中位值滤波法是对某一被测参数连续采样 N(一般 N 取奇数)次,然后把 N 次采样值按大小排列,取中间值为本次采样值。中位值滤波能有效地克服因偶然因素引起的波动干扰。对温度、液位等变化缓慢的被测参数采取此法能收到良好的滤波效果,但对于流量、速度等快速变化的参数一般不宜采用中位值滤波法。

4. 防脉冲干扰平均值滤波法

在脉冲干扰比较严重的场合,如果采用一般的平均值法,则干扰将会"平均"到结果中去,故平均值法不易消除由于脉冲干扰而引起的误差。为此,可先去掉 N 个数据中的最大值和最小值,然后计算 $N-2$ 个数据的算术平均值。为了加快数据测量,一般 N 取 4。

9.3 AT89S51 单片机的应用系统设计实例

本节通过几个实例,讲解基于 AT89S51 单片机的软件设计过程。编写这几个实例程序,是基于以下假设。

1)读者已具备一定的 C 语言编程能力。
2)读者已能够使用 Keil 软件编写程序。

同时,为了突出软件的编写思路,简化或者忽略了以下问题。

1)不考虑由于驱动能力所造成的问题。
2)不考虑步进电动机运行时的振动问题。

本节所讲的所有实例的工程源码均在 Keil 下编译通过。

9.3.1 亮度可调的循环跑马灯设计

亮度可调的循环跑马灯设计作为本章的第一个应用实例,按照 9.1.1 小节所叙述的步骤进行设计。

1. 需求分析、方案论证和总体设计

(1)需求分析

生活中,装饰灯是无处不在的,正是由于五颜六色装饰灯的存在才使人们的生活变得丰富多彩。随着科技的发展和人们的不断创新,近年来在装饰灯市场上出现了一种类似乎流星效果的灯,这种灯一般由一组小的发光点组成,工作时所有发光点都发光,但是每个发光点的亮度不同,总的趋势是由强到弱,看起来就像是夜空中划过的一道流星。在具体的产品中,这种灯一般都会向某个方向运动,这更增加了流星的效果。小到树木、牌匾的装饰,大到楼体的装饰,都能看到这种装饰灯的身影。

这种装饰灯虽然看起来很复杂,但是使用单片机是可以做出类似效果的装饰灯的,而且在这样的单片机系统中,单片机无需操作任何模拟量,只需控制数字量的输出即可。由于本例要控制多个灯,每个灯的亮度可调,而且灯的效果又在循环运动,所以本例取名为"亮度可调的循环跑马灯"。

(2) 方案论证

一般跑马灯系统采用的控制方案如图 9-14 所示。

本例在设计之初考虑的是让读者了解单片机的应用方法,重点在如何使用单片机上,所以为了简化设计任务,减小篇幅,在图 9-15 中,对"驱动电路"部分进行了省略,即由单片机直接驱动灯组。本例所选择的控制方案如图 9-15 所示。

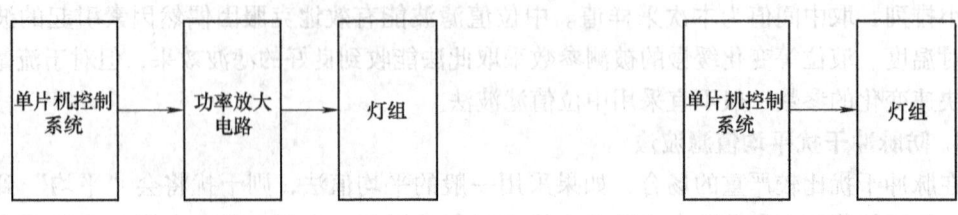

图 9-14　跑马灯通用控制方案　　　　　图 9-15　跑马灯控制方案

在图 9-15 中,由于受到单片机端口口线驱动能力的限制,灯组部分采用发光二极管来代替实现。尽管对系统进行了简化,但是如果增加一个"功率驱动级",对单片机口线输出的信号进行放大,是可以驱动大功率灯组的。

(3) 总体设计

总体来说,整个系统由硬件和软件两个部分构成。硬件部分提供一个可控的灯组,而所有的流星效果都在软件上进行实现,最后将软件的运行结果刷新到硬件上,即可看到系统的设计效果。

本例的关键技术之一是发光二极管的亮度调节问题。为了发光二极管的亮度可调整,送给每个发光二极管的控制信号应该为 PWM 波,通过调整 PWM 波的占空比,就可调整发光二极管的亮度。利用 PWM 波控制发光二极管时,为了使人眼不明显感觉到闪烁,要求 PWM 波的频率不应低于 50Hz,频率越高显示效果越稳定。本例中设定 PWM 波的频率为 100Hz,周期为 10ms。为了让人眼明显地感觉到亮度的变化,设定 PWM 波占空比的调节精度为 10%。

本例中 PWM 波的产生方法是使单片机的定时器每 1ms 产生一次中断,这样连续产生 10 次中断即为一个 PWM 波周期,在这 10 次中断中通过控制高电平所占的中断次数,即可实现调整 PWM 波占空比的目的。

下面介绍本例中对软件结构的整体规划。本例采用模块化的编程思想,对例子中使用的功能单元进行模块化,针对每个模块分别编写库文件(*.c 文件)和对应的头文件(*.h 文件),然后在主函数中将各个库进行整合,并通过调用库中相应的函数,实现想要的功能。考虑到本例中要驱动的是发光二极管组,且要实现亮度可调整,必然需要一系列的函数进行支持,所以针对发光二极管这一部分建立一个库,假设相应的库文件名和相应的头文件名分别为 Led.c、Led.h;发光二极管驱动起来后,还要实现各种动态效果,所以针对效果这一块再设立一个库,假设库文件名和相应的头文件名分别为 Effects.c、Effects.h;还有一个就是主函数所在的主模块 Main.c 了,建立好的工程结构如图 9-16 所示。

同时为了更好地组织工程中的各种文件，Windows 操作系统中，工程所在的目录（强烈建议一个工程一个目录）下，再分别创建 Include、Source 和 Project 目录，建好的目录结构如图 9-17 所示。

图 9-16　跑马灯工程结构

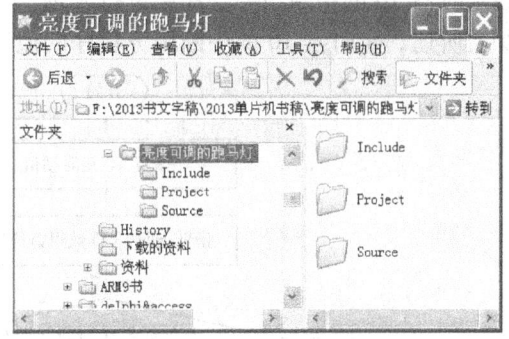

图 9-17　路马灯工程的目录结构

约定如下：
- Include 目录——存放工程需要和创建的各种头文件（*.h）；
- Source 目录——存放工程创建的各种 C 源程序文件（*.c）；
- Project 目录——存放 Keil 创建的各种工程文件。

本例要同时操作 8 个发光二极管，对应每个发光二极管分别有其亮灭数据和占空比数据等，如果针对每一项指标都分别声明变量的话，势必使程序显得很乱。为了避免这个问题，考虑使用结构体类型，具体做法是先定义一个发光二极管类型的结构体，结构体内部包含与发光二极管有关的各种信息，然后再声明一个这种结构体类型的数组，数组中的每个元素对应一个发光二极管。程序中其他部分操作某个发光二极管时，形式上就是操作一个数组元素。发光二极管的结构体类型定义如下：

```
typedef struct{                 //定义与每个 LED 灯对应的结构体类型
    signed char OnOrOff;        //LED 的亮灭标志
    signed char CurrentValue;   //占空比运行值
    signed char SetDutyCycle;   //占空比设定值，取值 0～10，
                                //此值乘以 10 为真实占空比
} Tled;
```

本例的关键技术之二是如何产生驱动每个发光二极管的 PWM 波。设计的思路是先在变量层面上产生每个发光二极管需要的 PWM 波，然后再通过特殊的手段将变量的值输出到相应的口线上，达到驱动发光二极管的目的。这样做的好处是，在编写程序时可以不用关心输出的问题，而把精力放在程序功能上，最后再通过一个或几个函数将输出与程序逻辑联系起来。另外，把这两部分分离开可以保证在输出部分如硬件出现故障时，不会影响到程序的正常逻辑。产生 PWM 波的所有逻辑都在定时器 T0 的中断服务程序中实现，在该函数中通过一个 Tled 类型的指针分别指向 LED 数组中的不同 LED，分别对其进行 PWM 波的逻辑运算，最后更新输出变量。

在跑马灯程序中还有一个"时间"需要考虑，那就是动画帧（灯的一组状态）的停留时间。因为单片机的运行速度很快，如果以单片机的速度去更新动画帧，人眼将跟不上，结

果就是要么看不到效果，要么看到一些莫名奇妙的效果。正确的做法是在每个灯都有一个确定亮度之后，应该让这一组亮度的组合多停留一会，给人眼以充分的反应时间。在这一过程中，每个灯的 PWM 波要在各自的占空比上连续不断的输出，否则灯就会熄灭。这一时间也应该在定时器 T0 的中断服务程序中进行实现。

综上所述，定时器 T0 的中断服务程序的流程如图 9-18 所示。

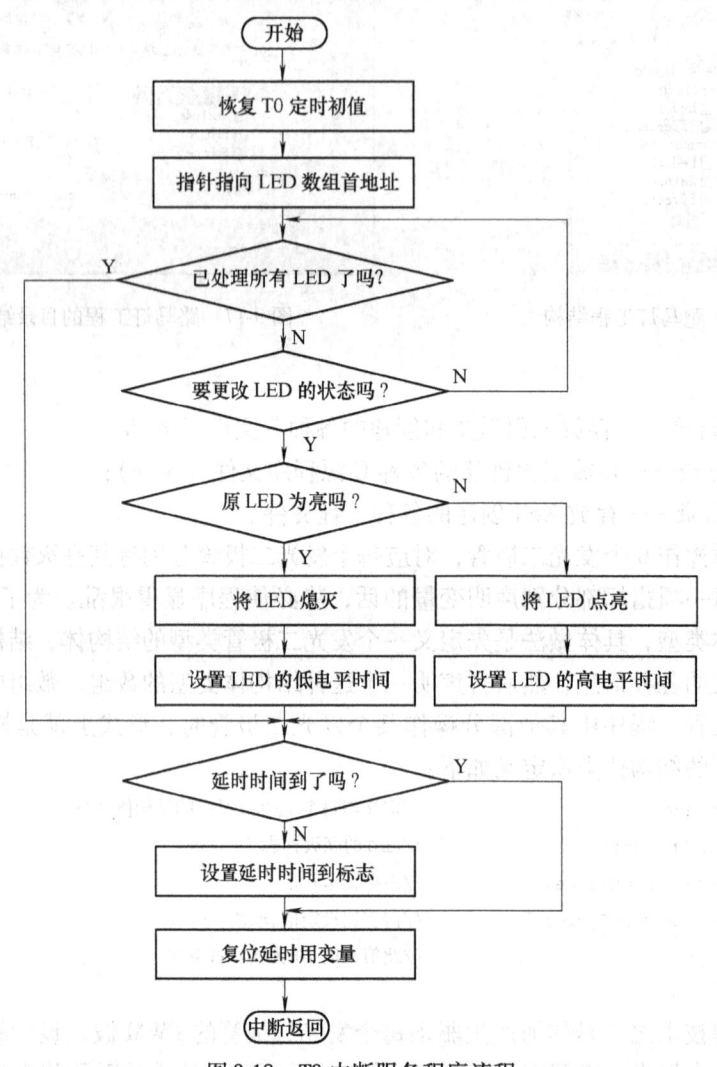

图 9-18 T0 中断服务程序流程

2. 器件选择、电路设计和软件编写

（1）器件选择、电路设计

本例选择 AT89S51 单片机作为控制核心。灯组的电路原理图如图 9-19 所示。

由图 9-19 可知，每个发光二极管均是由低电平驱动的，即单片机向相应口线输出低电平时，发光二极管会被点亮，反之则熄灭。由于每个发光二极管的阳极均通过 $1k\Omega$ 的电阻接到了电源上，所以发光二极管被点亮时流过的电流大约

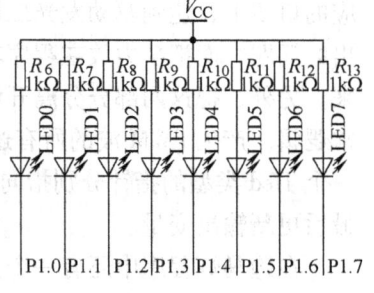

图 9-19 灯组的电路原理图

为5mA，发光二极管对单片机而言是灌电流负载。

(2) 软件编写

作为本书的第一个综合实例，这里给出所有的工程源码。Led.c 文件的内容如下：

```c
#include"reg51.h"
#include"Led.h"           //包含自己库的头文件
/***************库内数据定义,不对外开放********************/
//定义灯数组
Tled Leds[LEDCOUNT],* pLed = Leds;
//为动画效果中的延时服务
unsigned int DelayTime;
unsigned char DelayTimeIsUpFlag = 1;
//初始化T0,以控制灯的亮度
void InitLed(void)
{
    TMOD = 0x01;
    TL0 = vTL0;
    TH0 = vTH0;
    ET0 = 1;
    EA = 1;
}
//开始灯的控制逻辑
void StartLed(void)
{ TR0 = 1; }
//暂停灯的控制逻辑
void StopLed(void)
{ TR0 = 0; }
//复位所有灯的状态
void ResetLed(void)
{
    unsigned char I;
    for(i=0;i<LEDCOUNT;i++)
    {
        Leds[i].OnOrOff = ~LEDON;        //熄灭第 i 个灯
        Leds[i].CurrentValue = Leds[i].SetDutyCycle;     //复位运行值
    }
}
//得到每个灯的亮灭信息
//返回值中一个比特位对应一个灯
unsigned char GetLedOutValue(void)
{
    unsigned char Temp,I;
    if(LEDON)        //高电平时灯亮
    {
        Temp = 0x00;        //起始时使所有灯都处于灭状态
        for(i=0;i<LEDCOUNT;i++)
        {
```

```c
            if(Leds[i].OnOrOff)      //第 i 个灯应该亮
            {
                Temp| =0x01<<I;     //使第 i 个灯对应的位置 1
            }
        }
    }
    else //低电平时灯亮
    {
        Temp =0xFF;        //起始时使所有灯都处于灭状态
        for(i=0;i<LEDCOUNT;i++)
        {
            if(Leds[i].OnOrOff)      //第 i 个灯应该亮
            {
                Temp& = ~(0x01<<i);  //使第 i 个灯对应的位清 0
            }
        }
    }
    return(Temp);
}
//刷新每个灯的状态
void RefreshLeds(unsigned char OutValue)
{ LEDPORT = OutValue; }
//得到指定灯的状态
//xLedIndex 取值范围:LED0 ~ LED7
signed char GetxLedState(unsigned char xLedIndex)
{
    if((xLedIndex <0)||(xLedIndex > = LEDCOUNT)) return(-1);
    else return(Leds[xLedIndex].OnOrOff);
}

//设置指定灯的亮度,即占空比
//xLedIndex 取值范围:LED0 ~ LED7、ALLLED
//aDutyCycle 取值范围:MINDUTYCYCLE ~ MAXDUTYCYCLE
void SetxLedDutyCycle(unsigned char xLedIndex,signed char aDutyCycle)
{
    unsigned char I;
    if(aDutyCycle < MINDUTYCYCLE) aDutyCycle = MINDUTYCYCLE;
    if(aDutyCycle > MAXDUTYCYCLE) aDutyCycle = MAXDUTYCYCLE;
    if(xLedIndex = = ALLLED)
    {
        for(i=0;i<LEDCOUNT;i++)
        {
            Leds[i].SetDutyCycle = aDutyCycle;
            Leds[i].CurrentValue = aDutyCycle;
        }
    }
```

```c
        else
        {
            if(xLedIndex < 0) xLedIndex = 0;
            if (xLedIndex > = LEDCOUNT) xLedIndex = LEDCOUNT - 1;
            Leds[xLedIndex]. SetDutyCycle = aDutyCycle;
            Leds[xLedIndex]. CurrentValue = aDutyCycle;
        }
}
//设置动画切换之间的延时时间,单位为 ms
//aTime 的取值范围:1~65535
void SetDelayTime(unsigned int aTime)
{ DelayTime = aTime; }
//设置延时时间到标志
void SetDelayTimeIsUpFlag(void)
{ DelayTimeIsUpFlag = 1; }
//清除延时时间到标志
void ClearDelayTimeIsUpFlag(void)
{ DelayTimeIsUpFlag = 0; }
//得到延时时间到标志
//返回为 0—时间未到,1—时间到
unsigned char GetDelayTimeIsUpFlag(void)
{ return(DelayTimeIsUpFlag); }
//T0 的中断服务程序,用于产生每个灯的 PWM 波
void T0Int(void) interrupt 1
{
    unsigned char I;
    static unsigned int ForDelayTime;   //静态局部变量
    TL0 = vTL0;
    TH0 = vTH0;
    pLed = Leds;//为每个 LED 产生 PWM 波
    for(i = 0;i < LEDCOUNT;i + + )
    {
        if( - - pLed - > CurrentValue < = 0)
        {
            if(pLed - > OnOrOff)      //原输出为高电平时
            {
                pLed - > OnOrOff = 0;
                pLed - > CurrentValue = DUTYCYCLE - pLed - > SetDutyCycle;
            }
            else//原输出为低电平时
            {
                pLed - > OnOrOff = 1;
                pLed - > CurrentValue = pLed - > SetDutyCycle;
            }
        }
        pLed + + ; //加 1,使之指向下一路 PWM 波的数据结构
```

```c
        }
        if(DelayTimeIsUpFlag == 0)          //为动画效果的延时服务
        {
            if(++ForDelayTime >= DelayTime)
            {
                DelayTimeIsUpFlag = 1;
                ForDelayTime = 0;
            }
        }
        else
        {
            ForDelayTime = 0;
        }
}
```

上述代码中已经加了比较详细的注释,读者在仔细研读后应该可以理解。与 Led.c 对应的头文件 Led.h 的内容如下:

```c
/******************************************************
占用的硬件:定时器 T0 及其中断资源
工作方式:T0 方式 1,1ms 中断一次
PWM 波:
频率:100Hz
占空比调节精度:10%
******************************************************/
#ifndef __LED_H__                                      //此行的作用是防止重复包含
#define __lED_H__
#define FOSC              (12)                         //晶振频率,MHz 为单位
#define WANTTIME          (1)                          //T0 的定时时间,ms 为单位
#define vTL0 ((65536-WANTTIME*FOSC*1000/12)%256)       //初值低 8 位
#define vTH0 ((65536-WANTTIME*FOSC*1000/12)/256)       //初值高 8 位
#define LEDCOUNT          (8)                          //LED 灯的总个数,范围 1~8
#define LED0              (0)                          //第 0 个灯的索引
#define LED1              (1)                          //第 1 个灯的索引
#define LED2              (2)                          //第 2 个灯的索引
#define LED3              (3)                          //第 3 个灯的索引
#define LED4              (4)                          //第 4 个灯的索引
#define LED5              (5)                          //第 5 个灯的索引
#define LED6              (6)                          //第 6 个灯的索引
#define LED7              (7)                          //第 7 个灯的索引
#define ALLLED            (10)                         //表示所有灯
#define DUTYCYCLE         (10)                         //PWM 波的周期,ms 为单位
#define MAXDUTYCYCLE      (10)                         //占空比的最大值
#define MINDUTYCYCLE      (0)                          //占空比的最小值
#define LEDON             (0)                          //LED 灯亮时的电平,0—低电平,1—高电平
#define ALLLEDOFF         (0xFF)                       //使所有灯熄灭的值
#define LEDPORT           (P1)                         //灯所对应的端口
typedef struct{                                        //定义与每个 LED 灯对应的结构体类型
```

```c
    signed char OnOrOff;                //LED 的亮灭标志
    signed char CurrentValue;           //占空比运行值
    signed char SetDutyCycle;           //占空比设定值,取值 0~10,此值乘以 10 为真实占空比
} Tled;
/**********库内函数的原型声明**************/
//初始化 T0,以控制灯的亮度
void InitLed(void);
//开始灯的控制逻辑
void StartLed(void);
//暂停灯的控制逻辑
void StopLed(void);
//复位所有灯的状态
void ResetLed(void);
//得到每个灯的亮灭信息
//返回值中一个比特位对应一个灯
unsigned char GetLedOutValue(void);
//刷新每个灯的状态
void RefreshLeds(unsigned char OutValue);
//得到指定灯的状态
//xLedIndex 取值范围:LED0~LED7
signed char GetxLedState(unsigned char xLedIndex);
//设置指定灯的亮度,即占空比
//xLedIndex 取值范围:LED0~LED7、ALLLED
//aDutyCycle 取值范围:MINDUTYCYCLE~MAXDUTYCYCLE
void SetxLedDutyCycle(unsigned char xLedIndex,signed char aDutyCycle);
//设置动画切换之间的延时时间,单位为 ms
//aTime 的取值范围:1~65536
void SetDelayTime(unsigned int aTime);
//设置延时时间到标志
void SetDelayTimeIsUpFlag(void);
//清除延时时间到标志
void ClearDelayTimeIsUpFlag(void);
//得到延时时间到标志
//返回为 0—时间未到,1—时间到
unsigned char GetDelayTimeIsUpFlag(void);
#endif
```

由 Led.h 文件的内容可知,在制作库时,库所对应的头文件里放置的都是 *.c 文件里要用到的各种宏的定义、typedef 定义和库内函数的原型声明。通常,一个库应该具有良好的封装性,即库内部的数据(如变量、数组等)是不应该被外界访问的,这一点有些类似 C++ 中类的封装特性。如果想让外界可以访问库内某个变量的值,可以在库内定义相关的函数,外界通过调用这些函数来达到访问库内变量的目的。

有了库的接口文件(*.h)后,外界想使用库内的函数时,只需用#include 将相应的 *.h 头文件包含到程序中即可。

本例中效果库的主文件 Effects.c 的内容如下:

```c
#include"Led.h"
#include"Effects.h"
/*************库内数据定义,不对外开放*********************/
unsigned char EffectSelect=0;           //标识选择的动画效果
unsigned int FramSpeed=200;             //帧与帧之间的切换延时,单位 ms
//设置帧与帧之间的切换时间,单位 ms
//aSpeed 取值范围 1~65535
void SetFramSpeed(unsigned int aSpeed)
{ FramSpeed=aSpeed; }
//得到帧与帧之间的延时时间,单位 ms
unsigned int GetFramSpeed(void)
{ return(FramSpeed); }
/*****************************************************************/
//动画效果 1(流星效果),要在循环中调用此函数
void Effect1(void)
{
    static unsigned char nStep=0;       //静态局部变量,且有全局变量的特性
    unsigned char Temp;
    if(EffectSelect!=EFFECT1)
    {   //这么做的目的是防止每次调用这个函数时都重复执行设置过程
        EffectSelect=EFFECT1;
        StopLed();
        ResetLed();
        SetxLedDutyCycle(LED0,2);        //LED0 的占空比为 20%
        SetxLedDutyCycle(LED1,3);        //LED1 的占空比为 30%
        SetxLedDutyCycle(LED2,4);        //LED2 的占空比为 40%
        SetxLedDutyCycle(LED3,5);        //LED3 的占空比为 50%
        SetxLedDutyCycle(LED4,6);        //LED4 的占空比为 60%
        SetxLedDutyCycle(LED5,7);        //LED5 的占空比为 70%
        SetxLedDutyCycle(LED6,8);        //LED6 的占空比为 80%
        SetxLedDutyCycle(LED7,9);        //LED7 的占空比为 90%
        ClearDelayTimeIsUpFlag();
        SetDelayTime(FramSpeed);
        StartLed();
    }
    Temp=GetLedOutValue();
    Temp>>=nStep;                        //右移,移空的位补 0
    if(LEDON==0)                         //熄灭其他的灯
    {
        Temp|=0xff<<(8-nStep);
    }
    RefreshLeds(Temp);
    if(GetDelayTimeIsUpFlag())
    {
        ClearDelayTimeIsUpFlag();
        if(++nStep>=LEDCOUNT) nStep=0;
```

    }
}
//可以在这里添加其他效果的函数,定义方法仿效函数 Effect1(),如下示例
//动画效果2,要在循环中调用此函数
void Effect2(void)
{
    //变量声明在这写
    if(EffectSelect! = EFFECT2)
    {
        EffectSelect = EFFECT2;
        StopLed();
        ResetLed();
        //设置代码在这写
        ClearDelayTimeIsUpFlag();
        SetDelayTime(FramSpeed);
        StartLed();
    }
    //效果代码在这写
}
```

Effects.c 对应的头文件 Effects.h 的内容如下:

```c
#ifndef __EFFECTS_H__              //此行的作用是防止重复包含
#define __EFFECTS_H__
#define EFFECT1           (1)      //动画效果1的标识值
#define EFFECT2           (2)      //动画效果2的标识值
//设置帧与帧之间的切换时间,单位 ms
//aSpeed 取值范围 1 ~ 65535
void SetFramSpeed(unsigned int aSpeed);
//得到帧与帧之间的延时时间,单位 ms
unsigned int GetFramSpeed(void);
//动画效果1(流星效果),要在循环中调用此函数
void Effect1(void);
//其他效果的代码框架
void Effect2(void);
#endif
```

最后就是利用前面定义的库来实现各种 LED 动画效果了。本例中主文件 Main.c 的内容如下:

```c
#include "reg51.h"                 //51单片机的通用头文件
#include "Led.h"                   //亮度控制逻辑
#include "Effects.h"               //动画效果文件
void main(void)
{
    InitLed();                     //初始化 LED 控制逻辑
    SetFramSpeed(200);             //设置动画中的帧切换速度
    while(1){
        Effect1();                 //调用动画效果1,要在循环中不断地调用才行
        //在有按键的系统中,可加入按键处理
```
```

        //以实现在不同动画效果间的切换
    }
}

其中主函数 main() 的程序流程如图 9-20 所示。

由图 9-20 可以看到，正是由于在开始编程之前，对整个程序的功能和模块进行了很好地划分与规划，才使得主模块变得简洁、清晰。要想很好地做到这点，需要多看、多练。

3. 性能测定

经验证，上述工程可以顺利通过 Keil 软件的编译，并且功能正常。可以在现有程序的基础上，再新增效果函数，进而实现更多的效果。

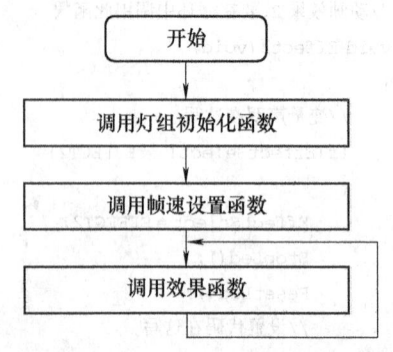

图 9-20　跑马灯 main() 函数的程序流程

4. 文件编制

可以将上述内容总结成各种文档。这里省略这一步骤。

考虑到篇幅等方面的原因，以下的实例不再一一列出设计步骤，并对内容（如代码等）进行适当简化。

9.3.2　多功能电子时钟设计

多功能电子时钟设计涉及的硬件包括两大部分，一部分是时钟的显示系统，如图 9-21 所示。

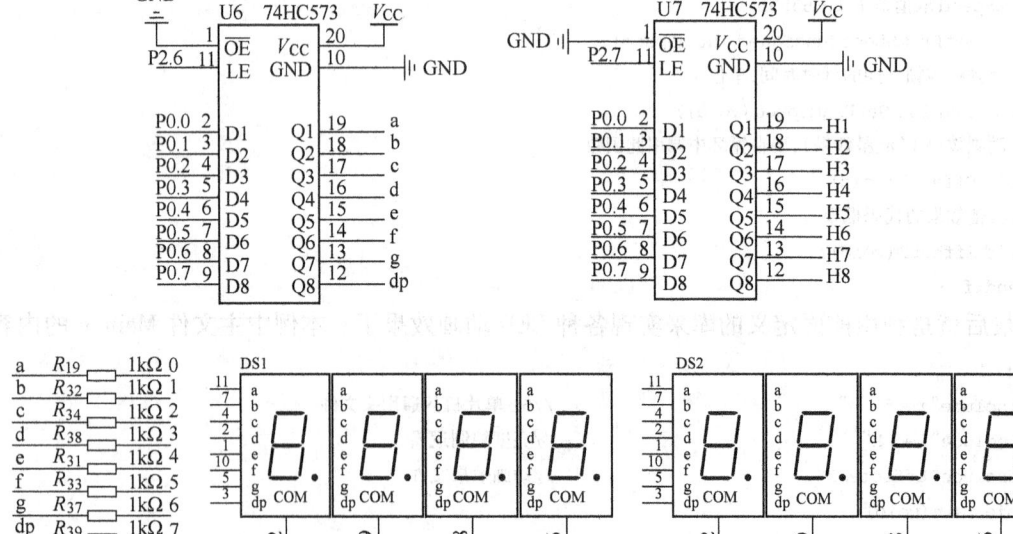

图 9-21　时钟的显示电路

由图 9-21 可知，本例显示系统是采用动态显示原理进行工作的，段码口和位码口都使用单片机的 P0 口，段码和位码分别通过不同的锁存器进行锁存。段码的锁存允许信号为

P2.6，位码的锁存允许信号为 P2.7。编写显示程序时，可以先通过 P0 口输出段码，利用 P2.6 进行锁存，再通过 P0 口输出位码，利用 P2.7 进行锁存，如此快速地刷新即可获得所需的显示效果。

时钟还需要对时间和闹铃等进行设置，所以需要按键，本例中的按键系统如图 9-22 所示。

由图 9-22 可知，本例中的按键接到了单片机 P3 口的高 4 位，工作原理是当没有键按下时，读 P3 口的高 4 位，得到的值为全 1，当某个键按下时，读 P3 口高 4 位，按下键所在的口线就会变为低电平 0。结合本例要实现的功能，约定图 9-22 中的 SB2、SB7 和 SB8 分别对应功能按键、增量键和减量键，通过这 3 个按键实现对时钟时间和闹铃时间的调整。解决利用很少的键实现很多功能的问题，比较有效的方法就是使用状态机，基本思路是利用一个按键在状态机的不同状态之间切换，然后在每个状态里再重新定义其他按键的功能。本例中就使用了状态机来处理按键。在 C 语言中要实现状态机，可以利用以下代码结构。

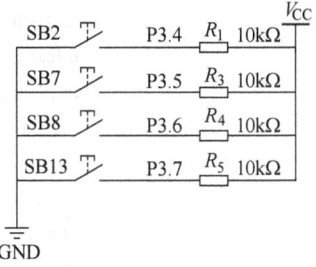

图 9-22　时钟的按键电路

```
while(1){
    switch(State){
        case STATE1:
                                //状态 1 的处理代码
                                break;
        case STATE2:
                                //状态 2 的处理代码
                                break;
                                //可继续添加其他状态分支
        default: State = STATE1; //回到正常状态
    }
}
```

本例采用另一种编程思路来解决问题，即不对工程进行规划，直接将所有的代码都写到一个主文件 Main.c 中，再来感受它与上一例的区别及各自的优缺点。因为篇幅的原因，这里只给出 Main.c 中使时钟运行的核心代码，内容如下。

```
/*************************************************************
多功能电子时钟
单片机：STC89C52 系列或其兼容型号
    外部晶振：12MHz
功能：①支持多个时钟同时运行(CLOCKCOUNT)。
    ②每个时钟都具备 12h 模式和 24h 模式。
    ③12h 模式时，具备 AM/PM 的 LED 指示功能。
    ④每个时钟都具备闹铃功能。
    ⑤每个时钟的时间和闹铃时间都可设置（自适应 12h 模式和 24h 模式）。
    ⑥有背光，可常亮、常灭(KEY2)，也可只亮一会(KEY3)。
    ⑦时间之间的间隔点具有闪烁功能。
*************************************************************/
//此处省略了一些宏定义和变量的定义
```

```c
typedef struct{//定义一个时钟结构体类型——Tclock
            unsigned char Hour;
            unsigned char Minute;
            unsigned char Second;
            unsigned int Msecond;            //毫秒
            unsigned char TimeMode;          //表示时钟模式,12/24
            unsigned char AmOrPm;            //表示当前是上午还是下午
            unsigned char AlarmOpen;         //是否打开闹铃的控制位
            unsigned char AlarmHour;
            unsigned char AlarmMinute;
            unsigned char AlarmFlag;         //闹铃时间到标志
            unsigned int AlarmTime;          //为自动退出闹铃状态服务
            unsigned char AlarmAmOrPm;       //闹铃是设置在上午还是下午
} Tclock;
Tclock Clock[CLOCKCOUNT],* pClock;           //时钟数组和时钟指针

void main(void)
{
unsigned char nState=0,aKey,Temp=0;
Init();
while(1){
  aKey=Key();
  switch(nState){
    case 0:         //时钟正常运行
            FillDispBuf(Clock+WhichClock);
            Display(FLASHNONE);
            if(Clock[WhichClock].AlarmFlag)      //驱动闹钟蜂鸣器
            {
              if(++Temp>=BEEPFREQ) {Temp=0; Beep^=1;}
              if(aKey!=NOKEY)                    //按任意键关闹铃
                {
                  Clock[WhichClock].AlarmFlag=0;
                  Temp=0;
                  Beep=BEEPOFF;
                }
            }
            if (aKey==KEY1)                      //按功能键后,切换到下一状态
            {
              KeyWaitTime=0; nState=1;
              while(Key1==0)                     //等待按键释放
              {FillDispBuf(Clock+WhichClock); Display(FLASHNONE);}
            }
            //此处省略了对其他按键的处理
            break;
    case 1:         //选择时钟
            KeyWaitFlag=1;                       //等待按键时间内无按键,自动返回运行状态
```

```c
            if (KeyWaitTime > = KEYWAITTIME)
            {nState = 0; KeyWaitFlag = 0; KeyWaitTime = 0;}
            if (aKey = = KEY1)                       //按功能键,切换到下一状态
             {
             KeyWaitTime = 0;
             Clock[WhichClock].Msecond = 0;
             nState = 2;
             while(Key1 = = 0) DisplayClock(WhichClock);
             }
             //此处省略了对其他按键的处理
             break;
case 2:   //选择时间模式(12h制或24h制)
            KeyWaitFlag = 1;                          //等待按键时间内无按键,自动返回运行状态
            if (KeyWaitTime > = KEYWAITTIME)
            {nState = 0; KeyWaitFlag = 0; KeyWaitTime = 0;}
            if (aKey = = KEY1)                       //按功能键,切换到下一状态
             {
              KeyWaitTime = 0;   AdjustTimeFlag = 1; nState = 3;
              while(Key1 = = 0){
               //按键不释放,继续显示所选的时间模式
              if (Clock[WhichClock].TimeMode = = TIMEMODE12)
                 DisplayTimeMode(TIMEMODE12);
                else DisplayTimeMode(TIMEMODE24);
              }
             }
             //此处省略了对各种时钟模块的处理代码
             break;
case 3:   //调整所选时钟的小时
            //此部分只响应增、减键和功能键
            break;
case 4:   //调整所选时钟的分钟
            //省略了调整分钟的逻辑
            break;
case 5:   //调整所选时钟的秒
            //省略了调整秒的逻辑
            break;
case 6:   //开关闹铃功能
            //省略了开关闹铃的逻辑
            break;
case 7:   //调整闹铃小时
            //省略了调整闹铃小时的逻辑
            break;
case 8:   //调整闹铃分钟
            //省略了调整闹铃分钟的逻辑
            break;
default: nState = 0;
```

```c
    }
   }
  }

//T0 定时器 10ms 中断服务函数
void T0Int(void) interrupt 1
{
 unsigned char I;
 static unsigned char Temp=0;
 TL0=vTL0; TH0=vTH0;                            //恢复定时器初值
 if(++Temp>FLASHLEDFREQ){FlashLed^=1; Temp=0;}
 if(BackLightOnFlag)                            //用于背光点亮后的延时(背光只亮一会)
  {
   if(BackLightTime<BACKLIGHTTIME) BackLightTime++;
   else {BackLight=BACKLIGHTOFF; BackLightTime=0; BackLightOnFlag=0;}
  }
//用于按键等待(长时间不按键时,自动返回运行状态)
 if((KeyWaitFlag)&&(KeyWaitTime<KEYWAITTIME)) KeyWaitTime++;
 if(!AdjustTimeFlag)                            //只有处于非调整时间状态,才刷新时钟的时间
  {
   for(i=0;i<CLOCKCOUNT;i++)                    //此循环用于刷新各时钟的时间
    {
     pClock->Msecond+=MSECOND;                  //为毫秒增量,随后修改秒、分、小时
     if(pClock->Msecond>=1000){pClock->Second++; pClock->Msecond=0;}
     if(pClock->Second>=60){pClock->Minute++; pClock->Second=0;}
     if(pClock->Minute>=60){pClock->Hour++; pClock->Minute=0;}
     if(pClock->TimeMode==TIMEMODE12)           //12h 制
      {
       if (pClock->Hour>=12)
        {
         if (pClock->AmOrPm==PM)                //更正上、下午指示灯
         {pClock->Hour=0; pClock->AmOrPm=AM;}
         else
         {pClock->Hour=0; pClock->AmOrPm=PM;}
        }
       if (pClock->AmOrPm==PM) {PmLed=LEDON; AmLed=LEDOFF;}
       else {PmLed=LEDOFF; AmLed=LEDON;}
      }
     else
      {
       PmLed=LEDOFF; AmLed=LEDOFF;
       if (pClock->Hour>=24) {pClock->Hour=0;}
      }
     if((pClock->AlarmOpen)&&(!pClock->AlarmFlag))   //判断是否应打开闹铃
      if(pClock->Hour==pClock->AlarmHour)
       if (pClock->Minute==pClock->AlarmMinute)
```

```
            if (pClock - >TimeMode = = TIMEMODE12)
              {if(pClock - >AmOrPm = = pClock - >AlarmAmOrPm) pClock - >AlarmFlag = 1;} else pClock
- >AlarmFlag = 1;
        if (pClock - >AlarmFlag)                           //闹铃时间到,自动关闭闹铃
          if ( + +pClock - >AlarmTime > = ALARMTIME) pClock - >AlarmFlag = 0;
        pClock + +;                                        //指向下一个时钟(利用时钟指针遍历所有时钟)
    }
    pClock = Clock;                                        //指向第一个时钟
  }
}
```

主函数 main() 的程序流程如图 9-23 所示。

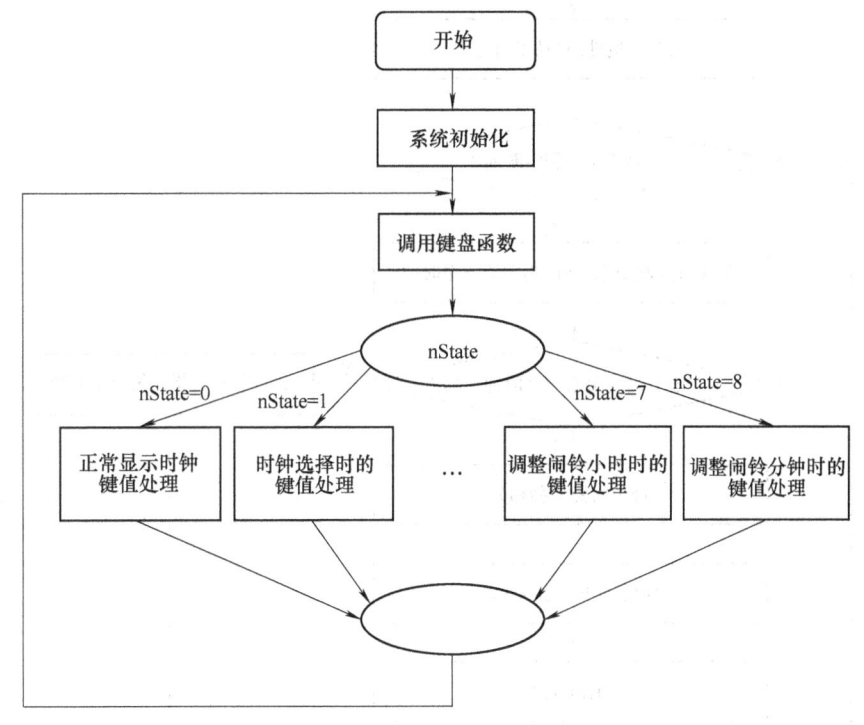

图 9-23 主函数 main() 的程序流程

本例中主函数主要解决了不同状态下按键的处理问题。在等待按键释放时,为了获得连续的显示效果,循环调用了相应的显示函数。

定时器 T0 的中断服务程序是本例的核心,所有时钟的运行都是在 T0 中断里进行的。T0 每 10ms 产生一次中断,进入中断后不停止 T0,所以 T0 产生的 10ms 中断是非常精确的。定时器 T0 的中断服务函数 T0Int() 的程序流程如图 9-24 所示。

在定时器 T0 的中断服务程序中,使用了一个时钟类型(Tclock)指针来遍历所有时钟。由于对每个时钟而言,时间的修改逻辑都是相同的,又由于使用了指针,所以代码形式也比较固定。基于以上原因,在处理各时钟的数据时使用了循环结构。中断服务程序中还考虑了一些与时钟有关的杂项问题,比如闹铃的自动关闭问题、时、分、秒之间隔点的闪烁问题、短时背光的自动关闭问题和调整时间状态下的长时不按键自动退出问题等。

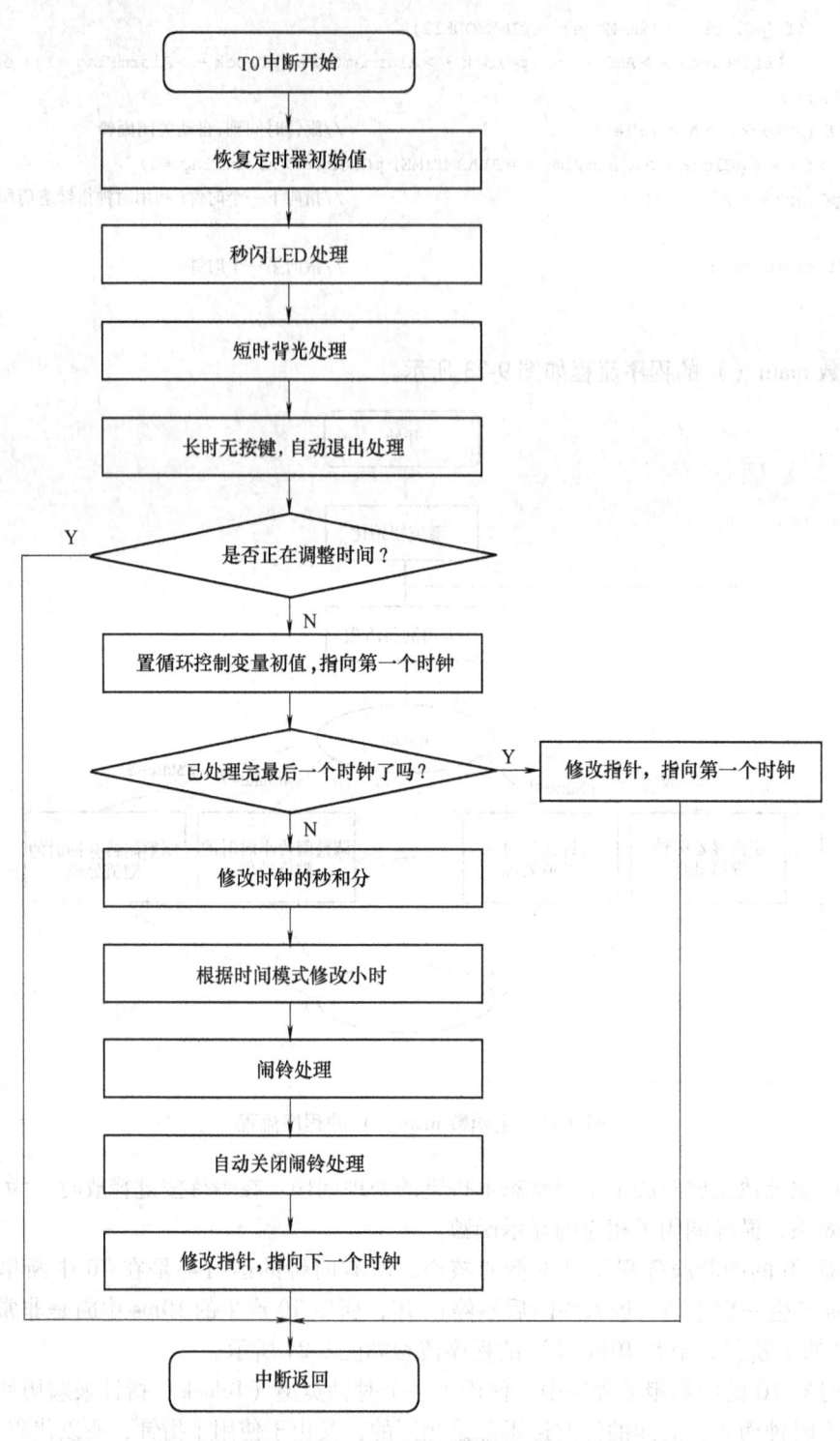

图 9-24 T0Int() 函数的程序流程

关于本例的几点总结如下：

1) 本例演示了另一种组织工程代码的方法。对于比较简单的工程，可以使用这种方法，它会使工程显得简洁、明了。但是对于复杂的工程，不建议使用此方法，提倡大家使用跑马灯例子中的方法。

2）状态机非常适合处理分块的逻辑。读者应细细品味。

3）要擅用单片机中的定时器。对比已讲过的两个实例，发现这里对定时器的利用都比较充分，一个定时器中断可以处理很多事情。这两个例子中的定时器有点像人身体里的心脏，非常有规律地跳动，以此来控制和协调整个系统的运作。读者继续阅读下面的内容会发现，下一个实例中也使用了定时器。

4）对于流程图的画法要规范。流程图应该是描述编程思路的，不应是代码的框图，通过流程图体现的应该是解决问题的思路。流程图中的一个框可能只对应一条语句，也可能对应一段程序。流程图应该是独立于编程语言之外的，即一个流程图既可以用 C 语言实现，也可以用其他编程语言实现。通常的做法是在编写程序之前，就应该构造出整个程序的流程图，可以落实到纸面上也可以停留在编程者的头脑中，然后再用编程语言实现流程图中的每个部分。流程图中各种框应该有几根进线和几根出线，基本是规定好的，不能随意增删，流程线的引出点一定是在什么框上，终止点应该在另一条流程线上。关于流程图的绘制，可以模仿本例中的画法。

9.3.3 步进电动机驱动的移动小车设计

步进电动机驱动的移动小车设计中步进电动机的接口电路如图 9-25 所示。

图 9-25 中使用了 UM2003 作为步进电动机的驱动芯片，此芯片与 ULN2803 类似，也是达林顿驱动芯片，原理和使用方法与 ULN2803 相同。当 IRx 输入高电平时，OUTx 引脚会输出低电平，反之 OUTx 引脚为高电平。这里假设，当 OUTx 输出低电平时，步进电动机的线圈就会被接通。

本例的控制对象为步进电动机，关于步进电动机，还不是很清楚的读者，可以查阅相关的书籍或资料。本例中使用的是三相步进电动机，采用六拍控制方法。三相六拍步进电动机的控制时序如图 9-26 所示。

图 9-26 中高电平为线圈接通状态，低电平为线圈断电状态。假设使用 P0 口控制步进电动机，结合图 9-25 可知，步进电动机驱动电路的连接关系为：

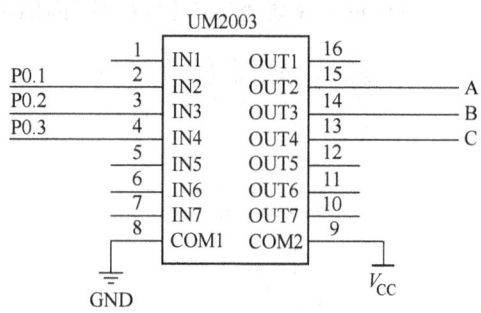

图 9-25 步进电动机接口电路

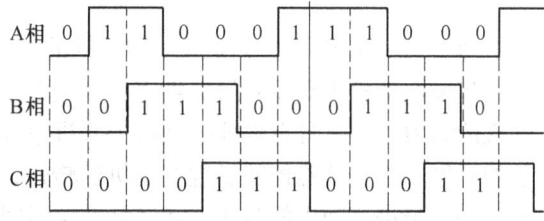

图 9-26 三相六拍步进电动机的控制时序

P0.1——IN2——OUT2——A 相
P0.2——IN3——OUT3——B 相
P0.3——IN4——OUT4——C 相

图 9-25 中，按照"C 相、B 相、A 相"的顺序，可以写出控制步进电动机三相六拍的数值组，见表 9-1。

表 9-1 控制步进电动机三相六拍的数值组

序号	P0.7	P0.6	P0.5	P0.4	P0.3 (C)	P0.2 (B)	P0.1 (A)	P0.0	数值
1	0	0	0	0	0	0	1	0	0x02
2	0	0	0	0	0	1	1	0	0x06
3	0	0	0	0	0	1	0	0	0x04
4	0	0	0	0	1	1	0	0	0x0c
5	0	0	0	0	1	0	0	0	0x08
6	0	0	0	0	1	0	1	0	0x0A

控制时，按照从 1~6 的顺序输出各值，步进电动机就会正转；按照从 6~1 的顺序输出各值，步进电动机就会反转。在 C 程序中，利用数组存储上述各值，代码如下。

```
Unsigned char code Steps[] = {
                0x02,0x06,0x04,0x0c,0x08,0x0a
};
```

本例采用与跑马灯实例相似的方法对工程进行组织，建立的库有步进电动机驱动库（包含两个文件 Stepper.c 和 Stepper.h）、小车的驱动库（包含两个文件 Car.c 和 Car.h），还有一个就是主函数所在的主模块 Main.c，建立好的工程结构如图 9-27 所示。

Windows 系统下的工程目录结构如图 9-28 所示。

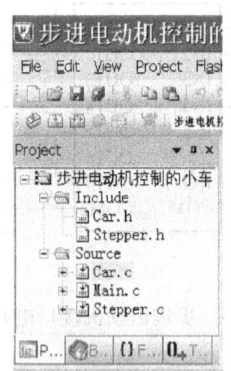 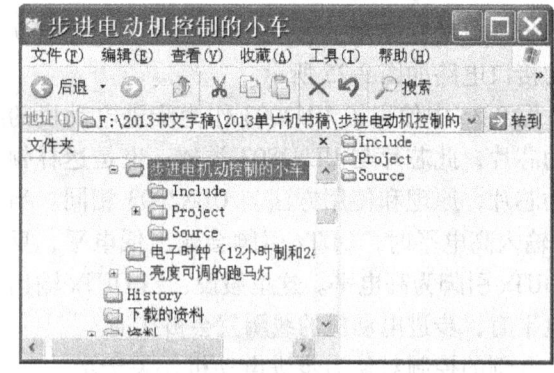

图 9-27 步进电动机工程结构　　　　　图 9-28 步进电动机工程的目录结构

图 9-28 中每个目录下放置何种文件的约定与跑马灯工程相同。

步进电动机驱动库专门提供驱动步进电动机转动的函数，此库具有同时驱动两个步进电动机的能力，同时具有单独控制每个步进电动机正反转的功能，但是两个步进电动机的转速是相同的。为了精确控制步进电动机的转速，库中使用了单片机定时器 T0，T0 定时时间的长短决定步进电动机的转速，其实是在定时时间到时才让步进电动机走一步。因为篇幅的原因，此处只给出 Stepper.c 中核心的使步进电动机转动的代码，内容如下。

```
#include "reg51.h"
#include "Stepper.h"
unsigned char code Steps[MAXSTEPINDEX + 1] = {
                0x02,0x06,0x04,0x0c,0x08,0x0a
};
//此处省略了一些全局变量的定义和其他函数的定义
void T0Int(void) interrupt 1
```

```c
{
    TL0 = vTL0;                                    //恢复定时初值
    TH0 = vTH0;
    if(JustMoveFlag)                               //不限步数一直移动
    {
        if(LeftStepperDir == FORWARD)              //左轮步进电动机的驱动逻辑,正转
        {
            STEPPERPORT = Steps[LeftStepperIndex++];
            if(LeftStepperIndex > MAXSTEPINDEX)
                LeftStepperIndex = MINSTEPINDEX;
        }
        else                                       //反转
        {
            STEPPERPORT = Steps[LeftStepperIndex--];
            if(LeftStepperIndex < MINSTEPINDEX)
                LeftStepperIndex = MAXSTEPINDEX;
        }
        if(RightStepperDir == FORWARD)             //右轮步进电动机的驱动逻辑,正转
        {
            STEPPERPORT = Steps[RightStepperIndex++];
            if(RightStepperIndex > MAXSTEPINDEX)
                RightStepperIndex = MINSTEPINDEX;
        }
        else                                       //反转
        {
            STEPPERPORT = Steps[RightStepperIndex--];
            if(RightStepperIndex < MINSTEPINDEX)
                RightStepperIndex = MAXSTEPINDEX;
        }
    }
    else                                           //移动设定的步数后自动停车
    {
        if(LeftStepperSteps > 0)
        {
            StepperFinishFlag = 0;
            if(LeftStepperDir == FORWARD)          //左轮步进电动机的驱动逻辑,正转
            {
                STEPPERPORT = Steps[LeftStepperIndex++];
                if(LeftStepperIndex > MAXSTEPINDEX)
                    LeftStepperIndex = MINSTEPINDEX;
            }
            else                                   //反转
            {
                STEPPERPORT = Steps[LeftStepperIndex--];
                if(LeftStepperIndex < MINSTEPINDEX)
                    LeftStepperIndex = MAXSTEPINDEX;
```

```
            }
            LeftStepperSteps - -;
        }
        if(RightStepperSteps > 0)
        {
            StepperFinishFlag = 0;
            if(RightStepperDir = = FORWARD)      //右轮步进电动机的驱动逻辑,正转
            {
                STEPPERPORT = Steps[RightStepperIndex + +];
                if(RightStepperIndex > MAXSTEPINDEX)
                    RightStepperIndex = MINSTEPINDEX;
            }
            else                                 //反转
            {
                STEPPERPORT = Steps[RightStepperIndex - -];
                if(RightStepperIndex < MINSTEPINDEX)
                    RightStepperIndex = MAXSTEPINDEX;
            }
            RightStepperSteps - -;
        }
        //步数到后自动停车
        if((LeftStepperSteps = = 0)&&(LeftStepperSteps = = 0))
        {
            TR0 = 0;
            StepperFinishFlag = 1;
        }
    }
}
```

为了方便读者理解,现将定时器 T0 的中断服务函数的程序流程示于图 9-29。

小车驱动库 Car.c 是专门控制小车做出各种动作的库,该库内的函数要调用步进电动机驱动库中的函数,以控制小车的两个轮子。这里只给出主函数 main() 中使用到的两个函数的定义,内容如下。

```
#include "reg51.h"
#include "Stepper.h"
#include "Car.h"
//用设定的速度初始化小车
void Car_Init(unsigned char xSpeed)
{
    Stepper_Init(xSpeed);
    Stepper_SetDirction(BOTHSTEPPER,FORWARD);
}

//小车向正前方行进 xDistance 厘米
void Car_MoveForward(float xDistance)
{
```

```
    Stepper_SetDirction(BOTHSTEPPER,FORWARD);
    ClearStepperFinishFlag();
    Stepper_MovexSteps(BOTHSTEPPER,xDistance);
    while(GetStepperFinishFlag()= =0);
}

//小车向右转弯 xAngle 度
//xAngle 取值范围 0~200
void Car_TurnRight(unsigned char xAngle)
{
    float xDistance;
    Stepper_SetDirction(RIGHTSTEPPER,BACKWARD);
    Stepper_SetDirction(LEFTSTEPPER,FORWARD);
    xDistance=xAngle* DELTAANGLE;
    ClearStepperFinishFlag();
    Stepper_MovexSteps(BOTHSTEPPER,xDistance);
    while(GetStepperFinishFlag()= =0);
}
```

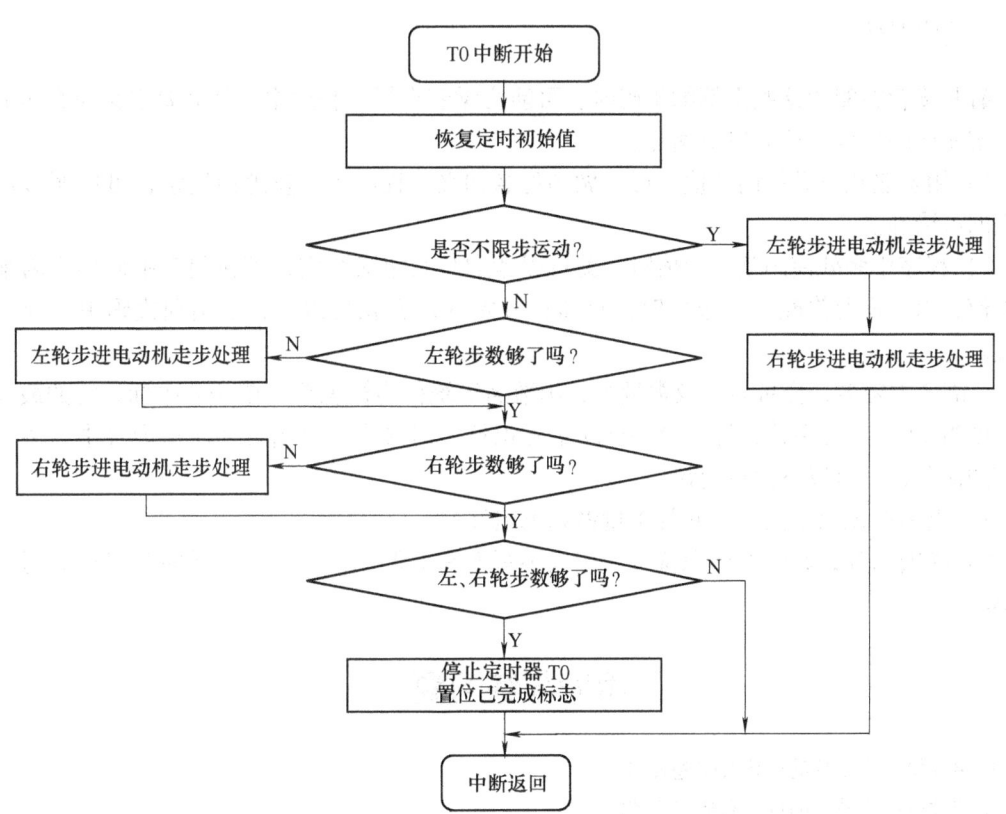

图 9-29 步进电动机工程中 T0Int（ ）函数的流程

文件中的各个函数主要是调用步进电动机驱动库中的函数,以控制小车做出需要的动作。

本实例中控制小车走出一个边长为20cm的正方形,主模块的代码如下:

```c
#include"reg51.h"
#include"Stepper.h"
#include"Car.h"

void main(void)
{
    Car_Init(CARSPEED4);            //以CARSPEED4的速度初始化小车
    Car_MoveForward(20.0);          //使小车走出边长为20cm的正方形
    Car_TurnRight(90);
    Car_MoveForward(20.0);
    Car_TurnRight(90);
    Car_MoveForward(20.0);
    Car_TurnRight(90);
    Car_MoveForward(20.0);
    Car_TurnRight(90);              //恢复原来的车头方向
    while(1);
}
```

有些读者在阅读这些实例的源码时,可能会觉着奇怪,程序中为什么要定义那么多的宏呢?定义宏的好处主要有以下两点。

1)用宏名代替具体的数值,可以做到见名知义,程序中大量地使用宏,可以明显增加程序的可读性。

2)程序中多处使用某一数值时,就可以考虑将其定义为宏,而在程序中使用宏名来代替数值,以后需要修改这个数值时,只需更改宏的定义就可以了,不用到代码中一处一处地改。

C语言中宏名、变量名以及常量名、函数名等统称为标识符,在Keil中标识符的最大允许长度为32个英文字符,且不允许有汉字标识符,但汉字可以出现在注释内容中。关于标识符的命名这里有以下两点建议。

1)宏名应该全用大写,并且尽量做到见名知义。

2)除宏名外,其他的标识符可采用大小写混写的形式,即每个单词的首字母大写,其余小写。

思考与练习题9

1. 单片机应用系统的设计有哪些要求?
2. 单片机应用系统的设计有哪些步骤?
3. 提高单片机应用系统的可靠性有哪些措施?
4. 数据采集系统的模拟通道有哪些环节?各环节的功能是什么?
5. 模拟信号的放大应注意哪些问题?
6. 多路模拟开关的选择要注意什么?

第9章 AT89S51 单片机的应用系统设计

7. 什么叫显示缓冲区？显示缓冲区一般放在哪里？显示缓冲区中通常存放的是什么？

8. 在采用8255扩展I/O口时，若把8255 A口用作输入，A口每一位接一个开关，B口用作输出，B口每一位接一个发光二极管。请编写A口开关接1时B口相应位发光二极管点亮的程序。

9. 什么叫窜键？CPU处理窜键的方法是什么？CPU消除按键抖动的方法是什么？

10. 常用的数字滤波算法有哪些？

11. 在进行工程设计时，应该如何组织工程？

12. 在编写代码时，应如何防止头文件的重复包含问题？

第 10 章 Proteus 仿真软件的使用

内容提要：本章介绍 Proteus 8.0 软件的功能、特点、安装、运行等，结合实例介绍 Proteus 8.0 软件用于单片机应用系统原理图设计和仿真的方法和过程。

10.1 Proteus 软件概述

Proteus 软件是英国 Lab Center Electronics 公司开发的 EDA 工具软件，已有近 20 年的历史，在全球得到了广泛应用。Proteus 软件的功能强大，集原理图设计、仿真分析（ISIS）和印制电路板设计（ARES）于一身，不仅能对电工、电子技术学科涉及的电路进行设计与分析，还能对微处理器进行设计与仿真，可以完成从绘制原理图、仿真分析到生成印制电路板图的整个硬件开发过程，是近年来备受电子设计爱好者青睐的一款电子线路设计与仿真软件。

10.1.1 Proteus 软件的功能特点

Proteus 是一个基于 ProSPICE 混合模型仿真器的软硬件设计、仿真平台，包含 ISIS、ARES 和 3DV 等应用模块。ISIS——智能原理图输入系统，是原理设计与仿真分析的基本平台；ARES——高级 PCB 布线编辑软件，用于 PCB 制版；3DV——3D 浏览器。该软件的主要功能特点如下：

1）集原理图设计、仿真分析（ISIS）和印制电路板设计（ARES）于一身，可以完成从绘制原理图、仿真分析到生成印制电路板图的整个硬件开发过程。

2）完善的电路设计和仿真功能。

① 生动形象的仿真显示：在 Proteus 绘制好原理图后，可以在 Proteus 的原理图中看到电路的运行状态和过程，直观、形象，达到了实物演示实验都难以达到的效果。例如，用色点显示引脚的数字电平，导线以不同颜色表示其对地电压大小，结合动态器件（如电动机、显示器件、按钮）的使用可以使仿真更加直观、生动。

② 互动的电路仿真：用户可以实时采用诸如 RAM、ROM、键盘、电动机、LED、LCD、ADC/DAC、SPI、I^2C 器件，其 COMPIM（COM 口物理接口模型）还可以使仿真电路通过计算机串口和外部电路实现双向异步串行通信，以实现交互式仿真。

③ 高级图形仿真功能（ASF）：基于图标的分析可以精确分析电路的多项指标，包括工作点、瞬态特性、频率特性、传输特性、噪声、失真、傅里叶频谱分析等，还可以进行一致性分析。

④ 实时仿真：支持 UART/USART/EUSARTs 仿真、中断仿真、SPI/I^2C 仿真、MSSP 仿真、PSP 仿真、RTC 仿真、ADC 仿真、CCP/ECCP 仿真。

⑤ 支持多种编译器：支持单片机汇编语言的编辑/编译/源码级仿真，内带 8051、AVR、PIC 的汇编编译器，也可以与第三方集成编译环境（如 IAR、Keil 和 MPLAB）结合，进行高

级语言的源码级仿真和调试。

3) 丰富的电路设计和仿真资源。

① 提供 100 多个元器件库：35 000 多个电子元器件（分立元器件和集成电路、模拟和数字电路）的电路符号、仿真模型和外形封装。

② 提供多样的激励源：包括直流、正弦、脉冲、分段线性脉冲、音频（使用 wav 文件）、指数信号、单频 FM、数字时钟和码流，还支持文件形式的信号输入。

③ 丰富的虚拟仪器：13 种虚拟仪器，面板操作逼真，如示波器、逻辑分析仪、信号发生器、直流电压/电流表、交流电压/电流表、数字图形发生器、频率计/计数器、逻辑探头、虚拟终端、SPI 调试器、I^2C 调试器等。

④ 支持多种微处理器仿真：支持主流的 CPU 类型如 ARM7、8051/52、AVR、PIC10、PIC12、PIC16、PIC18、PIC24、dsPIC33、HC11、Basic Stamp、8086、MSP430、CORTEX、DSP 等。

4) 实用的 PCB 设计平台。

① 原理图到 PCB 的快速通道：原理图设计完成后，一键便可进入 ARES 的 PCB 设计环境。

② 先进的自动布局/布线功能：支持器件的自动/人工布局，支持无网格自动布线或人工布线。

③ 完整的 PCB 设计功能：最多可设计 16 个铜箔层、2 个丝印层、4 个机械层（含板边），灵活的布线策略供用户设置，自动设计规则检查，3D 可视化预览等。

④ 支持多种输出格式：可以输出多种格式文件，方便与其他 PCB 设计工具（如 Protel）的相互转换和 PCB 的设计和加工。

Proteus 软件功能强大，提供了从产品概念到设计完成的完整仿真与开发平台，在实践教学、创新培训、项目设计、产品开发等方面都具有很重要的意义。Proteus 软件能够完成模拟电路与数字电路、分立元器件与集成电路以及微控制器系统的设计与仿真，能够直观地评估硬件电路设计的正确性，能够直观地对硬件原理图进行调试，能够验证整个设计的功能，软硬件的交互仿真与测试能大大减少后期测试工作量，能够极大地缩短产品开发时间，能够进行预研设计与项目评估，降低开发风险，过去需要昂贵的电子仪器设备、繁多的电子元器件、繁杂的重复试验才能完成的电子应用系统设计，现在只用一台计算机，就可以在 Proteus 软件环境下快速轻松地实现。

本章中由于主要使用 Proteus 8.0 软件完成单片机应用系统原理图设计和仿真，所以重点研究 ISIS 模块的用法，在下面的内容中，如不特别说明，所说的 Proteus 软件特指其 ISIS 模块。

10.1.2 Proteus 8.0 的系统环境

Proteus 8.0 软件是在 Windows 操作系统上安装、运行的软件，其安装、运行环境要求如下。

1) 主频 1GHz 或者更高频率的 Intel 奔腾处理器（CPU）。

2) 内存 512MB 及以上，推荐使用 1GB。

3) 操作系统 Windows XP 或者更新的版本。

4）支持 OpenGL 2.0 及更高版本的或者 Direct 2D 和 MSAA 的图形显示卡。

10.1.3　Proteus 8.0 的安装过程

1）在 Windows 环境下，运行 Proteus 8.0 安装包中 Setup_pro8.0.exe 安装文件，在出现的界面里根据提示单击 Next 按钮，进入新的界面，选取"I accept the terms of agreement."的选项框，单击 Next 按钮弹出如图 10-1 所示的界面，选择第一个选项"Use a locally installed license key"，意思是说使用本地的授权文件。

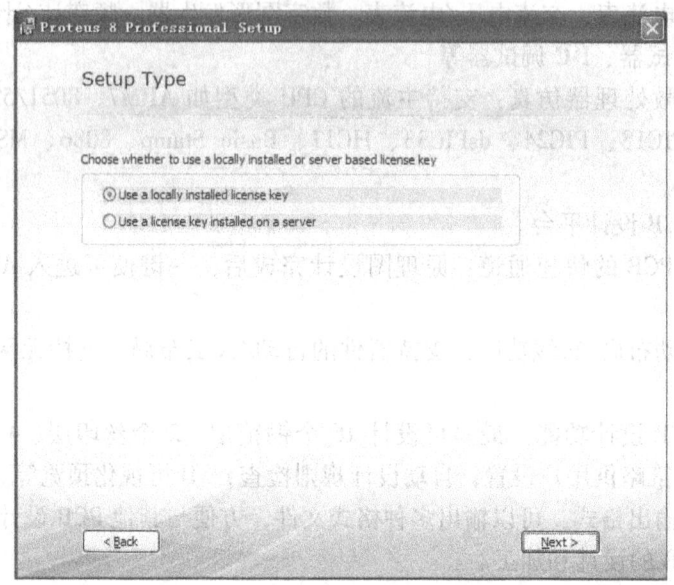

图 10-1　授权文件的类型选择

2）单击 Next 按钮进入新界面，再单击 Next 按钮，弹出如图 10-2 所示的界面。

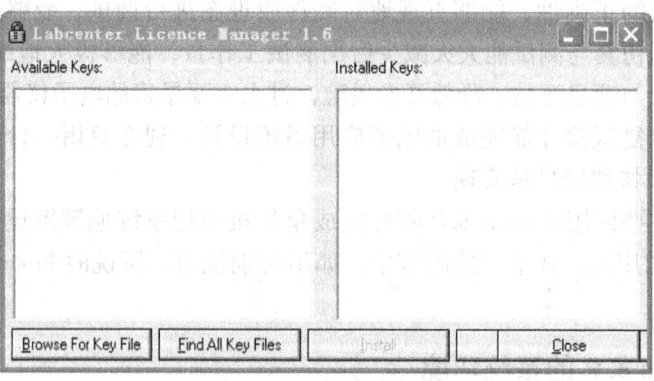

图 10-2　浏览授权文件的窗口

3）单击"Browse For Key File"按钮，找到 Proteus 8.0 软件安装包目录下的 LI-CENCE.lxk 文件并打开，在出现的新界面里单击 Install 按钮后，在弹出的提示框里单击 Y 按钮，进入如图 10-3 所示的界面。

第 10 章 Proteus 仿真软件的使用

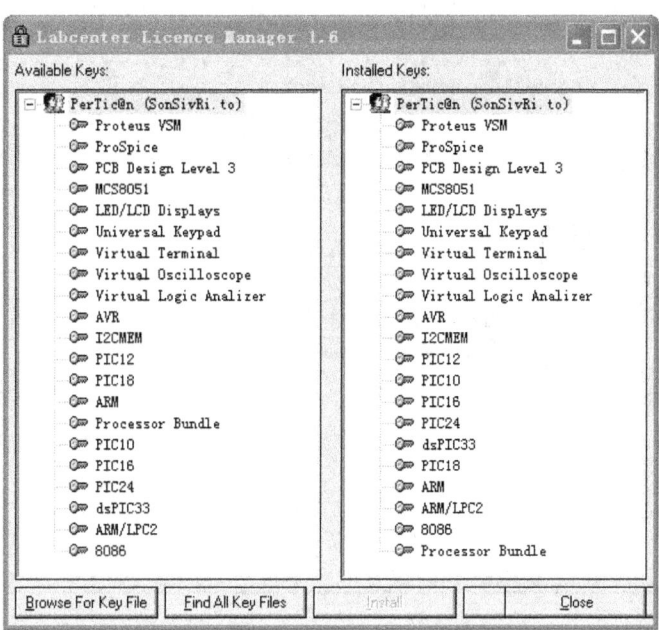

图 10-3 授权文件安装完的界面

4）单击 Close 按钮，弹出如图 10-4 所示的界面，意思是问要不要导入 Proteus 7 的配件文件，把三项全部选中。

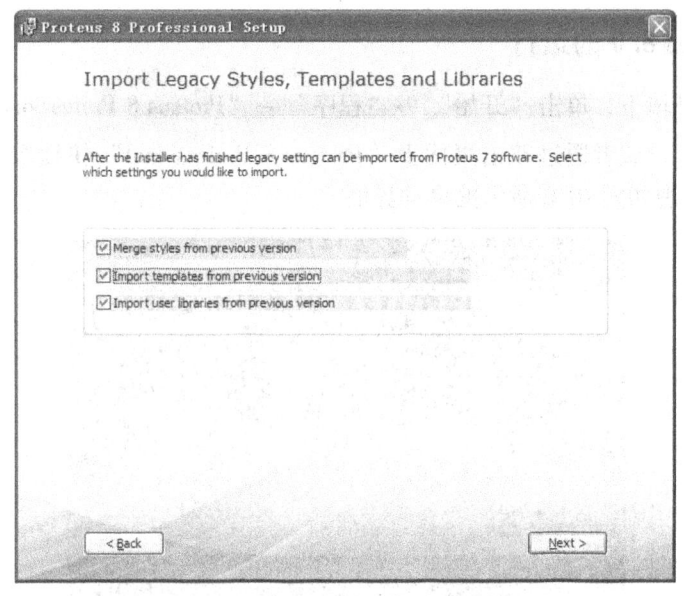

图 10-4 导入 Proteus 7 的配件文件

5）单击 Next 按钮后，在出现的新界面里再单击 Typical 选项，选择典型安装模式，如图 10-5 所示。

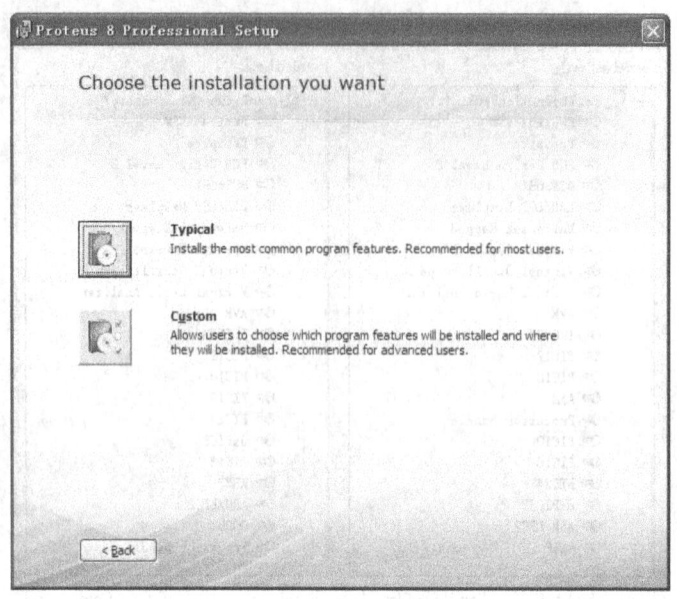

图 10-5　安装模式的选择

6）安装进行一段时间后会弹出对话框，然后按提示操作，单击 Next 按钮，在出现的界面里选取"I have read the……"项，单击 Next 按钮，保留默认设置，单击 Cancel 按钮，直到安装结束。

10.1.4　Proteus 8.0 的运行

在 Windows 环境下，单击"开始"→"程序"→"Proteus 8 Professional"目录下"Proteus 8 Professional"，或者通过双击桌面上"Proteus 8 Professional"快捷图标，启动 Proteus 8.0 运行，出现如图 10-6 所示的启动界面。

图 10-6　Proteus 8.0 启动界面

调入安装文件后进入 Proteus 8.0 主页面，如图 10-7 所示，Proteus 8.0 版本与以前的版本界面有所不同。

第 10 章　Proteus 仿真软件的使用

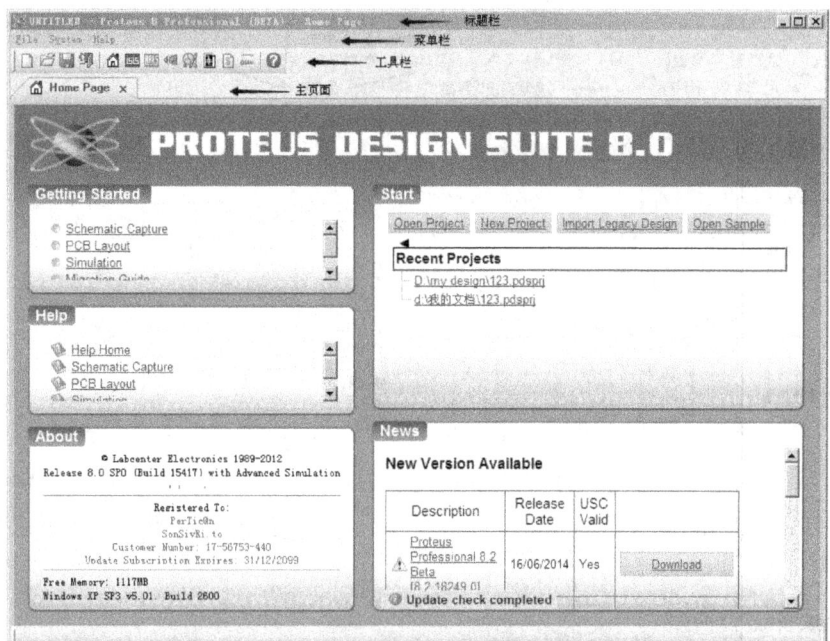

图 10-7　Proteus 8.0 主页面

10.2　ISIS 原理图设计环境

Proteus 8.0 主要有 ISIS 和 ARES 两大应用功能模块，通过主页面上的 File 菜单选项或者通过单击工具栏上的快捷图标 ISIS 和 ARES 可以分别进入 ISIS 和 ARES 应用模块。

10.2.1　ISIS 设计界面

单击工具栏 ISIS 图标后，进入 ISIS 设计界面如图 10-8 所示，与以前的版本界面类似，在这个界面里可以进行原理图绘制和仿真。

下面简单介绍 ISIS 界面各部分名称、功能和用法。

1）标题栏：当前设计工程文件名称及应用模块名称。
2）菜单栏：软件各种功能操作命令菜单。
① 文件（File）菜单：新建/加载/保存/打印。
② 编辑（Edit）菜单：撤销/剪切/复制/粘贴。
③ 视图（View）菜单：图样网络设置/快捷工具选项。
④ 工具（Tool）菜单：实时标注/自动布线/网络表生成/电气规则检查。
⑤ 设计（Design）菜单：设计属性编辑/添加/删除图样/电源配置。
⑥ 图表分析（Graph）菜单：传输特性/频率特性分析/编辑图形/运行分析。
⑦ 调试（Debug）菜单：启动调试/复位调试。
⑧ 库操作（Library）菜单：器件封装库/编辑库管理。
⑨ 模版（Template）菜单：设置模版格式/加载模版。

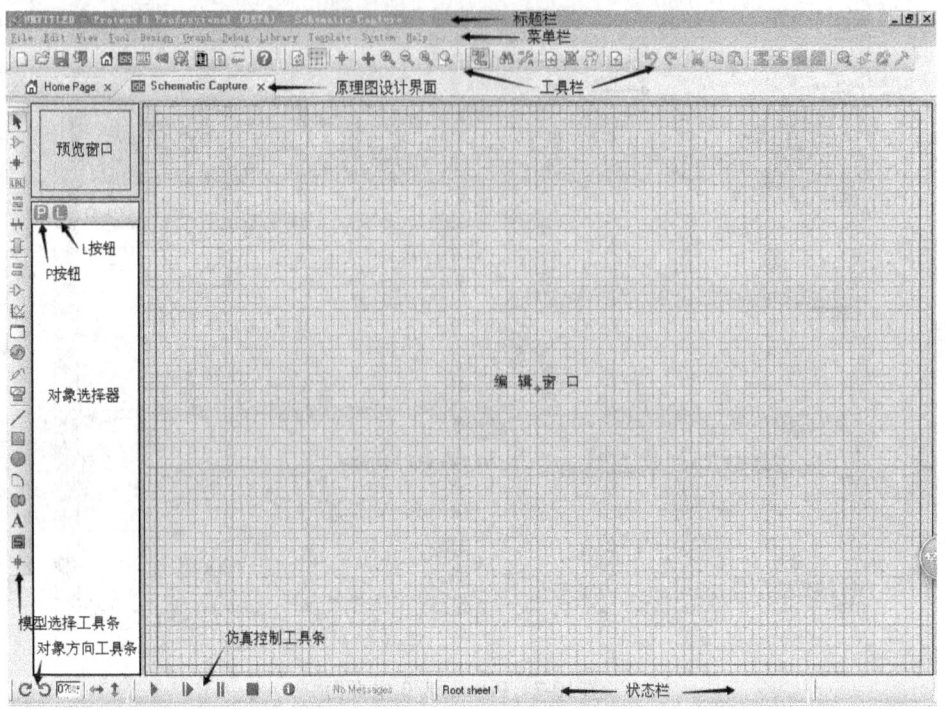

图 10-8　ISIS 设计界面

⑩ 系统（System）菜单：设置运行环境/系统信息/文件路径。

⑪ 帮助（Help）菜单：帮助文件/设计实例。

3）编辑窗口（The Editing Window）：原理图绘制区，蓝色方框内为可编辑区，元器件要放到它里面。注意，这个窗口是没有滚动条的，可用预览窗口来改变原理图的可视范围。

4）预览窗口（The Overview Window）：可显示两个内容，一个是，当在元器件列表中选择一个元器件时，它会显示该元器件的预览图；另一个是，当鼠标焦点落在原理图编辑窗口时（放置元器件到原理图编辑窗口后或在原理图编辑窗口中单击鼠标后），它会显示整张原理图的缩略图，并会显示一个绿色的方框，绿色方框里面的内容就是当前原理图窗口中显示的内容，因此，可用鼠标在它上面单击来改变绿色方框的位置，从而改变原理图的可视范围。

5）对象选择器（The Object Selector）：用于选择元器件（Components）、终端（Terminals）、信号发生器（Generators）、仿真图表（Graph）等。例如，当选择元器件（Components）时，单击对象选择器窗口上面的 L 按钮会打开选择元器件库对话框，单击 P 按钮会打开拾取元器件对话框。选择了一个元器件后（单击了 OK 按钮后），该元器件会在元器件列表（Devices）中显示，以后要用到该元器件时，只需在元器件列表中选择即可。

6）工具栏：软件各种功能操作命令快捷图标。

① 文件/工程命令（File/Project Commands）工具条：即创建工程/打开工程/保存工程/关闭当前工程。

② 应用模块命令（Application Commands）工具条：即主页面/I-

SIS 模块/ARES 模块/3D 视图/Gerber 视图/设计浏览器/材料清单/源代码/帮助。

③ 显示命令（Display Commands）工具条：[图标] 即刷新/栅格切换/临时原点切换/光标中心视图/放大/缩小/整体视图/部分视图。

④ 设计工具（Design Tools）工具条：[图标] 即自动布线/搜索/工具属性/创建工作图/删除当前工作图/退回到上一级工作图/电气规则检查。

⑤ 编辑命令（Editing Commands）工具条：[图标] 即撤销/恢复/剪切/复制/粘贴/块复制/块移动/块旋转/块删除/拾取元器件/定制元器件/封装工具/还原。

7) 模型选择工具条（Mode Selector Toolbar），见表 10-1。

表 10-1 模型选择工具条中英文名称对照表

主要模型（Main Modes）		配件（Gadgets）		2D 图形（2D Graphics）绘图工具	
模型英文名称	模型中文名称	模型英文名称	模型中文名称	模型英文名称	模型中文名称
Selection Mode	对象选择	Terminals Mode	终端	2D Graphics Line Mode	绘制直线
Component Mode	元器件	Device Pins Mode	器件引脚	2D Graphics Box Mode	绘制方框
Junction Dot Mode	连接点	Graph Mode	仿真图表	2D Graphics Circle Mode	绘制圆
Wire Label Mode	网络标号	Active Popup Mode	动态弹出	2D Graphics Arc Mode	绘制圆弧
Text Script Mode	文本	Generators Mode	信号发生器	2D Graphics Closed Path Mode	绘制任意封闭图形
Buses Mode	总线	Probe Mode	探针	2D Graphics Text Mode	文本
Sub-Circuit Mode	子电路	Virtual Instrument Mode	虚拟仪表	2D Graphics Symbols Mode	符号
				2D Graphics Markers Mode	标记

① 主要模型（Main Modes）：[图标] 即对象选择/元器件/连接点/网络标号/文本/总线/子电路。

② 配件（Gadgets）：[图标] 即终端（Terminals）（有 V_{CC}、地、输出、输入等接口）/器件引脚/仿真图表（Graph）/动态弹出/信号发生器（Generators）/探针/虚拟仪表。

③ 2D 图形（2D Graphics）绘图工具 [图标] 即绘制直线/方框/圆/圆弧/任意图形/文本/符号/标记。

8) 对象方向工具条（Orientation Toolbar）：[图标] 即顺时针旋转/逆时针旋转/旋转度数/水平翻转/垂直翻转（旋转角度只能是 90°的整数倍）。

9) 仿真控制工具条：[图标] 即运行/单步运行/暂停/停止。

10) 状态栏：显示仿真、工作、光标坐标信息。

10.2.2 常用的元器件库及元器件

Proteus 8.0 提供了 100 多个元器件库，35 000 多个电子元器件的电路符号、仿真模型和外形封装，使其可以设计仿真从分立元器件到集成电路、从模拟电路到数字电路，以及微处理器构成的嵌入式系统等各种各样的电子系统。下面简单介绍部分常用的元器件库及元器件，分别见表 10-2 和表 10-3。

表 10-2 Proteus 原理图常用元器件库

序号	元器件库名称	元器件库说明
1	DEVICE.LIB	电阻、电容、二极管、三极管和 PCB 的连接器
2	ACTIVE.LIB	虚拟仪器和有源器件
3	DIODE.LIB	二极管和整流桥
4	DISPLAY.LIB	LCD、LED 显示器件
5	BIPOLAR.LIB	晶体管
6	FET.LIB	场效应晶体管
7	ASIMMDLS.LIB	模拟元器件
8	DSIMMDLS	数字元器件
9	VALVES.LIB	电子管
10	ANALOG.LIB	电源调节器、运放和数据采样集成电路
11	RESISTORS.LIB	电阻
12	CAPACITORS.LIB	电容
13	74STD.LIB	74 系列标准 TTL 元器件
14	74AS.LIB	74 系列标准 AS 元器件
15	74LS.LIB	74 系列 LS TTL 元器件
16	74ALS.LIB	74 系列 ALS TTL 元器件
17	74S.LIB	74 系列肖特基 TTL 元器件
18	74F.LIB	74 系列快速 TTL 元器件
19	74HC.LIB	74 系列和 4000 系列高速 COMS 元器件
20	COMS.LIB	4000 系列 COMS 元器件
21	ECL.LIB	ECL10000 系列元器件
22	MICRO.LIB	通用微处理器
23	OPAMP.LIB	运算放大器
24	FAIRCHLD.LIB	FAIRCHLD 半导体公司的分立元器件
25	LINTEC.LIB	LINTEC 公司的运算放大器
26	NATDAC.LIB	国家半导体公司的数字采样器件
27	NATOA.LIB	国家半导体公司的运算放大器
28	TECOOR.LIB	TECOOR 公司的 SCR 和 TRIAC 元器件
29	TEXOAC.LIB	德州仪器公司的运算放大器和比较器
30	ZETEX.LIB	ZETEX 公司的分立元器件

表 10-3 Proteus 常用元器件

元 器 件	中 文 名 称	元 器 件	中 文 名 称
RT0805FRE071KL	电阻	TEXTELL-KBE-12V	继电器
RESPACK-7	电阻排（有公共端）	TEXTELL-KBH-5V	继电器
RESPACK-8	电阻排（有公共端）	SW-DPDT	双刀双掷开关
RX8	电阻排（无公共端）	SW-DPST	双刀单掷开关
POT-HG	可调电阻	SW-POT-3	单刀三掷开关
RES-VAR	可调电阻	SW-SPDT	单刀双掷开关
CAP	无极性电容	SW-SPST	单刀单掷开关
CAP-ELEC	电解电容	SWITCH	单刀单掷开关
MC08EA220J	贴片电容	CONN-DIL10	双列十脚插座
MINELECT100U10V	电解电容	CONN-H10	单排十脚插针
ECJ-2FF1A106Z	贴片电容	SIL-100-02	两针插座
7SEG-COM-AN-BLUE	7 段共阳极一位蓝色数码管	TRANS 10 DIL	双排十脚插座
7SEG-COM-CAT-BLUE	7 段共阳极一位蓝色数码管	CONN-SIL10	单排十脚插针
7SEG-MPX1-CA-BLUE	7 段共阳极一位蓝色数码管	AU-Y1005-R	直插式 USB 座
7SEG-MPX2-CC-BLUE	7 段共阴极两位蓝色数码管	AU-Y1006-R	贴片式 USB 座
LM016L	1602 液晶显示器	ALTERNATOR	交流电源
PG12864F	12864 液晶显示器	PNP	PNP 型三极管
LM3228	12864 液晶显示器	NPN	NPN 型三极管
AMPIRE128X64	12864 液晶显示器	NMOSFET	场效应晶体管
MATRIX-5*7-BLUE	5×7 点阵	2N7000	场效应晶体管
MATRIX-8*8-BLUE	8×8 点阵	UA741	集成运放
DIODE	二极管	OP07	集成运放
DIODE-SC	稳压二极管	LM324	集成运放
1N4004	整流二极管	LM317	可调集成稳压器
1N4148	二极管	74LS00	四 2 输入与非门
BRIDGE	整流桥	74LS20	双 4 输入与非门
2W01G	整流桥	74LS01	集电极开路与非门
G2SB20	整流桥	74LS22	双 4 输入与非门
S04	整流桥	74LS183	双全加器
BUZZER	蜂鸣器	74LS283	四位二进制全加器
SOUNDER	扬声器（数字）	74LS148	8 线—3 线优先编码器
SPEAKER	扬声器（模拟）	74LS147	10 线—4 线优先编码器
BUTTON	按键	74LS138	3—8 线译码器
SWITCH	按钮，手动按一下一个状态	74LS42	4 线—10 线译码器
KEYPAD	矩阵键盘	74LS48	4 线—7 段译码器/驱动器
KEYPAD-CALCULATOR	计算器键盘	74LS153	双 4 选 1 数据选择器

(续)

元器件	中文名称	元器件	中文名称
KEYPAD-SMALLCALC	计算器键盘	74LS279	基本 RS 触发器
KEYPAD-PHONE	电话键盘	74LS375	同步 D 触发器
LAMP	灯泡	74LS76	双主从 JK 触发器
FAN-DC	风扇	74LS175	四路锁存器
MOTOR	电动机	74LS273	八 D 触发器
MOTOR-SEPPER	步进电动机	74LS194	移位寄存器
MOTOR-SERVO	伺服电动机	74HC00	四 2 输入与非门
AT89C51	51 单片机	74HC02	四 2 输入或非门
AT89C2051	51 单片机	74HC04	六非门/六反相器
Atmega8	AVR 单片机	74HC4066	四路双向模拟开关
24C02	串行 EEPROM 存储器	74HC139	双 2—4 线译码器
ADC0804	A-D 转换器	4001	四 2 输入或非门
DAC0832	8 位 D-A 转换器	4008	四位二进制全加器
DS1302	实时时钟芯片	4027	双 JK 触发器
DS18B20	集成温度传感器	4066	四路双向模拟开关
LDR	光敏电阻	4511	BCD—7 段译码器/驱动器
TORCH_LDR	光敏电阻	MOC3021	光耦合器
CELL	电池	555	555 定时器
BATTERY	电池组	7805	三端集成稳压器
CRYSTAL	晶振	ULN2003	达林顿驱动器
FUSE	熔丝	ULN2803	达林顿驱动器
COMPIM	串行口	PT2262/2272	红外遥控集成电路（发/收）

10.3 单片机应用系统设计与仿真

本节结合实例概要介绍 Proteus 8.0 软件用于单片机应用系统原理图设计和仿真分析的方法和过程。所采用的实例是具有万年历的电子时钟，具体实现公历和农历的年、月、日，以及时间、闹铃、节日提醒、温度计及显示等功能。本实例中使用了 AT89C52 单片机、LGM12641BS1R 液晶显示器、DS1302 实时时钟芯片、DS18B20 集成温度传感器、按键等元器件，其原理图设计和仿真分析的方法和过程如下所述。

10.3.1 Proteus 工程创建

和很多软件类似，Proteus 把一个设计任务也称为一个工程（Project），所以设计开始都要新建一个工程。

1）运行 Proteus 8.0：通过"开始"菜单或者双击桌面上的"Proteus 8 Professional"快捷图标启动运行 Proteus 8.0，进入 Proteus 8.0 主页面，如图 10-9 所示。

第 10 章 Proteus 仿真软件的使用

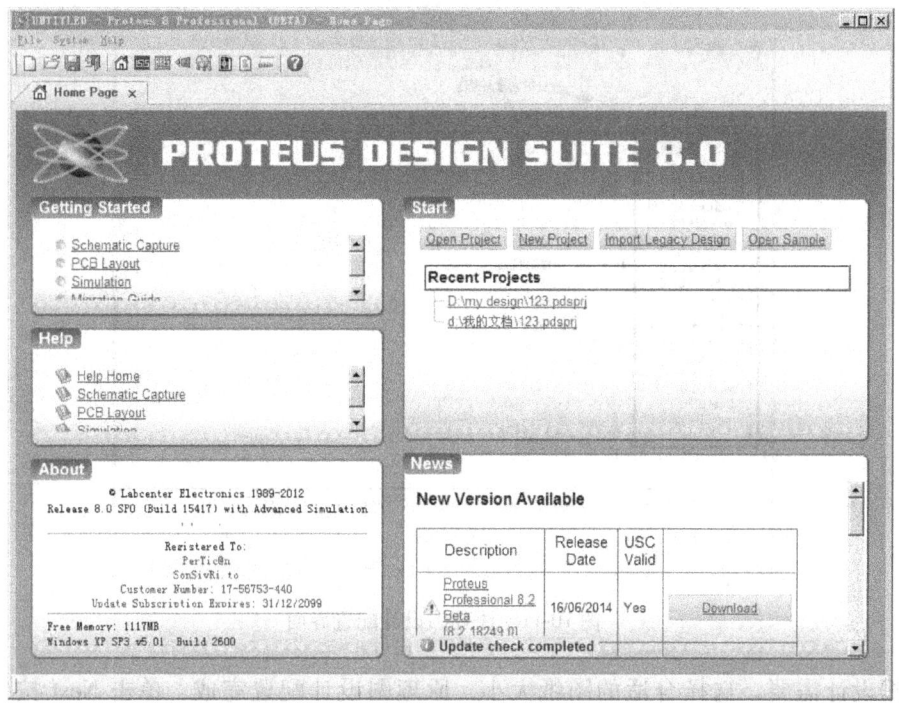

图 10-9　Proteus 8.0 主页面

2）新建工程：单击菜单栏 File→New Project 命令，弹出如图 10-10 所示的配置向导对话框。

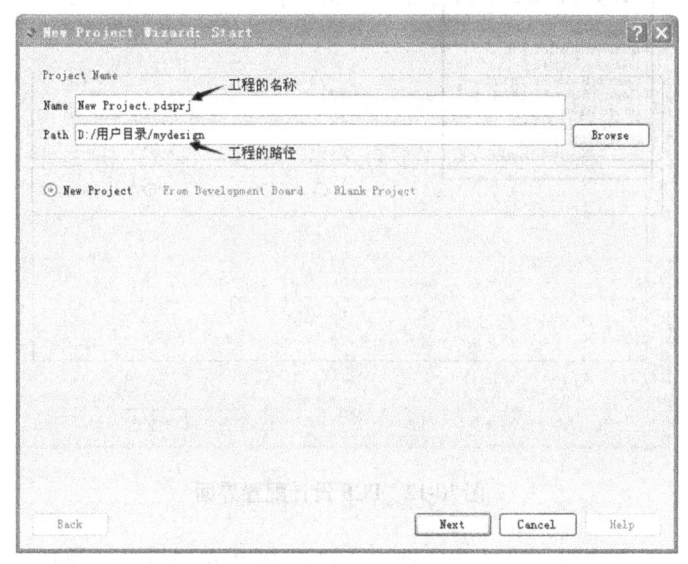

图 10-10　新建工程配置向导对话框

在 Project Name 对话框里 Name 栏为用户要新建工程的名称，Path 栏为要新建工程的存放路径。这两项根据工程需要自行配置，配置完成后，单击 Next 按钮，进入原理图设计配置界面，如图 10-11 所示。

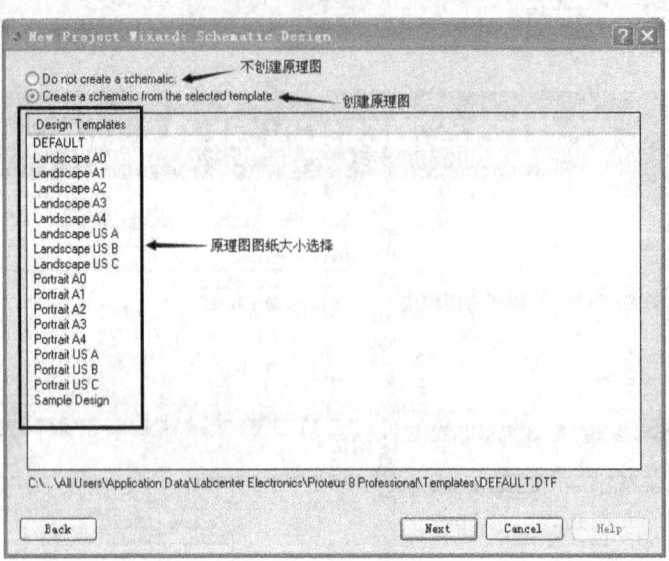

图 10-11 原理图设计配置界面

根据设计需要，选择合适的图纸大小，原理图设计配置完成，单击 Next 按钮，进入 PCB 设计配置界面，如图 10-12 所示。

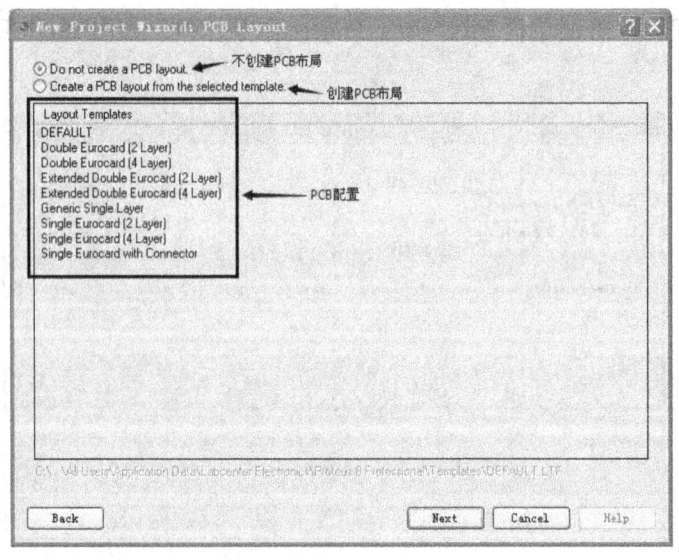

图 10-12 PCB 设计配置界面

本实例只进行了原理图的设计及仿真，不进行 PCB 布局设计，故选择不创建 PCB 布局。配置完成，单击 Next 按钮，进入固件工程配置界面，如图 10-13 所示。

设计的固件工程通过 Keil C51 完成，在这里不使用 Proteus 提供的。配置完成，单击 Next 按钮，进入整个工程配置的详细信息，如图 10-14 所示，单击 Finish 按钮，完成工程创建。

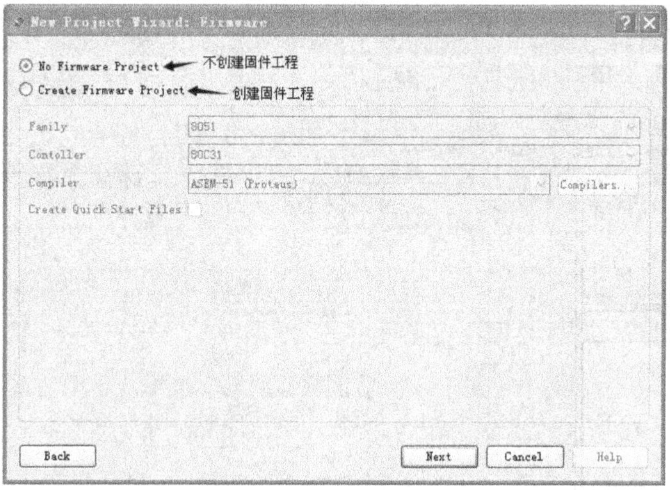

第 10 章 Proteus 仿真软件的使用

图 10-13 固件工程配置界面

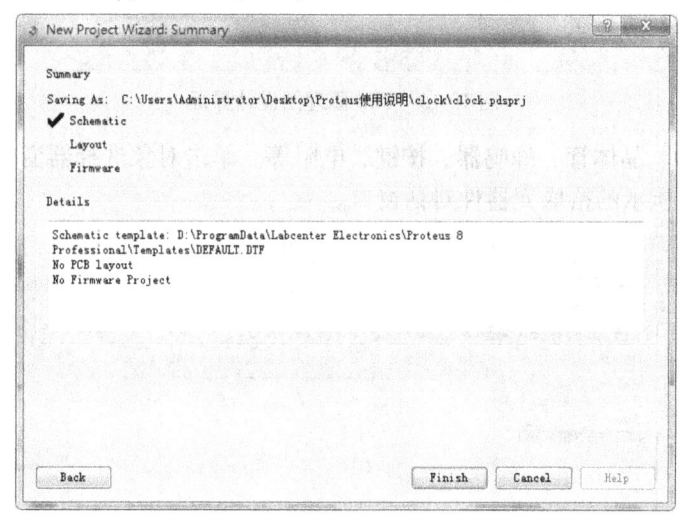

图 10-14 工程配置的详细信息

10.3.2 Proteus 原理图设计

在工程创建结束后，自动进入原理图设计界面，如图 10-15 所示，在这个界面就可以绘制原理图了。如果是以前已经建好的一个工程，则可直接打开已有工程，或者在主页面单击工具栏中的 图标后，直接进入 ISIS 原理图设计界面，再打开已有工程。

绘制原理图时，要在原理图编辑窗口中的蓝色方框内完成。原理图编辑窗口的鼠标操作是不同于常用的 Windows 应用程序的，正确的鼠标操作：单击左键放置元器件；单击右键选中元器件；双击右键删除元器件；按右键拖选多个元器件；先单击右键后再单击左键编辑元器件属性；先单击右键后按住左键拖动元器件；画连接线用左键，删除用右键；修改连接线时，先右键单击连接线，再左键拖动；中键滚动缩放原理图视图。

原理图的绘制过程如下。

1）添加元器件到元器件列表中：本例要用到的元器件有 AT89C52、LGM12641BS1R、

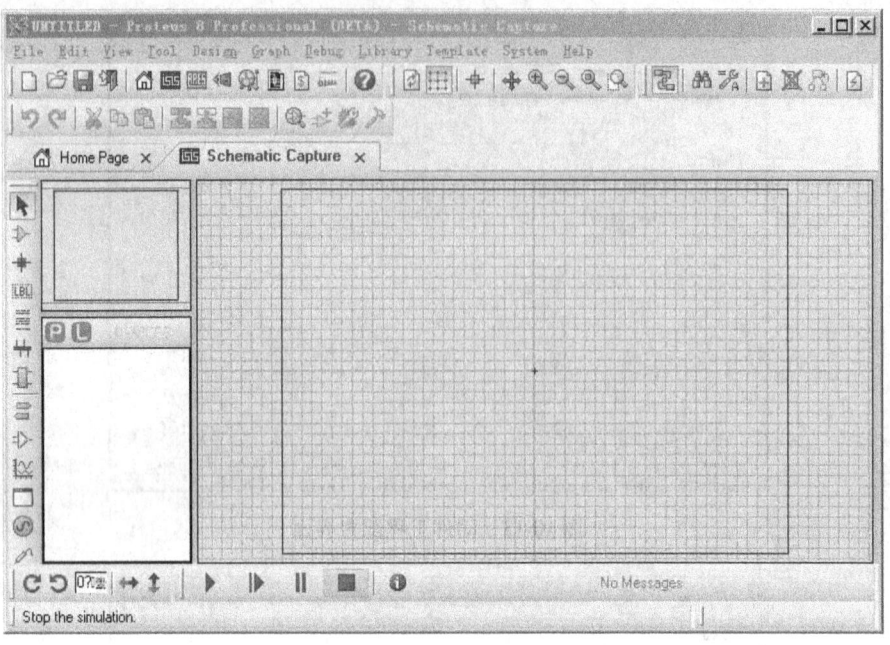

图 10-15　ISIS 原理图设计界面

DS1302、DS18B20、晶体管、蜂鸣器、按键、电阻等。单击对象选择器窗口上的 P 按钮，出现如图 10-16 右侧所示的拾取元器件对话窗口。

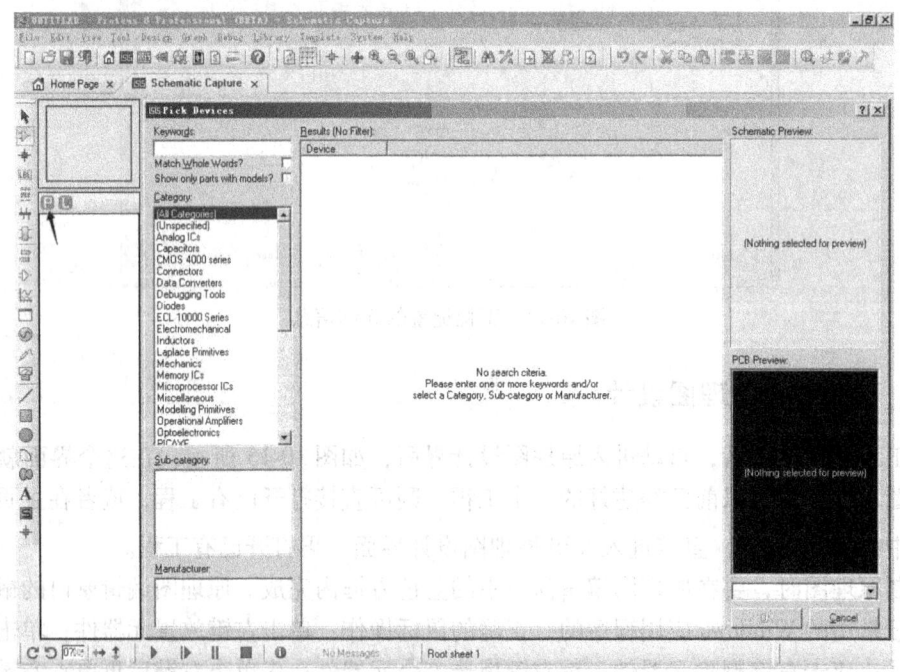

图 10-16　拾取元器件对话窗口

在拾取元器件窗口的 Keywords 对话框中输入所要检索的元器件的关键词，如要拾取设计中使用的 AT89C52，就可以直接输入 AT89C52。输入以后就能够在中间的 Results 结果栏里面看到软件搜索的元器件的结果，如图 10-17 所示。在窗口的右侧，还能够看到所拾取的元器件的仿真模型、引脚以及 PCB 参数。这里有一点需要注意，可能有时候所拾取的元器件并没有仿真模型，对话框将在仿真模型和引脚一栏中显示"No Simulator Model（无仿真模型）"，那么就不能够用该元器件进行仿真了，或者只能做它的 PCB，或者选择其他的与其功能类似而且具有仿真模型的元器件。

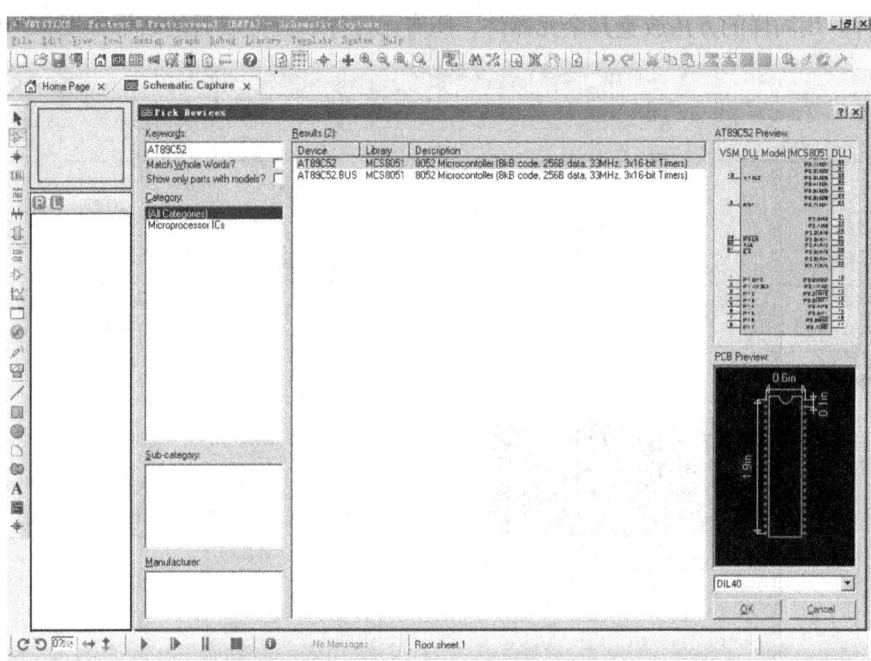

图 10-17　搜索元器件

单击 OK 按钮，关闭窗口，这时 AT89C52 就添加到了元器件列表（DEVICES）中列出。用同样的方法把其他元器件都添加到元器件列表中，如图 10-18 所示。

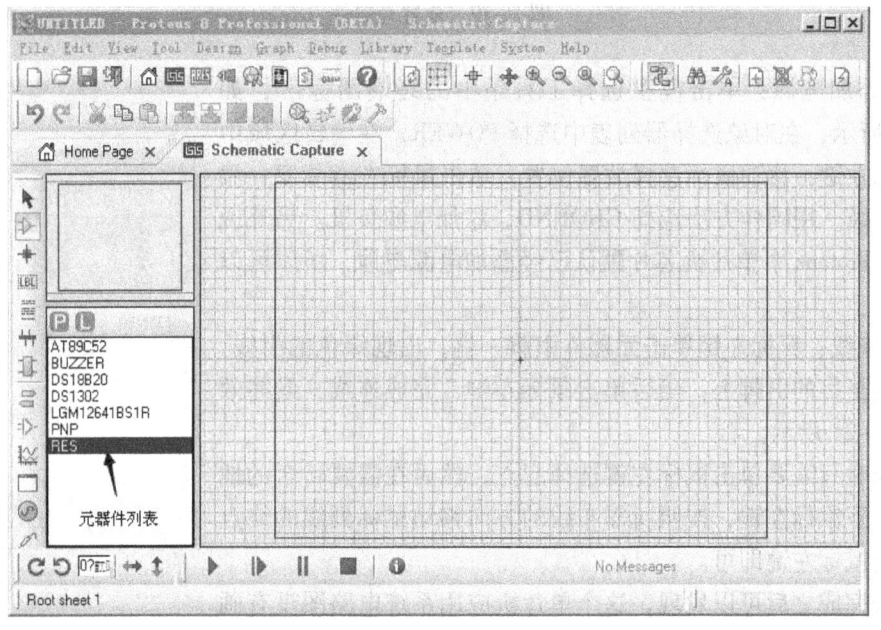

图 10-18　元器件列表

2）放置元器件：首先在元器件列表中左键单击选择所需要放置到编辑区中的元器件，这时就可以在预览窗口看到所选择的元器件的形状与方向。如果其方向不符合要求，可以通过单击对象方向工具条的工具来任意进行调整，调整完成之后在编辑区中单击鼠标左键，这时就会出现元器件的粉色轮廓随着鼠标移动，移动鼠标选定好放置的位置再次单击鼠标左键即可放置好元器件。用同样的方法放置其余元器件，所有元器件放置完成后的结果如图 10-19 所示。

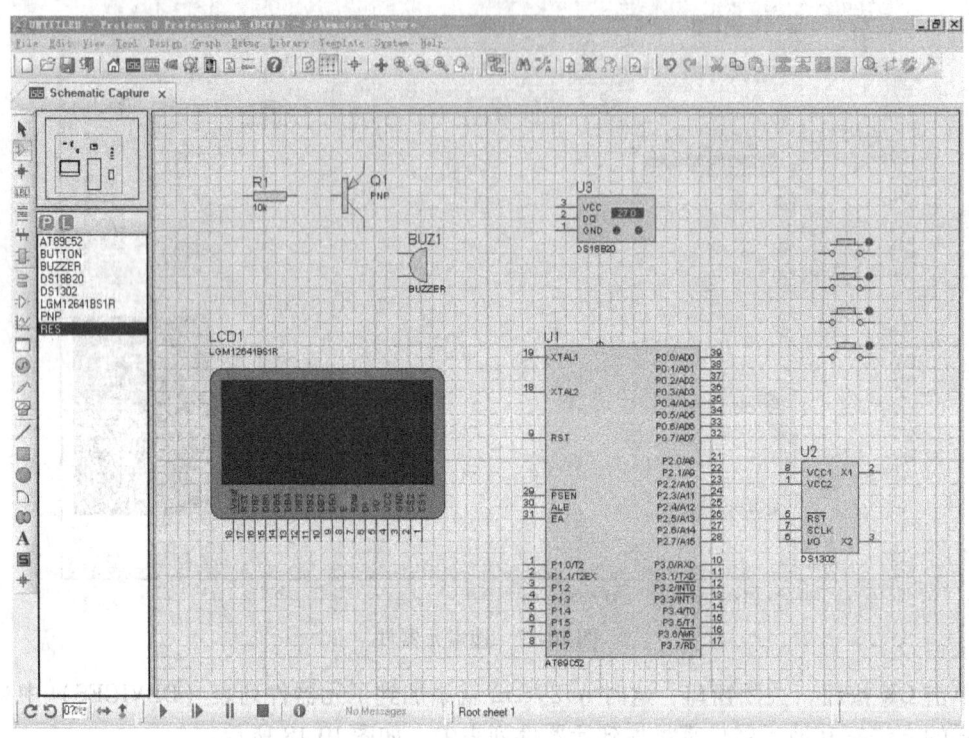

图 10-19　放置元器件

3）添加电源：单击模型选择工具条中的终端图标，如图 10-20 所示，在对象选择器列表中选择 POWER，在编辑区域中单击鼠标左键，移动鼠标选择放置位置，单击鼠标左键放置，添加电源正极。用同样方法选择 GROUND，添加电源负极。另外说明一点，Proteus 中单片机芯片默认已经添加电源与地，所以可以省略。

4）连线：鼠标左键单击元器件引脚一端，出现绿色的引线，将引线拖至目的引脚上，然后单击鼠标左键，完成连线，最终效果如图 10-21 所示。

连线时只需要单击鼠标左键选择起点，然后在需要转弯的地方单击一下鼠标左键，按照所需布线的方向移动鼠标到线的终点位置单击鼠标左键即可。

连线完成之后可以发现，这个单片机应用系统电路图没有画出复位电路和时钟电路，这也是系统默认允许的。因为该工程比

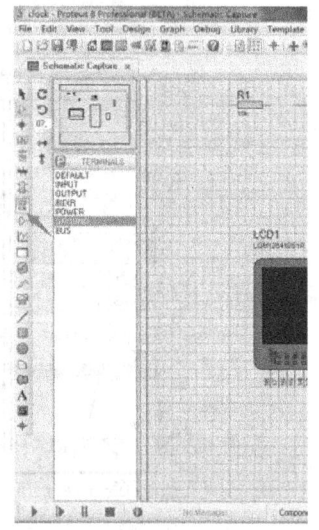

图 10-20　添加电源

第 10 章 Proteus 仿真软件的使用

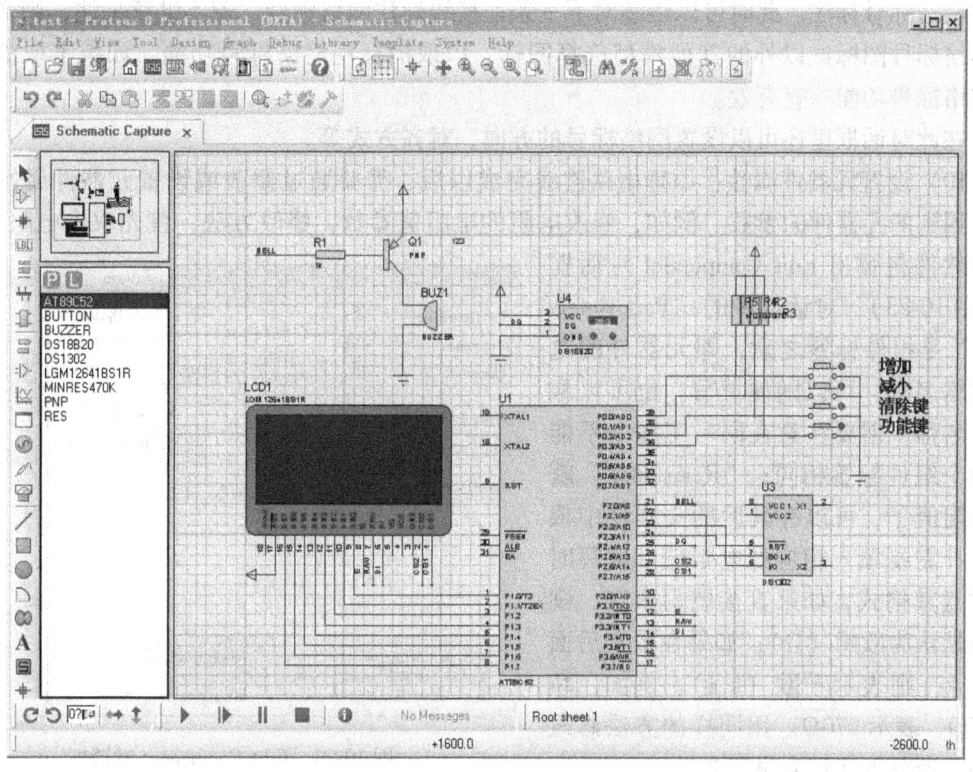

图 10-21 绘制连接线

较简单，没有必要加上复位电路，所以在图中予以省略。另外，在 Proteus 中单片机系统的时钟电路也可以省略，系统默认为 12MHz，而且很多时候，当然也为了方便，只需要取默认值就可以了。

5）删除元器件：右键单击元器件一次表示选中（被选中的元器件呈红色），选中后再一次单击右键则是删除。

6）移动元器件：右键单击选中对象，然后按住左键拖动元器件。

7）旋转元器件：先选中元器件，再使用左下角对象方向工具条旋转元器件。

8）删除连线：同删除元器件一样，单击右键选中，再单击右键删除。

9）标注网络标号：给已画好的连接线添加网络标号。

单击模型选择工具条中的网络标号图标，再用光标单击欲添加网络标号的连线，出现如图 10-22 所示的对话框。

在 String 文本框里填写网络标号的名称，单击 OK 按钮即可完成对应连接

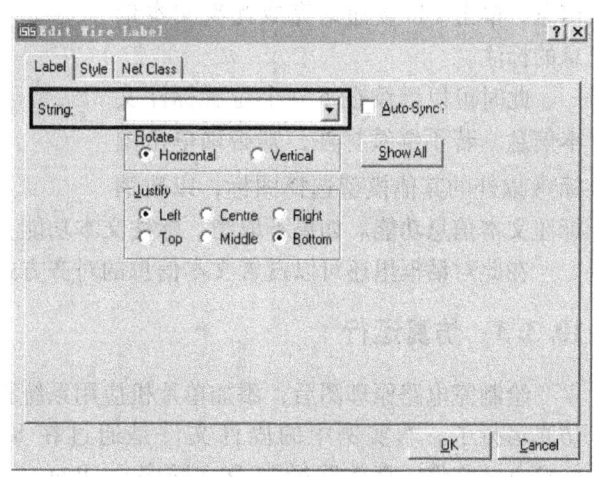

图 10-22 标注网络标号

线的网络标号标注。此时可以继续对下一条连接线标注网络标号,若不继续标注,则必须单击网络标号图标⑱以外的其他模型选择图标,以取消标注网络标号功能。如果不取消,标注网络标号功能一直有效。

在此对话框里还可以设置网络标号的方向、对齐方式等。

10)设置元器件属性:原理电路连线完成以后,需要通过修改或设置元器件属性来设定所用到的元器件的参数。例如,修改电阻的电阻值参数,修改方法:首先双击电阻图标,这时软件将弹出 Edit Component 对话框(见图10-23),对话框中的"Part Reference"是组件标签之意,即元器件的电路网络名称,可以随便填写,也可以取默认名称,但要注意在同一工程中不能有两个组件标签相同;"Resistance"就是电阻值了,可以在其后的文本框中根据设计需要填入相应的电阻值。填写时需注意其格式,如果直接填写数字,则单位默认为欧姆(Ω);如果在数字后面加上 k,则表示千欧(kΩ)。例如,填入270,表示270Ω。用同样的方法修改其他元器件的属性来设定参数。

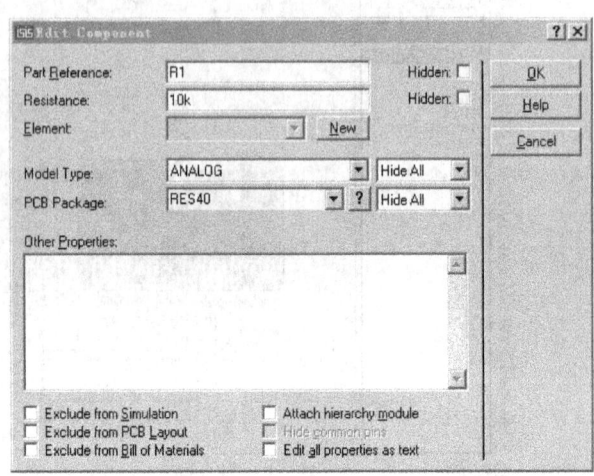

图 10-23　Edit Component 对话框

11)标注文本:在原理图中添加文本说明信息。

单击模型选择工具条中的添加文本图标 A,在编辑区内光标变成一个笔形光标,再在欲标注文本信息的地方单击鼠标左键,出现如图 10-24 所示的对话框。

在 String 文本框里填写标注的文本信息,单击 OK 按钮即完成此次文本信息的标注。

此时可以继续在下一个位置标注文本信息,若不继续标注,则必须单击图标 A 以外的其他模型选择图标,以取消标注文本信息功能。如果不取消,标注文本功能一直有效。

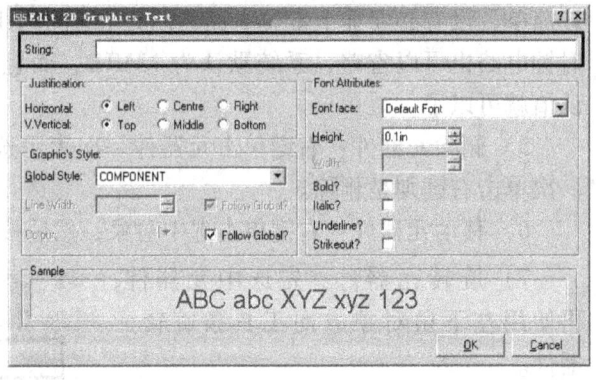

图 10-24　标注文本信息对话框

在此对话框里还可以设置文本信息的对齐方式、方向、字体大小等。

10.3.3　仿真运行

绘制完电路原理图后,添加单片机应用系统程序文件即固件文件(*.hex 文件),即可仿真运行了。本实例中的固件文件是通过在 Keil C51 编写源程序,编译链接后生成的 test2.hex 文件,存放路径为 D:\程序\。Proteus 支持多种编译器如 IAR、Keil、Hitech 和 MPLAB 等编译生成 *.hex 文件。

1) 添加固件文件：用鼠标左键双击单片机 AT89C52 图标，系统会自动弹出 Edit Component 对话框，如图 10-25 所示。

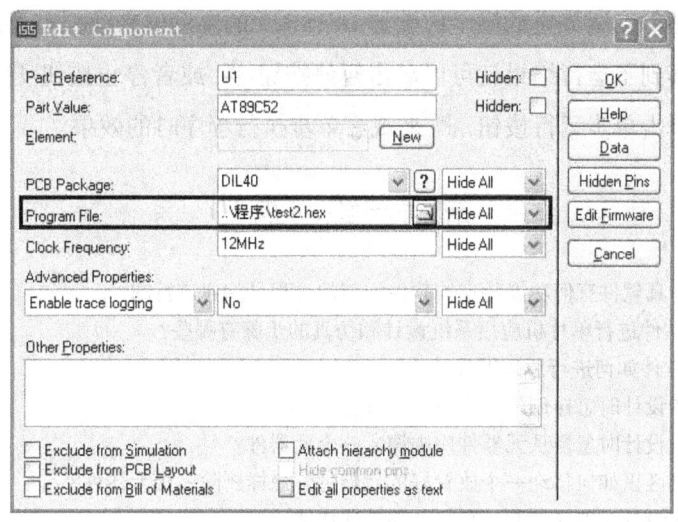

图 10-25　添加固件文件

在 Program File 栏中单击 ，出现文件浏览对话框，找到 test2.hex 文件，单击确定完成添加文件。单击 Edit Component 对话框的 OK 按钮，回到编辑窗口，固件文件就添加完毕了。装载好程序，就可以进行仿真了。本实例部分源程序代码参见附录。

2) 仿真：单击运行按钮 ▶ 开始仿真运行，效果如图 10-26 所示，可以看到系统按照

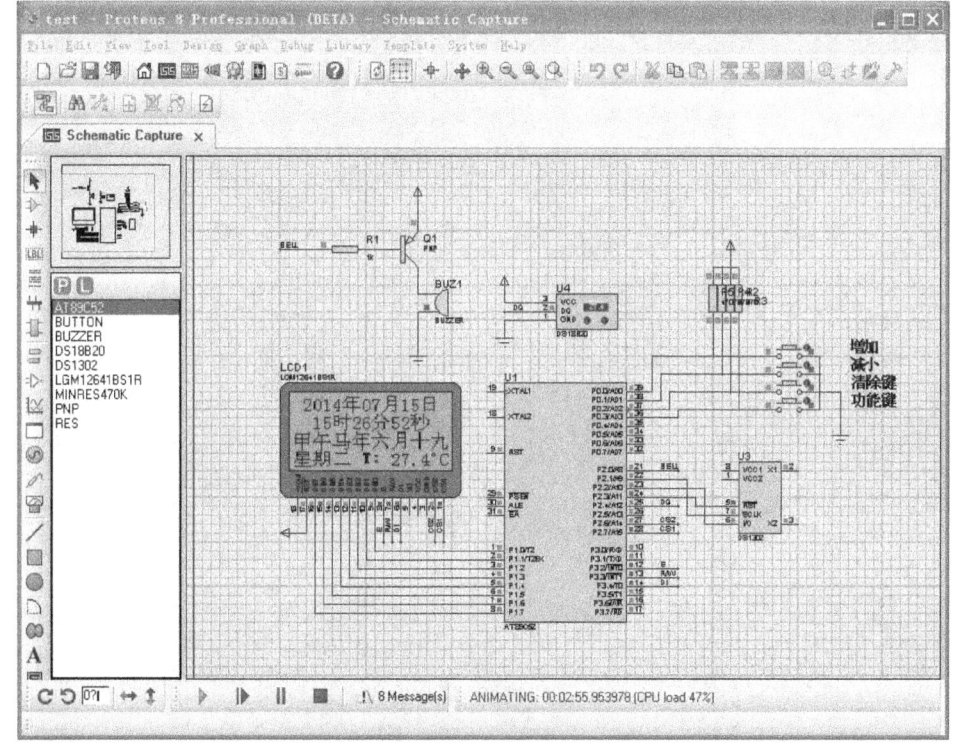

图 10-26　系统仿真效果

所设计的程序在运行着，液晶显示器显示日历（公历、农历）、时间、星期几、温度等系统结果信息，而且还能看到各个引脚端子高低电平的实时变化。可以通过按键调整设定日期、时间、闹钟等，还可以调节集成温度传感器 DS18B20 的温度值来模拟室温的变化。

如果已经观察到了运行结果就可以单击暂停按钮 ▌▌ 或者停止按钮 ■ 来暂停或者停止仿真运行，通过单击单步运行按钮 ▷ 来观察单步执行程序时的效果。

思考与练习题 10

1. Proteus 8.0 仿真软件有何功能特点？软件安装的过程是如何进行的？
2. Proteus 仿真软件进行单片机应用系统设计和仿真的步骤有哪些？
3. Proteus 仿真软件如何进行原理图设计？
4. 在进行原理图设计时怎样创建一个新的工程？
5. 在进行原理图设计时怎样从元器件库中调入一个元器件？
6. 在原理图编辑区里如何移动一个放置好的元器件？怎样删除一个元器件？
7. 在进行原理图设计时怎样绘制、删除、移动连接线？
8. 在进行原理图设计时怎样设置元器件的属性、参数？
9. 在进行原理图设计时怎样标注网络标号？
10. 在进行原理图设计时怎样标注文本说明信息？
11. Proteus 软件仿真所使用的固件文件是如何产生的？怎样添加到仿真软件里？
12. 为什么说 Proteus 软件的仿真比实际验证更生动、更直观？
13. Proteus 软件中单片机应用系统的复位电路、时钟电路如何设置？
14. 联合应用 Keil C 和 Proteus 软件设计用 16 个发光二极管构成的流水彩灯单片机应用系统。

附 录

第10章仿真实例部分源程序代码

```c
/************************文件包含************************/
#include < reg52.h >
#include < character.h >
#include < lcd.h >
#include < clock.h >
#include < sensor.h >
#include < calendar.h >
#include < key.h >
/************************预定义************************/
#define uchar unsigned char
#define uint unsigned int
/************************************************************/
sbit bell = P2 ^ 0; //定义蜂鸣器端口
sbit in = P2 ^ 7;   //定义红外检测端口


/************************************************************
* 函数名称: Timer0_Service() inturrupt 1
* 功    能: 中断服务程序,整点报时3声嘟嘟的声音
* 入口参数: 无
* 出口参数: 无
************************************************************/
void Timer0_Service() interrupt 1
{
    static uchar count = 0;
    static uchar flag = 0; //记录鸣叫的次数
    count = 0;
    TR0 = 0;      //关闭Timer0
    TH0 = 0x3c;
    TL0 = 0XB0;   //延时50 ms
    TR0 = 1;      //启动Timer0
    count + +;
    if( count = = 20 ) //鸣叫1s
    {
        bell = ~ bell;
        count = 0;
        flag + +;
    }
    if( flag = = 6 )
    {
```

```c
        flag = 0;
        TR0 = 0;   //关闭Timer0
    }
}

/*******************************************************************
* 函数名称: Timer2_Servie() interrupt 5
* 功    能: 中断服务程序, 整点报时1min
* 入口参数: 无
* 出口参数: 无
*******************************************************************/
void Timer2_Service() interrupt 5
{
    static uchar count;
    TF2 = 0;  //软件清除中断标志
    count ++;
    if( in == 1 )
    {
        count = 0;  //计算清0
        TR2 = 0;    //关闭Timer2
        bell = 1;   //关闭蜂鸣器
    }
    if( count == 120 )  //1min后关闭报警
    {
        count = 0;  //计算清0
        TR2 = 0;    //关闭Timer2
        bell = 1;   //关闭蜂鸣器
    }
}
uchar HexNum_Convert(uchar HexNum)/* 时间存储个位和十位的方式与所用的十进制不一样 */
{
    uchar Numtemp;
    Numtemp = (HexNum >> 4)* 10 + (HexNum&0X0F);
    return Numtemp;
}


/*******************************************************************
* 函数名称: main()
* 功    能: 系统初始化、日历时间显示、整点报时、闹钟报警
* 入口参数: 无
* 出口参数: 无
*******************************************************************/
void main( void )
{
        uchar clock_time[6] = {0X50, 0X58, 0X06, 0X21, 0X05, 0X12}; //定义时间变量: 秒、分、时、
                                                                    日、月、年
```

```c
    uchar alarm_time[2] = { 59, 06 };  //闹钟设置。alarm_time[0]：分钟；alarm_time[1]：小时
    uchar temperature[2];    //定义温度变量。temperature[0]：低8位；temperature[1]：高8位
    Lcd_Initial();           //LCD初始化
    Clock_Initial( clock_time );  //时钟初试化

/*********************中断初始化************************/
    EA = 1;  //开总中断
    ET0 = 1;  //Timer0 开中断
    ET2 = 1;  //Timer2 开中断
    TMOD = 0x01 ;  //Timer0 工作方式1
    RCAP2H = 0x3c;
    RCAP2L = 0xb0;  //Timer2 延时50ms
    bell = 0;
    while( 1 )
    {
        switch( Key_Scan() )
        {
            case up_array:Key_Idle();break;
            case down_array: Key_Idle();break;
            case clear_array: Key_Idle();break;
            case function_array: Key_Function( clock_time, alarm_time );
            case null:
              {
                Clock_Fresh( clock_time );  //时间刷新
            Lcd_Clock( clock_time );    //时间显示

            Sensor_Fresh( temperature );  //温度更新
            Lcd_Temperture( temperature );  //温度显示

            Calendar_Convert( 0 , clock_time );
            Week_Convert( 0, clock_time );

            //整点报时
            if( ( * clock_time == 0x59 ) && ( * ( clock_time + 1 ) == 0x59 ) )
            {
                bell = 0;
                TR2 = 1;  //启动Timer2
            }
            //闹钟报警
            if( * alarm_time == HexNum_Convert(* ( clock_time + 1 ) ) )  //分钟相吻合
            if( * ( alarm_time + 1 ) == HexNum_Convert(* ( clock_time + 2 ) ) )  //小时相吻合
              {
                bell = 0;
                TR2 = 1;  //启动Timer2
              }
        }
```

```c
        break;
    }
}

//Lcd.h 源代码
#ifndef _LCD_12864
#define _LCD_12864
/************************预定义***************************/
#define uchar unsigned char
#define uint unsigned int
/********************12864 引脚配置***********************/
#define port P1
sbit  rs = P3^4;
sbit  rw = P3^3;
sbit  e = P3^2;
sbit cs1 = P2^7;
sbit cs2 = P2^6;
/**********************************************************
* 函数名称：Delay()
* 功    能：延迟时间 = a×1ms
* 入口参数：整数
* 出口参数：无
**********************************************************/
void Delay(uint a)
{
    uchar i;
    while(a--)
    for(i = 0;i < 125;i++);
}
/**********************************************************
* 函数名称：Lcd_Display_On()
* 功    能：LCD 显示开
* 入口参数：无
* 出口参数：无
**********************************************************/
void Lcd_Display_On()
{
    port = 0x3f;
    rs = 0;
    rw = 0;
    e = 1;
    e = 0;
}
/**********************************************************
* 函数名称：Lcd_Display_Off()
```

```
 *  功    能：LCD 显示关
 *  入口参数：无
 *  出口参数：无
**************************************************************************/
void Lcd_Display_Off()
{
    port = 0x3e;
    rs = 0;
    rw = 0;
    e = 1;
    e = 0;
}
/***************************************************************************
 *  函数名称：Lcd_Initial()
 *  功    能：初始化 LCD
 *  入口参数：无
 *  出口参数：无
**************************************************************************/
void Lcd_Initial()
{
    Lcd_Display_Off();
    Lcd_Write_Command(0xb8);      //Page_Add
    Lcd_Write_Command(0x40);      //Col_Add
    Lcd_Write_Command(0xc0);      //Start_Line
    Lcd_Display_On();
    Lcd_Clear();
}
/***************************************************************************
 *  函数名称：Lcd_Time(uchar *  clock_time )
 *  功    能：显示时间
 *  入口参数：无
 *  出口参数：无
 *  说    明：时间数组 BCD 码形式
**************************************************************************/
void Lcd_Time(uchar *  clock_time )
{
    uchar i = 0;
    //显示  "hour 时 min 分 sec 秒"
    i = *  clock_time > > 4;
    Lcd_Character_16X8 ( 1, 2, 80, letter_logo[i]);      //显示  sec 的高位
    i = *  clock_time & 0x0f;
    Lcd_Character_16X8 ( 1, 2, 88, letter_logo[i]);      //显示  sec 的低位
    Lcd_Character_16X16 ( 1, 2, 96 , time_logo[2]);      //显示  秒

    clock_time + +;
    i = *   clock_time > > 4;
```

```c
    Lcd_Character_16X8(1, 2, 48, letter_logo[i]);      //显示  min 的高位
    i = * clock_time & 0x0f;
    Lcd_Character_16X8(1, 2, 56, letter_logo[i]);      //显示  min 的低位
    Lcd_Character_16X16(1, 2, 64 , time_logo[1]);      //显示  分

    clock_time ++;
    i = * clock_time >> 4;
    Lcd_Character_16X8(1, 2, 16 , letter_logo[i]);     //显示  hour 的高位
    i = * clock_time & 0x0f;
    Lcd_Character_16X8(1, 2, 24 , letter_logo[i]);     //显示  hour 的低位
    Lcd_Character_16X16(1, 2, 32 , time_logo[0]);      //显示  时
}
```

//Clock.h 源代码

```c
#ifndef _REAL_TIMER_DS1302
#define _REAL_TIMER_DS1302
/******************************预定义*****************************************/
#define uchar unsigned char
#define uint unsigned int
/************************DS1302 引脚配置***************************/
sbit clock_rst = P2^3;
sbit clock_io  = P2^2;
sbit clock_sclk= P2^1;
/********************为了编程方便定义的位变量*********************/
sbit ACC0 = ACC ^ 0;
sbit ACC7 = ACC ^ 7;
#define second_address0x80
#define minute_address0x82
#define hour_address0x84
#define day_address     0x86
#define month_address0x88
#define year_address0x8C
```

/**
* 函数名称：Clock_Initial()
* 功   能：时钟初始化
* 入口参数：时间地址、时间数据
* 出口参数：无
**/

```c
void Clock_Initial(uchar * clock_time )
{
    Clock_Write_Time(0x8e,0x00);                  //WP=0 写操作
    * clock_time &= 0x7f;                          //最高位为 0 时钟芯片工作
    Clock_Write_Time( second_address, * clock_time );   //秒
    clock_time ++;
```

```
    Clock_Write_Time(minute_address,* clock_time);    //分
    clock_time++;
    Clock_Write_Time(hour_address,* clock_time);      //时
    clock_time++;
    Clock_Write_Time(day_address,* clock_time);       //日
    clock_time++;
    Clock_Write_Time(month_address,* clock_time);     //月
    clock_time++;
    Clock_Write_Time(year_address,* clock_time);      //年
    Clock_Write_Time(0x8e,0x80);                      //WP=1 写保护
}
```

参 考 文 献

[1] 8-bit Microcontroller With 4K Bytes In-System Programmable Flash AT89S51. ATMEL, 2008.
[2] 8-bit Low-Votage Microcontroller With 4K Bytes In-System Programmable Flash AT89LS51. ATMEL, 2008.
[3] 8-bit Microcontroller With 2K/4K Bytes Flash AT89S2051/AT89S4051. ATMEL, 2008.
[4] 8-bit Microcontroller With 8K Bytes In-System Programmable Flash AT89S52. ATMEL, 2008.
[5] 8-bit Low-Votage Microcontroller With 8K Bytes In-System Programmable Flash AT89LS52. ATMEL, 2008.
[6] 8-bit Microcontroller With 12K Bytes Flash AT89S53. ATMEL, 2006.
[7] 8-bit Microcontroller With 4K Bytes Flash AT89C51. ATMEL, 2000.
[8] 8-bit Microcontroller With 1K Bytes Flash AT89C1051. ATMEL, 2000.
[9] 8-bit Microcontroller With 2K Bytes Flash AT89C2051. ATMEL, 2000.
[10] 8-bit Microcontroller With 4K Bytes Flash AT89C4051. ATMEL, 2008.
[11] 8-bit Flash Microcontroller AT89C51RD2/ AT89C51ED2. ATMEL, 2007.
[12] 8-bit Microcontroller With 32K Bytes Flash AT89C51RC. ATMEL, 2008.
[13] 8-bit Microcontroller With 8K Bytes Flash AT89C52. ATMEL, 1999.
[14] 8-bit Microcontroller With 20K Bytes Flash AT89C55WD. ATMEL, 2008.
[15] 8-bit Microcontroller With 8K Bytes Flash AT89S8252. ATMEL, 2006.
[16] 8/16-bit XMEGA A1 Microcontroller ATxmega128A1/ATxmega64A1. ATMEL, 2012.
[17] 32-bit Atmel AVR Microcontroller AT32UC3A. ATMEL, 2012.
[18] PIC18F97J94 FAMILY：8-Bit LCD Flash Microcontroller with USB and XLP Technology. MICROCHIP, 2012.
[19] PIC32MX5XX/6XX/7XX Family Data Sheet：High-Performance, USB, CAN and Ethernet 32-bit Flash Microcontrollers. MICROCHIP, 2009.
[20] STC90C51RC/RD+系列单片机器件手册．南通国芯微电子有限公司，2011．
[21] STC90C58AD系列单片机器件手册．南通国芯微电子有限公司，2011．
[22] 卫晓娟．单片机原理及应用系统设计［M］．北京：机械工业出版社，2012．
[23] 王幸之．AT89系列单片机原理与接口技术［M］．北京：北京航空航天大学出版社，2004．
[24] 张毅刚．单片机原理及应用［M］．北京：高等教育出版社，2010．
[25] 胡汉才．单片机原理及其接口技术［M］．北京：清华大学出版社，2004．
[26] 丁元杰．单片机原理及应用［M］．北京：机械工业出版社，2011．
[27] 谢维成．单片机原理与应用及C51程序设计［M］．北京：清华大学出版社，2009．
[28] 史庆武．单片机原理及其接口技术［M］．北京：中国水利水电出版社，2008．
[29] 何立民．单片机应用技术选编11［M］．北京：北京航空航天大学出版社，2006．
[30] 郭天祥．新概念51单片机C语言教程［M］．北京：电子工业出版社，2009．
[31] 李广弟．单片机基础［M］．北京：北京航空航天大学出版社，2007．
[32] 周立功．项目驱动——单片机应用设计基础［M］．北京：北京航空航天大学出版社，2011．
[33] 林立．单片机原理及应用——基于Proteus和Keil C［M］．北京：电子工业出版社，2009．